页岩气和煤层气开发环境保护关键技术

刘 石 等编著

石油工业出版社

内 容 提 要

本书以国家科技重大专项子项目"页岩气和煤层气开发环境保护技术集成及关键装备"所取得的最新研究成果为基础，系统介绍了"十三五"期间中国页岩气、煤层气开发过程中环保领域取得的重大进展，以及相关新理论、新技术和新方法在现场工程示范中取得的显著应用效果，包括页岩气和煤层气开采废弃物处理现状、页岩气开采水基钻井废弃物处理技术及装备、页岩气开采油基钻井废弃物处理技术及装备、页岩气采出水处理技术和煤层气采出水处理技术等。

本书可供从事页岩气和煤层气开发、环境工程等领域科研人员、工程技术人员及高校相关专业师生阅读和参考。

图书在版编目（CIP）数据

页岩气和煤层气开发环境保护关键技术 / 刘石等编著 . —北京：石油工业出版社，2023.10
ISBN 978-7-5183-6226-4

Ⅰ．①页… Ⅱ．①刘… Ⅲ．①油页岩-油气田开发-环境保护②煤层-地下气化煤气-油气开采-环境保护
Ⅳ．①X74

中国国家版本馆 CIP 数据核字（2023）第 161966 号

出版发行：石油工业出版社
（北京安定门外安华里 2 区 1 号楼　100011）
网　　址：www.petropub.com
编辑部：(010)64523546　图书营销中心：(010)64523633
经　　销：全国新华书店
印　　刷：北京晨旭印刷厂

2023 年 10 月第 1 版　2023 年 10 月第 1 次印刷
787×1092 毫米　开本：1/16　印张：18.75
字数：420 千字

定价：100.00 元
（如出现印装质量问题，我社图书营销中心负责调换）
版权所有，翻印必究

《页岩气和煤层气开发环境保护关键技术》
编 委 会

主　　任：刘　石　　贺吉安　　王占生
副主任：蒋学彬　　舒　畅　　黄　敏
编　委：陈晓彬　　刘万家　　邓勇刚　　黄　涛　　陈立云
　　　　彭远春　　唐　伟　　何天鹏　　潘　敏　　王　荣
　　　　赵　坤　　曾文强　　牟笑春　　干汉川　　张　敏
　　　　王　强　　冯永东　　冯景春　　吴思斯　　何启平
　　　　庞　凯　　马光长　　王荣华　　周　鋆　　石孝志
　　　　毛红敏　　云　箭　　杨忠平　　谭树成　　李　辉
　　　　陈海涛　　张新发　　徐　军　　鲍　晋　　陈怀兵
　　　　文炜涛　　叶佳杰　　郭　亮　　高　洁　　李世勇
　　　　徐　斌　　方　曦　　徐冀林　　唐　桃　　唐　琳
　　　　刘　颖　　徐成昊　　陆　丽　　李秀敏　　徐　航
　　　　刘汉军　　朱冬昌　　郝鹏程　　王　孔　　李　颖
　　　　李盛林　　聂强勇　　陈坷铭　　许　毓　　肖沣峰
　　　　彭昱雯　　蔡　苑　　周　盈　　杜大俊　　胡小刚
　　　　孟　元　　唐成瑞　　杨　恂　　何　佳　　苟永炯
　　　　李凤仪　　李梦娇　　郑宛镧　　孙　玉　　曾秀清
　　　　谢海涛　　荣碧舟　　李渠江　　陈　洪　　李绍坤
　　　　谷元培　　张　锐　　唐勇超　　钟　磊　　史心慈
　　　　李孟尚　　陈　搏　　陈　亮　　林惠丽　　刘龙杰

前 言

近年来，石油天然气作为重要的能源和战略资源，对我国经济的迅速发展起到了至关重要的作用。页岩气、煤层气等非常规油气作为低碳、清洁能源，已成为全球开采焦点。随着开采力度不断加大，非常规油气资源极大地改善了我国能源供给模式。

页岩气、煤层气等非常规油气资源开发难度大。由于页岩气开采区域主要位于山地、丘陵地区，年降雨量充沛；钻井周期较长，产生的废弃物较多，开采过程环境风险较大。同时，由于采用了油基钻井液体系、水力压裂等工程作业技术，产生的废弃物种类复杂、处理难度大、产生量多，如何实现废弃物减量化、无害化，实现废物资源化利用，最终达到环境友好型开发的目的，是目前亟待解决的关键问题。

在科学技术部、财政部、国家发展和改革委员会、国家能源局、中国石油科技管理部的大力支持下，国家科技重大专项"大型油气田及煤层气开发"设立"页岩气等非常规油气开发环境检测与保护关键技术"子项目，其中课题六"页岩气和煤层气开发环境保护技术集成及关键装备"由中国石油集团川庆钻探工程有限公司牵头，联合6家单位，开展页岩气和煤层气开发环境保护技术集成、关键装备研究，形成一套完整、规模化的环境保护配套技术，促进非常规油气资源的环保、可持续开发。

《页岩气和煤层气开发环境保护关键技术》是由课题办公室统一组织编写出版的一本技术专著，结合我国页岩气和煤层气开发环保关键技术难题和污染防治需求，依托"页岩气和煤层气开发环境保护技术集成及关键装备"项目研究成果，重点介绍了"十三五"以来我国在页岩气和煤层气开发过程中废弃物源头治理、过程管控和末端资源化处置方面的技术进步和装备进展。本书反映了我国在页岩气、煤层气开发环境保护领域工程应用技术最新的研究应用成果，希望能为非常规油气绿色可持续开发提供环境保护技术指导，为相关技术人员和管理人员提供参考。

本书共6章，由中国石油、西南石油大学、杰瑞公司等企事业单位以及各大高校的环境保护技术专家共同编写。第一章由刘石、贺吉安、王占生、蒋学彬、舒畅、黄敏、陈晓彬、刘万家、邓勇刚、陈立云、彭远春、唐强、何天鹏、潘敏、王荣、冯景春、曾秀清编写，第二章由舒畅、刘石、谢海涛、高洁、胡小刚、曾文强、牟笑春、干汉川、张敏、王强、吴思斯、庞凯、周鋆、毛红敏、王孔、林惠丽、刘龙杰、朱冬昌编写，第三章由舒畅、贺吉安、马光长、王荣华、聂强勇、肖洴峰、杨忠平、李颖、许毓、刘龙杰、张新发、郭亮、徐军、李世勇、陈怀兵、谭树成、徐成昊、王孔编写，第四章由舒畅、王占生、何启平、石孝志、鲍晋、徐斌、陆丽、赵坤、李辉、陈海涛、文炜涛、叶佳杰、方曦、徐冀林、唐桃、荣碧舟、唐成瑞、冯永东、何佳编写，第五章由蒋学彬、云箭、李秀敏、郝鹏程、唐琳、刘颖、刘汉军、李盛林、杜大俊、胡小刚、杨恂、史心慈、李孟尚、陈搏、陈亮、孟元、李凤仪编写，第六章由黄敏、舒畅、孙玉、陈坷铭、彭昱雯、蔡苑、周盈、李梦娇、郑宛镧、李渠江、陈洪、李绍坤、谷元培、张锐、唐勇超、钟磊、苟永炯编写。本书的编写和出版得到了各相关部门和专家以及各项目研究人员的大力支持和帮助，在本书付梓之际，向为本书付出辛勤工作和提供支持的所有人员表示感谢！

由于水平有限，书中难免存在不足，敬请读者批评指正。

目　　录

第一章　页岩气和煤层气开采废弃物处理现状 ………………………………………（ 1 ）
 第一节　页岩气和煤层气开发现状 ………………………………………（ 1 ）
 第二节　页岩气和煤层气开发的废弃物及危害 …………………………（ 2 ）
 第三节　钻井废弃物处理方式 ……………………………………………（ 6 ）

第二章　页岩气开采水基钻井废弃物处理装备 ……………………………………（ 32 ）
 第一节　水基钻井废弃物处理装备研究进展 ……………………………（ 32 ）
 第二节　水基钻井废弃物减量化处理装备 ………………………………（ 33 ）
 第三节　水基钻井废弃物处理关键装备 …………………………………（ 47 ）

第三章　页岩气开采油基钻井废弃物处理技术及装备 ……………………………（ 69 ）
 第一节　油基钻井废弃物处理技术及装备研究进展 ……………………（ 69 ）
 第二节　油基钻井废弃物减量化处理技术 ………………………………（ 71 ）
 第三节　油基钻井废弃物常温深度脱附技术 ……………………………（ 85 ）
 第四节　油基钻井废弃物热脱附技术 ……………………………………（ 89 ）
 第五节　油基钻井废弃物多功能一体化处理技术及装置 ………………（112）
 第六节　油基岩屑锤磨式热解析处理技术 ………………………………（123）
 第七节　油基钻井废弃物微生物处理技术 ………………………………（137）
 第八节　油基钻井废弃物在道路路面工程的应用技术 …………………（147）

第四章　页岩气采出水处理技术 ……………………………………………………（168）
 第一节　压裂返排液回用处理装置 ………………………………………（168）
 第二节　页岩气产出水达标排放处理装置 ………………………………（188）
 第三节　页岩气采出水达标排放处理装置 ………………………………（200）

第五章　煤层气采出水处理技术 ……………………………………………………（205）
 第一节　煤层气采出水达标排放处理技术进展 …………………………（205）
 第二节　煤层气采出水达标排放处理技术及装置 ………………………（205）

第六章　页岩气和煤层气开采环境保护技术及装置应用效果 ……………………（221）
 第一节　页岩气油基钻井废弃物处理工程示范 …………………………（221）
 第二节　页岩气采出水处理工程示范 ……………………………………（273）
 第三节　煤层气采出水达标排放处理技术工程示范 ……………………（284）

参考文献 ………………………………………………………………………………（289）

第一章 页岩气和煤层气开采废弃物处理现状

我国非常规天然气资源丰富，但是页岩气和煤层气开采会产生大量水基钻井固废、油基岩屑固废、钻井废水、压裂返排液和采出水。常规的回填和回注处理方法已经无法满足现在的环保要求，还造成资源浪费。根据废弃物组成性质，选择技术上可行、经济上合理、环境可接受的无害化处置方法，来实现页岩气和煤层气开采废弃物的减量化、无害化和资源化。

第一节 页岩气和煤层气开发现状

目前，全球非常规天然气资源丰富，全球非常规天然气探明技术可采储量为 $331×10^{12}m^3$，其中页岩气占 50%，煤层气占 11%。我国非常规天然气资源量是常规天然气的 5 倍，但勘探开发程度还落后于北美地区。我国页岩气探明技术可采储量 $31.55×10^{12}m^3$，位居世界第一；我国煤层气探明技术可采储量 $2.83×10^{12}m^3$，位居世界第四。

在页岩气的开发方面，美国一直走在全球前沿。自 1821 年 William A. Hart 在美国东部泥盆系 Dunkirk 页岩中钻成了第一口页岩气井以来，美国已有 100 多年的勘探开发历史[1-2]。2015 年美国页岩气年产量达到 $4308×10^8m^3$，位居世界第一。加拿大是继美国之后第二个实现页岩气商业开发的国家，且页岩气已成为加拿大重要替代能源。目前，加拿大页岩气开采主要分布在不列颠哥伦比亚、艾伯塔、萨斯喀彻温、安大略、魁北克、新不伦瑞克和新斯科舍等地。在 2012 年，加拿大页岩气年产量达到 $215.00×10^8m^3$。中国是继美国和加拿大之后，第三个成功实现页岩气商业开发的国家[3]。根据美国能源信息署 2016 年发布的《国际能源展望》，中国在 2040 年将成为仅次于美国的世界第二大页岩气生产国，页岩气将占中国天然气总产量的 40% 以上。

早在 2007 年中国就已经开始了页岩气地质综合评价工作，2010 年正式全面启动页岩气研究及开发，2011 年 12 月，国务院批准页岩气为新的独立矿种，2010 年，中国第一口页岩气直井——威 201 井在川东北钻探成功，埋深 4100m 的下侏罗统压裂后获得近 $1.00×10^4m^3/d$ 的页岩气。同年，川东南 2 个区块下志留统、下寒武统海相页岩 3 口直井压裂后获得 $1.00×10^4m^3/d$ 左右的页岩气。2011 年，中国第一口页岩气水平井——威 201-H1 井钻探成功，鄂尔多斯盆地南缘的 2 口井在延长组突破了砂泥岩互层的页岩井产气大关。同年，在四川威远地区的水平井进行分段压裂获得页岩气，长宁地区的直井在压裂中获得页岩气，四川永昌地区的深层页岩油气直井在分段压裂后获得了高产。

2012 年，中国第一口具有商业价值的页岩气井钻成并获得高产，四川长宁地区的水平井获得了 $15.00×10^4 m^3/d$ 的产量；同年，重庆彭水地区的页岩气获得 $2.60×10^4 m^3/d$ 的初步产量。2014 年，中国建成第一条页岩气外输管道，开始了示范区的规模建产，并达到了 $12.47×10^8 m^3$ 的页岩气年产量。2015 年，中国页岩气年产量超过 $40.00×10^8 m^3$，2016 年底，年产量达到 $78.82×10^8 m^3$，仅次于美国和加拿大，位于世界第三位[4]。

2014 年 9 月至 2018 年 4 月，不到 4 年时间，在四川盆地探明涪陵、威远、长宁、威荣 4 个整装页岩气田，页岩气累计新增探明地质储量突破万亿立方米，产能达 $135×10^8 m^3/a$，累计产气 $225.80×10^8 m^3$。2022 年，页岩气产量达到 $240×10^8 m^3$，较 2018 年页岩气年产量 $108.81×10^8 m^3$ 增加 120%。

超过 30 个国家就煤层气展开科学研究和勘探开发。世界煤层气年产量达 $700×10^8 m^3$，其中美国最早也是最成功开采煤层气的国家。美国煤层气工业起步于 20 世纪 70 年代，在 80 年代得到了大规模开发。煤层气井从 1984 年的 2800 口升至 2000 年的 14000 口，产量从 1989 年的 $26×10^8 m^3$ 升至 2016 年的 $289×10^8 m^3$，占美国天然气产量的 3.9%[5]。我国煤层气资源储量、分布及潜力丰富，国内有 39 个含煤层气盆地，集中分布于中部、西部等多个区域。此外，在海南岛、东部海域也有零星分布。根据第四轮油气普查，中国目前有 114 个煤层气（CBM）含气区带，煤层气资源面积高达 $42.6×10^4 km^2$，总储量为 $30.6×10^{12} m^3$。其中储量达到 $0.5×10^{12} m^3$ 以上的富集区就有 14 个，资源量约占 93.4%。2015 年，我国初步建成了沁水、鄂尔多斯东缘两大 CBM 产业基地，年产量达 $44×10^8 m^3$。"十三五"期间，我国煤层气开发迎来了新一轮高潮，相继在冀中大城、海拉尔呼和湖及准噶尔盆地等区域发现了数个大型煤层气有利区带。截至 2021 年末，煤层气产量年均增速 15% 以上，全国煤层气供应量 $780×10^8 m^3$（含煤层气区块内其他非常规天然气）。

虽然中国页岩气和煤层气资源量巨大，可采资源潜力居世界前列，且在近几年的努力攻关之下，技术装备基本实现国产化，并已经基本掌握了页岩气和煤层气地质综合研究、地球物理、钻井、完井、压裂和试气等勘探开发技术。但与此同时，开采过程中废弃物量大、资源化利用率低、废水水质差仍是当前中国页岩气和煤层气勘探开发所面临的难题。

第二节 页岩气和煤层气开发的废弃物及危害

一、主要污染物

页岩气和煤层气开采直井段主要使用水基钻井液，产生的钻井废弃物[6]包括水基钻井固废和钻井废水；水平段主要采用油基钻井液，产生的钻井废弃物主要为油基岩屑；在压

第一章 页岩气和煤层气开采废弃物处理现状

裂和采输过程中，会产生压裂返排液和采出水。

水基固废主要指以水基钻井液体系井而产生的固废，主要来源于钻头破碎地下岩石加深井眼而产生的钻屑、除砂除泥器脱除的渣泥、地面清掏钻井液罐和方井等产生的废弃渣泥，以及钻井过程中受污染而无法调节再利用的废弃钻井液和完钻时产生的废弃钻井液等。水基固废的油含量相对较低，可按照一般固废进行处理利用。钻井废水主要来源于水基固废经分离脱水处理后产生的污水、井场内的冲洗废水及井场四周集污围堰内收集的污水和雨水等。

由于页岩具有较高的吸水性，吸水之后会发生膨胀，进而导致垮塌的出现，油基钻井液就能很好避免这一问题。因油基钻井液的含水量较低，在润滑性与封堵性方面也具有优势，能实现对井壁的稳定，使其不易垮塌[4]。目前，国内外页岩气钻井开发的水平段钻进，以及部分常规井的探井(深井、超深井)、开发井开发中，均采用油基钻井液。油基钻井液钻井过程产生的废液、废渣及井筒携带出的岩屑等会黏附大量的油基钻井液，此部分携带油基钻井液的岩屑固相，即为油基岩屑。据统计，油基岩屑的产生量约为 $0.2m^3/m$(油基钻井液钻进进尺)[6]，以水平段2000m井深计[7]，页岩气钻井中单井产生 $400m^3$(约800t)的油基岩屑[7]，若处置不当将对环境产生严重后果。

通过对钻井现场产生的油基岩屑的取样分析，对油基岩屑中可回收石油烃总量进行测定(GB 5085.6—2017《危险废物鉴别标准 毒性物质含量鉴别》附录O)，数据见表1-1。

表1-1 油基岩屑含油量检测结果

样品编号	可回收石油烃总量/%	样品编号	可回收石油烃总量/%
油基岩屑(振动筛处)	15.25	油基岩屑(储备罐底)	22.60

对钻井现场产生的油基岩屑的重金属含量、pH值、色度等进行检测，检测结果见表1-2。

表1-2 油基岩屑监测结果

序号	分析项目	分析方法(标准)	分析结果	检出限
1	pH值	玻璃电极法(GB/T 15555.12—1995)	8.85	—
2	色度/倍	稀释倍数法(GB/T 11903—1989)	8	—
3	铁/(mg/L)	《危险废物鉴别标准 浸出毒性鉴别》(GB/T 5085.3—2007)	0.658	0.03
4	锰/(mg/L)		0.35	0.01
5	铜/(mg/L)		ND	0.02
6	锌/(mg/L)		0.199	0.005
7	铅/(mg/L)		0.225	0.1
8	镉/(mg/L)		ND	0.005

注：ND表示未检出。

页岩气压裂不仅消耗大量水资源，而且压裂后从储层中返排的大量废液也对环境造成巨大威胁。按照"十三五"规划和目前钻井与压裂的规模计算，页岩气压裂后产生的返排液将有（3000~4000）×$10^4 m^3$。压裂返排液组成与压裂液种类、储层地质特点等有关，返排液中含有植物胶、人工合成聚合物残渣以及其他各种添加剂，其主要的成分有石油类物质、悬浮物、硫化物、化学需氧量（COD）以及各种水溶性矿物离子等。压裂返排液长时间存放会出现"发黑发臭"现象，不但会对储层造成伤害，而且还会增加环境污染风险[1-4,6-7]；如果压裂返排液直接外排，将会对周围环境，尤其是农作物及地表水系造成污染[8-11]。

通过对山西沁水、保德、陕西韩城等地区的52口煤层气井排采水水质总体分析来看，煤层气采出水具有高矿化度、高氟、高氮等特征，COD浓度监测值在保德、大佛寺、筠连地区较高，铁离子浓度监测值在韩城、保德地区较高，个别气井采出水的硫化物浓度较高，悬浮物浓度大小不一。各监测值在不同气井之间变化幅度较大，与气井深度、井底温度、煤层和压裂液的变化等因素有关。

二、环境风险

钻井废弃物的主要环境污染指标是高 COD、高 BOD、Cl^-、悬浮固体、高油类、高 pH 值及可能的重金属盐类。

1. 无机盐导致土壤盐渍化

由于加入了各类添加剂，以及循环使用过程中溶解部分地层中含有的无机盐类，导致废弃钻井液的矿化度普遍较高。国标 GB 5084—2021《农田灌溉水质标准》中规定，农灌水的氯离子含量不得大于 $250mg/L$。若长期采用含盐量高（Cl^- 含量>500mg/L）的水灌溉农田，会增大土壤溶液的渗透压，导致土体通气性和透水性变差，进而使土壤变硬板结、龟裂，养分的有效性降低，使植物难以从土壤中吸收所需水分而导致不能正常生长，严重时甚至致使土壤无法返耕，最终加快土壤的盐碱化程度，生态环境遭破坏，造成土壤的浪费[7-8]。废弃钻井液环境污染影响的土柱淋滤实验研究表明：石油勘探开发区的土壤对钻井废液中的盐分具有一定吸附截留能力，但这种吸附截留能力非常有限，盐分会随水分下渗、迁移进入深层土壤或地下水中；石油勘探开发区土壤中的可溶性盐分易随废弃钻井液一起下渗迁移；含盐钻井废液的外排和下渗是土壤淋洗脱盐和盐分不断输入土壤的过程，这对地下水和土壤剖面的盐分含量有较大影响。

2. 重金属导致土壤中重金属富集

废弃钻井液中的重金属来源一方面是钻井液添加剂、基础添加材料（如重晶石）；另一方面可能是随钻屑由地层中携带出来的，主要包括铬、汞、镉、砷、铅等[9]。

废弃钻井液中的重金属多以络合态、吸附态、碳酸盐态和残渣态等存在[10]，其最终承载体是土壤。重金属在土壤中一般不易因水的作用而迁移，也不能被微生物降解，而是不断累积，并有可能转化成毒性更大的甲基类化合物，因此重金属污染是一种终结污染。土壤中重金属累积到一定程度会危害到土壤—植物系统，不仅可能导致土壤退化、农作物产量和品质的降低，还可能通过淋洗和径流作用污染地下水和地表水，导致水文环境恶化，并直接接触食物链，从而危及人类的生命和健康。更为严重的是，在土壤系统中，重金属的污染过程具有隐蔽性、长期性、不可逆转性和累积性，这些特性对环境危害的影响更持久，影响范围更广[11]。根据有关资料报道，全国每年因重金属污染而导致的粮食减产可达一千多万吨，被重金属污染的粮食每年也高达$1200×10^4$t，合计经济损失至少为200亿元。

土壤中汞的存在形态分为有机态与无机态[12]，在一定条件下可相互转化。无机汞因溶解度低，在土壤中迁移转化能力很弱，但在土壤微生物作用下汞可以向甲基化方向转化，在富氧的条件下主要形成脂溶性的甲基汞。甲基汞可被微生物吸收、积累，进而转入食物链对人体造成危害；在厌氧的条件下，汞主要生成二甲基汞，而在微酸性环境下，二甲基汞便可转化成甲基汞。作物的种类不同，汞对植物的危害亦不同。汞在一定的浓度下可使作物减产，而在较高的浓度下甚至可致使作物死亡。

土壤中镉的存在形态可分为非水溶性镉和水溶性镉[13]。水溶性镉可以被作物吸收，对生物危害大。在土壤偏酸性时或氧化条件下，非水溶性镉可转变成可溶性镉，易于在土壤中迁移。镉进入人体后会使人患上骨痛病，如水俣病；另外，镉还会损伤肾小管，导致糖尿病、高血压、癌症、致畸等疾病。

铅在土壤中容易与有机物结合，其对植物的主要危害表现为叶绿素含量下降，阻碍植物呼吸及进行光合作用[14]；对动物的危害则是累积中毒，铅能与人体中的多种酶结合，干扰有机体的多种生理活动，并导致全身器官衰竭。

植物吸收铬后，水分和营养的向上输送会受到阻碍，代谢作用也会遭到破坏。若人体中铬的含量严重超标，会出现口角糜烂、消化紊乱、腹泻等症状。

土壤中的砷大部分被胶体吸收或与有机物络合而形成难溶化合物[15]。砷对植物的危害最初表现出的症状是叶片卷曲枯萎，进而阻碍根系发育，最终导致植物的根、茎、叶全部枯死。砷对人体的危害非常大，它能致使红细胞溶解，从而破坏人体正常的生理功能，甚至导致癌症等。

3. 石油类导致土壤、水体污染

废弃钻井液中的石油类物质，其来源主要有两个方面：一方面是钻井液中添加的油基润滑剂；另一方面是钻进油层时进入钻井液中的烃类物质。在定向井的钻进中，加入的润滑剂含量通常为2%以上，当井下情况比较复杂时，加入的润滑剂含量为8%~10%，而且在钻井液循环过程中，这些油类物质会被高度乳化而成为连续相的一部分。因此在评价废弃钻井液对环境的影响时，必须将石油类物质污染作为主要因素加以考虑。研究表明，水体中的有机烃类物质会通过水循环对人和水生动物造成危害，其影响程度与烃含量成正比，所以由石油类物质引起的污染应当作重点指标。

废弃钻井液对土壤的影响表现为：在初期开发过程中，钻井废液中含有的石油类物质对周边表层土壤有一定影响，但含量随着时间的推移逐渐降低[16]。研究表明，石油类物质主要集中分布于土壤表层0~10cm的有限深度内，池底土壤主要受上层土壤的影响。石油类物质中的多环芳烃具有毒性、致癌性和致畸性，它不仅影响环境质量，还会经水生生物富集后危害人体健康，也可以进入哺乳动物的细胞，并经代谢活化成为具有高毒性的代谢产物，同时能不可逆转地损坏生物大分子DNA。

第三节　钻井废弃物处理方式

一、水基钻井废弃物处理方式

钻井固废的处置与其他固废处置原则一样，应实现减量化、无害化和资源化。首先应通过清洁生产措施和减量化措施使钻井固废的毒性和数量降低或减少，再次应选择实现其资源化处置利用的方法，最后再选择能实现其无害处置的方法。根据钻井固废的组成性质，选择技术上可行、经济上合理、环境可接受的方法，使其达到无害化处置的目的。在末端处置方面，具体处理方式可根据情况采用随钻收集实时处置、间断处置或完井处置方式进行。

1. 物理处置方法

1）填埋法

应用于油气勘探钻井固废的填埋处置方法主要有简易回填法和密封回填法[6]。

（1）简易回填法。

简易回填法通常的做法是在完井后将原开挖时产生的土回填到钻井液坑，回填前可根据需要将钻井废弃物自然晾晒一段时间，但最长时间不能超过12个月。在可耕种场地开挖钻井液坑时，应注意将表层土隔离堆放，施工最后将其覆盖在最上层，恢复原始状态。此方法曾经在陆上东北和西北油气钻井中应用较多，但不符合现在的环保法，已被禁止使用。

（2）密封回填法。

密封回填法技术是指先对储存坑进行防渗处置，主要包括其底面及四周壁面的防渗，再将钻井固废投入储存坑中，利用自然风干蒸发其水分，待水分蒸发完后，覆土填埋后复耕或复林。常用的防渗方式为铺设有机土+塑料膜衬层+有机土、土工膜或者高密度聚乙烯（HDPE）防渗膜。因自然风干时间较长，且效果不明显，有条件可以先对钻井固废进行固化或固液分离处置后再进行密封回填。坑内密封法因其能将钻井固废与外环境永久性隔离，环保效果较好，此法实质上是一种特殊的填埋处置法。密封回填法要求在废弃物之上必须保持顶部的土层厚度为1.0~1.5m，国内也有些油田采用此法来处置废弃钻井液。此方法在2015年之前的陆上油气钻井中得到普遍应用，特别是在西北和东北地区，现在一些地区仍在使用。

2）干化法

干化法是先对钻井废液进行脱稳处置后，直接将其存于经防渗密封处理的储存池后自然干化处置[17]，其实质是进行固液分离，分离出的固相进入污泥干化场自然干化，液相进入污水处置系统，处置后达标排放。此方法曾在陆上西北地区油气钻井中少量应用，现在已基本不再使用。

3）回注法

应用于油气勘探钻井固废的回注方法主要有环空回注法和地层回注法。

（1）环空回注法[18]。

环空回注法是将具有可泵性的废弃物注入表层套管或生产套管环空中。针对此方法，国内外都开展了较多研究与应用，该法在国内主要是在钻井深度不深的陆上东北和西北地区有较多应用，特别在长庆油田，该法是钻井固废综合利用技术之一。

（2）地层回注法[19]。

钻井固废地层回注是将钻井固废从固控设备传输到处置设备内，通过研磨、剪切和筛选，使钻井固废的粒度满足回注要求，再通过高压注入泵将钻井固废注入地层内的一种工艺，通常回注井为压力衰竭的开发井或者新钻井。地层回注工艺主要由4部分组成，分别为钻井固废的粉碎或碾磨、回注浆体的制备、泵注浆体和地下储存。为使钻井固废能顺利注入通道，必须将大块固废粉碎成小颗粒，粒径大小由回注层孔隙度、浆体黏度等决定，粒径一般应小于300μm；回注浆体由粉碎处置后的钻井固废与液体及添加剂混合制备而成，一般控制其中钻井固废颗粒含量在20%~40%范围内，浆体密度在1.2~1.6g/cm³范围内，浆体马氏漏斗黏度在50~100s范围内；泵注压力应足以在回注层产生裂缝，使浆体能随裂缝进入地层；另外，回注层应选择上有低渗透页岩层为隔离层的高渗透砂岩层或砂层。地层回注的工艺流程如图1-1所示。

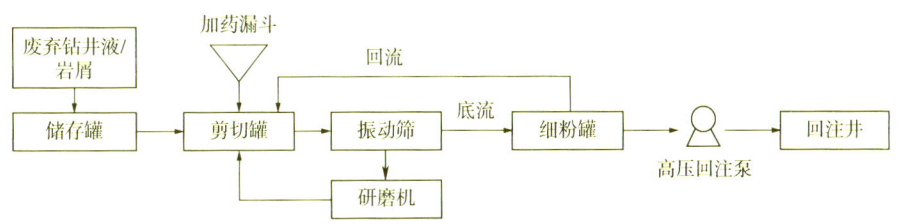

图1-1　钻井废弃物地层回注处理流程示意图

4）固液分离法

固液分离技术在国外的应用已十分广泛，该技术利用化学絮凝[20]、沉降和机械分离等组合技术，分离钻井液中的固、液两相，液相可以重复使用。由于废弃钻井液是一种主要由膨润土、无机盐、化学处理剂、加重材料和钻屑等组成的复杂悬浮液，简单自然沉降和机械分离很难破坏废弃钻井液中的胶体体系，需要加入絮凝剂提高机械分离效果。

钻井固废的固液分离是在固废中加入适当的破胶剂、助凝剂来破坏体系的稳定性，主要是改变黏土颗粒的表面性质、调整其ζ电位和降低颗粒间排斥力，使固相颗粒聚结絮凝，再通过机械辅助分离。对分离出的固液相适当处置后，使其达到排放标准。固液分离法是处置钻井废弃物最根本的步骤之一，为有害物质的深度处置提供了前提条件。比如可以把固液分离和固化处置结合起来，先对钻井液进行破胶、絮凝，排出水相，再加入固化剂固化。

国内外学者对固液分离机械的选择以及化学药剂（混凝剂）的添加量均进行过综合评价。研究表明，在某些特定的情况下，在实现固液分离基础上，还能将其中的有害物质转变为无害物质，同时还能减少固废量，降低处置难度。

2. 化学处置方法

1）固化处置填埋法

固化处置填埋原理是将固化剂加入钻井固体废弃物中[21]，通过钻井废弃物与固化剂之间发生一系列物理、化学反应，将钻井固废中有毒有害物质束缚、稳定或包容密封在固化物中，限制和降低其毒害物质的可迁移性和溶解性，最终将处置物进行安全性填埋并覆土耕种的处置工艺。施工前通过检测废弃物中毒害物质类型来选择合适的固化剂，常用的固化剂有石灰、石膏、硅酸盐、矿渣和水泥等。该法施工简单、成本低廉、实用性强，在技术上比较成熟，对环境的潜在影响相对较小，已在中国石油西南油气田公司推广，并制定了配套的技术标准和工艺标准。国内陆上油气钻井曾主要采用此法对钻井固废进行处置，常用于水基钻井固废的处置填埋，但由于其有较多缺点，例如占用固化池或填埋池耕地，使得生态复耕性相对较差，还耕困难；处置时需耗大量的以水泥为主的固化剂，不节能，也不是环境友好的处置方式，一些地方已不许可采用此方法处置钻井固废。在沙漠和盐碱地等非耕地的地方钻井，此方法仍是较为经济实用的固废处置方法。

应用于油气勘探钻井固废的固化处置填埋法主要有原池就地固化处置填埋和异地固化处置填埋，两种方法各有优缺点。

（1）原池就地固化处置填埋法。

在固废储存填埋池中直接加入固化剂混搅后存放，然后覆土，完成处置，其常被称为直接固化处置填埋，具体处置工艺流程如图1-2所示。

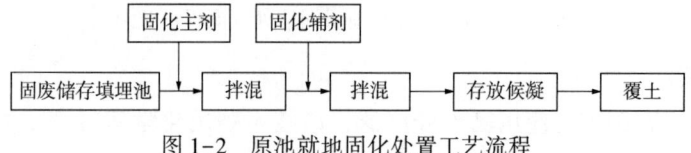

图1-2 原池就地固化处置工艺流程

此处置工艺技术在国内陆上油气勘探钻井固体废弃物处置中普遍采用。西南油气田从2001年开始要求对钻井固废进行处置，至2014年间，全部采用此方法，总体上如严格按处置设计施工，能达到相关验收标准要求；但中国石油西南油气田分公司曾每年都要对其施工质量进行抽查，一些施工井的固化体浸出液pH值、COD和色度指标不能达标，主要原因是固化主剂水泥加量过多，而附剂如净水剂等加量过少。

（2）异地固化处置填埋法。

该法是把钻井固废收集后先固化处置，然后转移到固化填埋池中存放候凝。填埋池装满后再用水泥砂浆盖层覆土，完成处置，其具体处置工艺流程如图1-3所示。

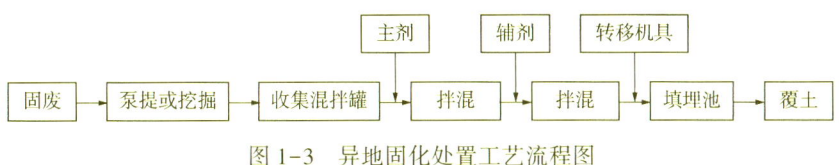

图1-3 异地固化处置工艺流程图

此处置工艺从2015年起在西南油气田开始推广使用，之后国内陆上油气勘探钻井固体废弃物的处置也开始采用此处置工艺。

2）MTC转化技术法

MTC转化技术法是利用废弃的完井钻井液的降失水性和悬浮性，通过加入廉价的高炉水淬矿渣、激活剂，将钻井液转化为性能完全可以和油井水泥浆相媲美的钻井液固化液[22]。

早在20世纪50年代，国外就开始研究使钻开地层的钻井液转化为水泥浆进行固井的方法，因为转化的钻井液和基础钻井液的相容性好，提高了钻井液的顶替效率，减少了钻井液窜槽，得到了较好的地层封隔。至20世纪90年代初，国际社会对环保要求越来越高，废弃钻井液的处置费用日趋升高，形成了以Wilsion为代表的波特兰水泥转化技术和以Cowan为代表的矿渣转化技术(slag-mix)，使MTC技术所具有的技术优势、经济优势和环境优势得以在工业实践中真正体现。尤其是矿渣MTC技术具有游离CaO含量甚低、对钻井液钙侵少、钻井液体系适用范围广、强度发展快，不影响测井的优点；矿渣MTC技术能在较宽的温度范围内固化，可应用于长封固段固井，使其引起了广泛关注。钻井液转化为水泥浆的技术只提高了钻井液的顶替效率，而残存在环空内的钻井液及滤饼仍不能固化，未能彻底改变水泥环与地层的界面胶结，因此Shell公司在20世纪90年代中期又开发了多功能钻井液技术，它和MTC技术的有机结合，显著提高了两界面的胶结强度。

国内MTC技术的开发及广泛应用始于20世纪90年代中期，许多研究院所和油田开展了相关研究，并于1995年在胜利油田(临盘)中试用了矿渣MTC技术[23]，1998年在长庆油田中试用了多功能钻井液和MTC相结合的技术[24]。经过这几年在矿渣水泥石的力学性能和长期性能上的不断深入研究及对固井工艺的不断探索和改善，该技术基本上在中国的所有油田都进行了应用，并在长庆油田、大港油田、胜利油田、中原油田、吐哈油田以及云南、贵州、广西等地的油田中已经成为主要的固井技术之一。

矿渣钻井液固化液主要由钻井液、水、矿渣、激活剂及分散剂/缓凝剂组成,其中钻井液用来悬浮矿渣和控制失水,矿渣是胶凝材料,分散剂和水可调节流动性能,激活剂及分散剂/缓凝剂用来调节凝结时间。

(1) 矿渣:矿渣主要成分与油井水泥类似,主要有 CaO、MgO、SiO_2、Al_2O_3 等化合物,同时还含有少量 Fe_2O_3、MnO、TiO_2、P_2O_5 等,与油井水泥相比,CaO 含量较低,但 SiO_2 含量较高,可以用作固井的主体材料。

(2) 激活剂:激活剂的作用就是使矿渣玻璃体结构被破坏,促进矿渣在常温下进行水化反应。高炉水淬矿渣的激活剂很多,可分为碱性激活剂和硫酸盐激活剂两大类,两类激活剂可以共存。常用的激活剂有 Shell 公司的专利激活剂 $NaOH$、Na_2CO_3 体系和建筑水泥中的 CaO、$CaSO_4$ 体系,另外无机磷酸盐和硅酸盐也可以作为矿渣的激活剂。BA 激活剂体系是由中国石油工程技术研究院于 1994 年开发的,具有激活能力强、强度发展快、引起钻井液的絮凝程度低、形成的钻井液固化体安定性好的特点,是一种兼具激活和交联作用的激活剂。

(3) 分散剂:完井钻井液往往有较高的固相、较高的膨润土含量和较大的切力,因此在加入矿渣前,一般需对钻井液进行稀释;而且膨润土对钻井液固化液的抗压强度发展有利,因此需化学释剂。钻井液中常用的稀释剂都可用于钻井液固化液中,如铁铬盐、木质素磺酸盐、单宁、腐殖酸和磺化苯乙烯马来酸酐共聚物等。MT-1 分散剂是有效的钻井液固化液的分散剂,它还能起到延缓矿渣水化的作用,且对矿渣强度的发展影响较小。

(4) 缓凝剂:由于矿渣和水泥不同的水化特征,使有些油井水泥缓凝剂的缓凝效率减弱,有时甚至失去作用。一般在矿渣钻井液固化体中,如使用温度不超过 100℃,通过调节 MT-1 分散剂和激活剂的掺量即可满足要求。但温度更高时,就必须加缓凝剂 BR-1,它能有效延缓玻璃态中硅酸盐物质的水化反应,其使用温度可达 170℃ 以上。

3. 生物处置方法

1) 生物堆处置法

生物堆技术是将污染物集中堆制,同时结合多种强化措施,如补充适量水分、养分和氧气等,为堆体中微生物创造适宜的生存环境,进而提高污染物降解效果的一种生物修复技术。生物堆处置法主要用于污染物浓度不高的水基钻井废弃物。在处置钻井固废时,通常是将钻井废弃物堆积在具有防渗层的处置区域,将分离出来的微生物处置菌剂预先接入木屑、油枯等物质中,然后将钻井废弃泥渣中混入木屑、油枯,定时进行翻动,保持一定的温度与湿度,以降解其中污染物。该方法为异位修复技术,其特点是借助生物堆中的土著生物或接种微生物降解挖掘土壤中的污染物,在污染土堆中铺设管道,提供生物降解所需水分,在污染土堆以下设置多孔集水管,收集渗滤液。生物堆系统还可设有送气管和空气泵,以稳定氧气的补给。各种均匀布水或滴灌技术均可应用于这种处置系统中,以调控温度、含水率、营养物、氧气和 pH 值来增强生物降解效果。影响生物堆处置效果的主要因素有环境参数(土壤 pH 值、温度、湿度)、通风控制、营养物质、生物降解菌种类等。

生物堆技术作为生物修复技术的一种,国外自 20 世纪 90 年代开始用此法对城市有机污染土壤进行修复处置试验研究,Morison 等在美国旧金山进行了大规模的燃油污染土壤修复实验。国内对生物堆技术处置有机污染土壤的研究起步较晚,工业规模化应用案例十分少,但有关的室内研究还是较多,2007 年因在"863 计划"中为石油污染土壤的生物修复设立了重点项目,吉敏等[25]开展了生物堆修复城市多环芳香烃污染土壤的调控研究;孙钦媛[26]开展了生物堆置法异位修复高石油类污染土壤的工程参数研究;王世杰等[27]研究了生物堆修复石油污染土壤的研究进展;张磊等[28]开展了模拟生物堆法处置硝基苯等有机污染土壤的研究;山东省科学院生物研究所李超敏等[29]在东营胜利油田区落地原油污染的土壤中成功筛选并研究出高效石油降解菌;中国在一些油区还进行了污染土壤规模化生物堆置修复工程示范试验。

2) 生物菌降解处置法

生物菌降解处置方法是向钻井废弃物中引入降解菌和营养物质,通过细菌的生长、繁殖和内呼吸,来分解钻井废弃物中的油污。生物菌降解处置法主要适用于水基固废和含油量较低的油基固废。该方法中所用微生物需要通过自然筛选或诱变培育,以及基因工程、细胞工程技术获得。该技术的主要影响因素有降解菌数量、氧气、供降解菌新陈代谢必要的营养元素、湿度、温度、pH 值和盐度。由于生物菌降解处置是一种环保节能和生态友好的处置方法,其是钻井固废处置利用的发展方向,国内外相关工作者做了大量研究试验及应用工作,取得了较好的应用效果。

华东理工大学的杨丞磊开展了通过筛选优势菌种以降解废钻井液的试验研究,确定以微生物法处置废弃钻井液[30]。实验中从废弃钻井液中分离出 13 种纯单菌菌株,鉴定发现编号为 SH-1、SH-3、TS-1 和 G5 的菌株属于假单胞菌属,该类菌属有很强的分解蛋白质的能力;编号为 HY-3、Ⅱ、G2、Ⅳ 和 G9 的菌株属于不动杆菌属,该类菌属可降解石油烃类中 C_{13}—C_{32} 之间的正构烷烃;经过筛选,8 号菌株具有较强的降解烃类能力,并且与驯化后的活性污泥复配后,具有优良的降解废弃钻井液中烃类污染物的能力。实验中将筛选的菌株投入 SBR 系统中,与驯化后的活性污泥共同处置钻井废弃物,得到了良好的效果,该方法提高了去除有机物的速率。

中国石油安全环保技术研究院的范俊欣等[31]开展了"微生物法处置海上钻井废钻井液"研究,得出微生物法适用于海上钻井含油废弃物的处置。通过多次对菌株采集、分离、纯化和培养驯化,选育得到了 3 株对石油烃类有很好降解效果的石油类降解菌;确定了石油类降解菌适宜的生化处置条件:最佳生长及原油降解温度为 50℃,最佳 pH 值为 6.0,最佳菌株接种量为 2%,最佳原油初始浓度为 500mg/L。处置后的含油废弃钻井液含油量基本稳定在 2mg/L 以下,降解率在 98% 以上。

中国石油川庆钻探工程公司安全环保质量监督检测研究院(简称川庆安检院)的黄敏

等[32]开展了"废弃钻井液微生物降解菌室内筛选"研究,针对川渝地区废弃钻井液成分复杂、污染危害大的特点,提出了利用微生物法处置废弃钻井液的方法。通过菌株分离、菌株筛选、菌株对废弃钻井液的降解利用实验筛选出 8 株降解菌株,并进行了废弃钻井液的降解利用情况研究,表明筛选出的降解菌株均能够以废弃钻井液为唯一碳源,具备了快速分解废弃钻井液的能力。

重庆大学的肖灵铃等[33]开展了"微生物法处置钻井废水中的石油污染物"研究,针对未经预处置的钻井废水中的石油污染物,通过驯化从油库污染土壤中筛选出一株可高效降解钻井废水中石油烃的微生物诱变菌株 YY-12,经鉴定为酵母菌属的 *Candida bodinii*。通过单因素实验得到了 YY-12 处置废水中石油烃的最佳温度为 33℃,接种量为 15%,pH 值为 7.0,在此条件下处置 96h 后使降解后的废水中石油烃浓度从 805.6mg/L 下降到 17.6mg/L。

华东理工大学杨知勋[34]开展了"海洋钻井平台废弃水基钻井液生物降解技术"研究,筛选出了高效烃类降解功能菌,考察了该菌种的培养条件对处置效果的影响,根据单菌及其与活性污泥配合后对废弃水基钻井液中石油烃的降解效果筛选出一株高效降解菌 3-Jun,并将其投加到 SBR 系统,可发现投加 3-Jun 的系统中 COD 去除率达到 90.12%,比未投加时提高了 30.1%,且油的降解速率也略有提高。采用木屑、稻草作为调理剂和膨胀剂,蛋白胨作为氮源,分别采用最佳条件下培养的菌液、成品回流及菌液混合活性污泥作为菌源,在强制通风量 0.07m³/h 下对废弃水基钻井液进行了好氧发酵处置。经过 18 天的好氧发酵后,以种子液混合活性污泥作为菌源的系统含油率降至 1.66%,油去除率则达到了 50.45%。

华东理工大学的安冬莉[35]开展了"海上油田钻井平台水基钻井液生物降解技术"研究,对海洋钻井水基钻井液微生物处置技术进行了研究。通过 SBR 法驯化活性污泥,对水基钻井液中的污染物具有较好的降解效果,COD 去除率在 80% 以上,采用连续流的 A/O 装置经过驯化处置后,其对水基钻井液中 COD 的去除率达到 93%,对各类长链烷烃有机组分降解率为 83%~93%。

3) 生物菌降解—土壤联合处置法

生物菌降解—土壤联合处置法是利用微生物具有极强的代谢多样性特征,参与了自然界物质循环和能量代谢,其降解废弃物潜力大。该方法具有分解快、成本低、降解彻底、能够实现废弃物资源化利用等优势,主要针对水基固体废弃物,特适用于废弃钻井液、处置水泥渣、掏钻井液罐渣的处置,也适用于含油量不高的含油污泥。土壤基本是由土壤颗粒、水、空气和其他微小的动植物群落所组成,土壤也是由固体、液体和气体三类物质组成。固体物质包括土壤矿物质、有机质和微生物等,一般土壤中的腐殖质占土壤有机质总量的 85%~90%,其能促进土壤微生物的活动,有利于微生物代谢活动。土壤微生物的种类很多,有细菌、真菌、放线菌、藻类和原生动物等,土壤微生物的数量也很大,1g 土壤中就有几亿至几百亿个微生物。微生物在土壤中能分解有机质、矿物质,固定氮素,改善土壤通气状况，利于好氧菌的作用，能促进作物生长发育。

由于土壤组成性质及性能具有促进微生物活动的作用，因此微生物与土壤两者具有协同促进作用，两者联合有利于促进提高降解污染物的能力，有利于微生物将钻井固体废弃物等固体废弃物中的复杂有机物一部分转化成腐殖质组分，一部分降解为简单的无机物，甚至降解为CO_2和H_2O，从而使钻井固体废弃物等固体废弃物中的污染物得到去除，达到无害化处置、资源化利用的目的。

此方法可谓土地耕作法、生物堆处置法和生物菌降解处置法的综合处置技术，属于一种强化生物堆修复法。由于此方法增强了生物菌的生存能力，并有效利用了土壤的性质，比单一的土地耕作法、生物堆法和生物菌降解法有更好的处置降解效果，同时也大大缩短了污染物的降解时间，处置操作更为方便，适用性更强，适用范围更广。

二、水基钻井废弃物处置技术装备

1. 振动筛

振动筛是油气勘探钻井中的必配设备，其在钻井固废减量化方面主要用于减少钻屑含液（水）量，其原理是利用高效特殊振动筛的高频率振动，使钻屑黏附着的水或钻井液分离，达到固液分离和固废减量的目的。此技术装备适合固相有一定粒径的钻井固废的固液分离，如钻屑的固液分离。国外近几年对振动筛做出了许多改进研究，其特点主要表现为：采用可调筛网坡度的筛箱支座，可分段式、多角度排列安装筛网，尽可能增大筛网处置量和处置效率；采用机械压制法制造多层叠加筛网，特别是三维波浪形筛网技术可使筛网面积比平板网增加50%~125%；采用200目以上超细筛网；采用防爆型振动电动机作为激振器，全封闭轴承润滑系统，惯性激振力是常规激振器的1.5~1.7倍。

1）平动椭圆振动筛

SWACO公司的第三代平动椭圆振动筛的测试表明，与其他类型的振动筛相比，其能够保持合适的运动轨迹，具有更好的排泄能力，同时能够提高钻井液的回收率，减少筛网的磨损。除此之外，它还具有占地面积小、全不锈钢结构、双层筛框设计、配有自动筛面坡度调整装置，以及采用可分离的进液槽、气动筛网锁紧等特点。该振动筛结构紧凑、寿命长，具有更好的固液分离效果、更大的处置量、更快更安全的筛网更换方法和钻井液回收更有效等优点。

2）双轨迹振动筛

（1）MEERKAT型：SWACO公司的MEERKAT型振动筛属于双轨迹振动筛，它是SWACO公司在模块化设计、集成化设计、通用化设计的最新研究成果。它通过结合平动椭圆技术和直线运动技术创造性地生产出了双运动轨迹振动筛，即在一个振动筛上可以形成直线运动和平动椭圆运动。MEERKAT型振动筛的设计背景是在快速钻进表面地层时会产生大量的固相，振动筛需要形成大抛掷指数来有效地清除固相。当钻进至岩石层时，

MONGOOSE型振动筛可以在不停机的情况下,当操作电控箱上的转换开关时,振动筛就由直线运动改变成平动椭圆运动。在平动椭圆运动轨迹中,由于减少了抛掷指数,并延长了固相在筛面的驻留时间,使排出的固相更加干燥,提高了钻井液的回收率,延长筛网寿命,并减少操作费用。

MEERKAT型振动筛具有双运动的功能和特殊配置,使其适应于任何陆地和海洋钻井条件。筛箱上有2个功率为1.9kW的振动器产生直线运动轨迹,1个0.45kW的小振动器在质心处产生圆运动轨迹。如果停止小振动器转动,则振动筛为直线运动;如果3个振动器同时转动,则为平动椭圆运动。平动椭圆运动时将减少抛掷指数,其直线振型的最大抛掷指数为5.7,具有最优化的固相去除方式和最大的钻井液回收率,并可以延长筛网寿命。直线运动可增大抛掷指数,其最大抛掷指数为6.9,可提高固相传输速度并能够处置厚重的固相。

(2) MD-3型:SWACO公司的MD-3双轨迹振动筛主要适用于安装面积小、钻井液固相分离性能要求高的钻机,特别适合于深水海洋钻井平台在钻遇多个不同压力层和井眼稳定性变化大的钻井施工作业(图1-4)。

图1-4 MD-3型振动筛

MD-3型振动筛的主要特点:

① 3层筛网结构,每层安装6块筛网。筛网的标准配置模式是顶层为过流筛网,筛网面积$2.4m^2$,API筛网净面积$1.5m^2$;中部和下部筛网为主筛网,筛网总面积$4.7m^2$,API筛网净面积$2.9m^2$。为在各种地层条件下辅助输送较重和黏性钻井液固相,MD-3型振动筛在安装粗筛网的筛箱内设计有喷雾装置。

② 配置2台2.72kW(3.7hp)、额定转速1800r/min的长筒式激振电动机,采用斜坡式布置。该振动筛有两种椭圆运动模式:一种是渐进椭圆振动,抛掷指数6.3,该模式不适合钻井液的快速处理;另一种是平动椭圆振动,抛掷指数7.2,主要用于提高振动筛的处理能力和排砂速度。

③ 筛网使用钻机气源的空气压力固定。筛箱倾角采用气动液压在线调整,上部筛箱倾角调整范围-1°~+3°;2个主筛箱共用1套倾角调整机构,调整范围+4°~+8°。

④ 设计有钻井液蒸气抽吸罩,可减少钻井液及其蒸气对操作人员的伤害,并可防止钻井液外溅。

⑤ 尺寸小。振动筛外形尺寸(长×宽×高)2584mm×1967mm×1720mm。由于振动筛安装面积与BEM-650型振动筛基本相当,可将现有安装BEM-650型振动筛的振动筛房进行简单改造后安装MD-3型振动筛,便于海洋钻井平台振动筛的技术升级。

⑥ 筛箱由合成材料制造，整机质量为2926kg。

3）双筛面振动筛

斯伦贝谢M-I SWACO公司推出的MD-2双筛面振动筛(图1-5)，它与DURAFLO复合筛网结合使用可以在钻井应用中提供最佳的固控性能。MD-2双筛面振动筛占地面积较小，使它成为需要大排量分离效率和操作灵活性的空间受限的陆上和海上钻机的理想选择。除此之外，MD-2双筛面振动筛与DURAFLO复合筛网结合使用可以使它的处理能力几乎为标准单筛面振动筛的2倍。

图1-5 使用全接触复合筛网技术的 MD-2双筛面振动筛

4）"长筛一机"式二级固控系统

此装备由中国石油川庆钻探工程公司研发生产，其优点体现在：

(1) "长筛一机"式二级固控系统将会彻底改变循环罐上固控设备布局，长框式振动输送器替代现有的三联式两级振动筛，大排量低速离心机替换现有的一体机和低速离心机。新固控系统将会实现设备更精简、使用更简便、钻井液净化效率更高、钻屑含水率更低等优点。

(2) 长框式振动传输器就是一个四节5.8m×0.6m振动筛的连接体，虽然筛布的总有效面积和三联式两级振动筛一样，可是由于振动长度大大增加，经过实际测算，钻井液固相清除能力较三联式两级振动筛提高5~7倍，振动筛筛布使用目数由以前最高的120目提高到现在的260目，极大地提高了固相清除效率。

(3) 长框式振动输送器目前已在长庆油田应用了一百余口井，使用效果良好，降低了钻屑的含水率，减少了固化剂的使用量。

(4) 长框式振动输送器极大地提高了钻井液过筛处置能力。使用长框式振动输送器后，大大增加了钻井液的振动长度，两级三联式振动筛的振动长度为2.3~2.9m，而长框式振动筛的振动长度达到19.8m，最大限度地抑制了跑浆现象发生，振动筛筛布目数达到260目，其清除固相效果已超过原有的三联振动筛和一体机的总效果。

(5) "长筛一机"式二级固控系统为集快速钻井固控和不落地功能为一体的高效低耗系统。二级固控系统的应用，成为降低钻井功耗和使用成本、提高固相清除效率的一体化解决方案。

2. 离心技术装备

1）密闭式钻屑脱液离心机

密闭式钻屑脱液离心机由美国SWACO和Hutchison Hayes International两个公司联合开发，这种离心机不同于国内离心机生产厂家推出的卧式螺旋卸料过滤离心机，具有良好的分离性能，能够在某一设定的分离因数或者变化的分离因数下操作，通过控制固体颗粒在转鼓里的停留时间得到最佳的干燥效果；对于合成基、含矿物油或柴油基质的钻屑的脱液效果尤佳。使用它可以回收大量的重晶石，同时提高了钻井液的集中净化和分离效果，减少了钻井液的流失量。

该设备接收上游离心机和其他净化系统排出来的沉渣并进一步对它们进行脱液干燥。进料一般为泥浆状态，平均固相体积分数为20%~47%，如钻井液净化系统里的离心机排出的沉渣。开始固液分离时，钻井液从钻井平台的振动筛由常见的传输系统(螺旋推运器、真空干燥机和汽力传输器等)传输到离心机的进料槽。钻井液在重力作用下沿着聚氨酯橡胶制造的加速盘进入进料槽右边的进料管，进料管右端开口通向鼠笼形直筒转鼓。进料管与空心驱动轴相连接，驱动轴的左侧是驱动轴套，它由窄V带通过主电动机驱动胶带轮传动。空心驱动轴同时带动着鼠笼形转鼓一起旋转，转鼓刚性支承着它内表面的筛网。钻井液首先接触的是左侧的筛网，筛网里有一个同轴且可调节转速的螺旋推料器，其转速略低于转鼓和筛网的转速，在螺旋推料器的作用下，物料被推向转鼓右端的同时也均匀地分布在筛网上。在液压扭矩传感器的控制下，液压差速器提供合适的扭矩给推料器，从而控制并调节它的转速。该设备典型的分离因数为500，在离心力作用下物料被强制甩向转鼓内壁，液体通过筛网和鼠笼形转鼓的孔被甩向机壳，并经机壳上的液相出口排出机外；固体颗粒被截留在筛网上形成滤渣层，在螺旋输送器的推力作用下向转鼓右端运动，且通过直筒形筛网即转鼓的整个长度区域，最后集中从固相排渣口卸料。

2) SWACO 414 型离心机

M-ISWACO 414 型离心机是专门用于油田和工业领域的，它性能很好且运行费用低。通过沉降式离心分离系统，能高效地回收95%的重晶石并使之被重新利用，其他低密度的细小固体会被过滤掉。高级不锈钢的滚筒和涡形管设计能使被传送的固相更均一地分离，并使其分层更均匀，同时使固控的效率最高。

414型离心机优点：能够回收95%的重晶石，减少额外花费的同时保持既定的钻井液密度；从钻井液中滤掉细的、低密度的固相；与稀释处置法比较，大大减少了体积的流失；根据使用中的理想钻井液密度，可以在其30%~60%之间进行选择；在恶劣的油田环境中，坚固的机械结构和抗腐蚀的材料保证了其长久的使用寿命和较低的维护费用。

3) 大排量低速离心机

大排量低速离心机通过内部结构改变，扩大了固相清除范围，并提高了钻井液清除速度。与原中速离心机相比，固相清除范围由6~45μm扩大为15~105μm，基本涵盖了中速离心机的范围，还包括了一体机(理论清除范围45~103μm)的清除范围；钻井液处置速度由原40m³/h提高到80m³/h，钻井泵排量一般为120m³/h，用中速离心机处置钻井液时，仅有不到1/3的钻井液能够被处置，而采用该离心机后，超过2/3的钻井液能够被处置，钻井液的固相清除效率提高一倍。

3. 压滤技术装备

1) 板框式压滤脱水机

板框式压滤脱水机主要由凹入式滤板、框架、自动—气动闭合系统测板悬挂系统、滤板振动系统、空气压缩装置、滤布高压冲洗装置及机身一侧光电保护装置等构成(图1-6)。

图1-6 板框式压滤脱水机

板框式压滤脱水机设备选型时应考虑以下因素：

(1) 对滤饼含固率的要求。一般板框式压滤机与其他类型脱水机相比，滤饼含固率最高，可达35%，如果从减少污泥堆置占地因素考虑，板框式压滤机应该是首选方案。

(2) 框架的材质。

(3) 滤板及滤布的材质。要求滤板和滤布耐腐蚀，滤布要具有一定的抗拉强度。

(4) 滤板的移动方式。要求可以通过液压—气动装置全自动或半自动完成，以减轻操作人员劳动强度。

(5) 滤布振荡装置，以使滤饼易于脱落。与其他类型脱水机相比，板框式压滤脱水机最大的缺点是占地面积较大。同时，由于板框式压滤脱水机为间断式运行，效率低，操作间环境较差，有二次污染。

2) 带式压滤脱水机

带式压滤脱水机一般由滤带、辊压筒、滤带张紧装置、滤带调偏系统、滤带冲洗系统和滤带驱动系统构成(图1-7)。带式压滤脱水机受污泥负荷波动的影响小，具有出泥含水率较低、工作稳定、能耗少、管理控制相对简单等优点。由于带式压滤脱水机国内应用较早，已有相当数量的厂家可以生产这种设备。

带式压滤脱水机设备选型时应考虑如下因素：

(1) 滤带。要求滤带具有较高的抗拉强度、耐曲折、耐酸碱、耐温度变化等特点，同时还应考虑污泥的具体性质，选择适合的编织纹理，使滤带具有良好的透气性能及对污泥颗粒的拦截性能。

图1-7　带式压滤脱水机

（2）辊压筒的调偏系统一般通过气动装置完成。

（3）滤带的张紧系统一般也由气动系统来控制。滤带张力一般控制在0.3~0.7MPa，常用值为0.5MPa。

（4）带速控制。不同性质的污泥对带速的要求各不相同，即对任何一种特定的污泥都存在一个最佳的带速控制范围，在该范围内，脱水系统既能保证一定的处置能力，又能得到高质量的滤饼。

3）叠螺污泥脱水机

叠螺污泥脱水机是运用了螺杆挤压原理，通过螺杆直径和螺距变化产生的强大挤压力，以及游动环和固定环之间的微小缝隙，实现对污泥进行挤压脱水的一种固液分离设备（图1-8）。

叠螺污泥脱水机主要特点和优点如下：

（1）占地空间小，便于维修及更换；重量小，便于搬运。

图1-8　叠螺污泥脱水机

（2）不易堵塞，具有自我清洗的功能。不需要为防止滤缝堵塞而进行清洗，减少冲洗用水量，减少内循环负担。擅长含油污泥的脱水。

（3）低速运转，螺旋轴的转速为2~3r/min，耗电极低。

（4）故障少，噪声小，操作安全。

（5）操作简单。通过电控柜与泡药机、进泥泵、加药泵等进行联动，实现24h连续无人运行。

（6）日常维护时间短，维护作业简单。

(7) 经久耐用。机体几乎全部采用不锈钢材质,能够最大限度延长使用寿命。

(8) 更换部件只有螺旋轴和游动环,使用周期长。

4. 筛分脱水技术装备

筛分过滤脱水设备主要有固定筛、振动筛和摇动筛等。

固定筛固定不动,筛面倾斜安装,物料在倾斜的筛面上完全靠自重下滑,水则通过筛孔排除。固定筛主要安装在运动的脱水筛之前,用于预先脱水,以减少进入运动脱水筛的水量,提高脱水效率。固定筛可分为条缝筛、弧形筛和旋流筛等。

振动筛具有工艺效果好、结构简单、操作维修方便等优点,其主要型号有圆运动振动筛、直线振动筛和共振筛等。直线振动筛是双轴振动筛的一种,其筛箱振动的轨迹是直线,筛面水平安装,物料在筛面上的移动不是依靠筛面的倾角,而取决于振动的方向角。中国主要生产使用的直线振动筛有吊式(DS式)和座式(ZS型)两种,它们又分别有单层和双层两种,主要由筛箱、激振器及弹簧支撑或吊挂装置组成。

摇动筛有一个长方形的筛框,筛面固定在筛框上,筛框用拉杆悬挂或用滚轮支承。依靠偏心轮机构使筛框和筛面产生往复运动。物料从筛面一端加入,筛面下面有容器承接筛下料,不能过筛的物料即由筛面的另一端卸出。筛面一般倾斜安置,也有水平安置的(如差动筛)。筛面倾斜角通常选用 10°~20°,如为湿筛,可减小至 5°~10°。筛面宽度为 0.5~3m,长度为 1.5~8m。对于干筛,整修筛框常用防尘罩密闭起来,以免操作时粉尘飞扬,影响工业卫生。

三、油基钻井废弃物处理方式

油基岩屑处理是以减量化、资源化、无害化为原则,采用"预处理+最终的资源化/无害化处理"的工艺流程,其中预处理主要包括浓缩处理、调质处理及脱水/油处理。经过脱水/油处理后的油基岩屑进行无害化处理,目前国内外主要有固化填埋处理、焦化、制调剖剂、生物处理及油基岩屑的综合利用。此外,对于油基岩屑,焚烧法处理亦是目前的一种主流方式,能达到最终的无害化,但缺点是无法回收油泥中的原油。

1. 油基岩屑的浓缩——脱水处理

油基岩屑中的水有以下四种形态:自由水(free water)、间隙水(interstitial water)、附着水(vicinal water)或表面水(surface water)、化学结合水(chemical-bound water)。常用油基岩屑的脱水方法及效果见表1-3。

表1-3 常用油基岩屑的脱水方法及效果

脱水方法	脱水装置	脱水后含水率/%	脱水后状态
浓缩脱水	重力、气浮、离心浓缩	95~97	近似糊状
自然干化法	自然干化场、晒沙场	70~80	泥饼状

续表

脱水方法		脱水装置	脱水后含水率/%	脱水后状态
机械脱水	真空过滤	真空转鼓、真空转盘	60~80	泥饼状
	压力过滤	板框式压滤机	45~80	泥饼状
	滚压过滤	滚压带式压滤机	78~86	泥饼状
	离心过滤	离心机	80~85	泥饼状
干燥法			10~40	粉状、粒状
焚烧法			0~10	灰状

2. 油基岩屑的调质

油基岩屑的调质，主要是为了实现水—油—固相的分离，从而能达到回收油、水的目的。目前，油基岩屑的调质，主要采用物理、化学和生物的方法，其中以化学或物化方法为主。物理方法主要为冷冻溶解法、超声波处理、磁化处理，但仍处于室内实验或矿场小试阶段，没有见到矿场大规模应用的相关报道。

目前化学处理仍是主要的调质方法，对同热处理—化学萃取、添加调质药剂（破乳剂、絮凝剂、表面活性剂）达到油泥调质的目的。目前油田广泛使用的化学药剂是明矾及高分子有机絮凝剂：阳离子型无机高分子絮凝剂主要有聚铝和聚铁两大类，包括聚合氯化铝（PAC）、聚合硫酸铝（PAS）、聚合氯化铁（PFC）、聚合硫酸铁（PFS）、聚合氯化硫酸铁（PFCS）和聚磷氯化铁（PPFC）等；合成有机高分子絮凝剂主要有聚丙烯酰胺、聚二甲基二烯丙基氯化铵（PDMDAAC）等。对于天然改性高分子絮凝剂，其可以分为淀粉衍生物、纤维素衍生物、植物胶改性产物、木质素衍生物、单宁衍生物、壳聚糖衍生物等类别，在工业应用中，产量约占高分子絮凝剂总量的20%，其中最有发展潜力的是水溶性淀粉衍生物絮凝剂。

对于生物调质，主要分为好氧池调质和厌氧池调质，通过培养不同的好氧菌、厌氧菌来分解油泥中的有机质，降低有机质含量，或者将大分子有机质分解为小分子有机物，从而降低油质黏性，达到油泥分离的目的，为下一步的油水分离做准备。对于生物调质，通常针对不同油泥，根据其组分的不同，培养的好氧菌、厌氧菌也有所不同，需要具体情况具体分析。

3. 油基岩屑的资源化、无害化处理

目前，各国都在研究油基岩屑的资源化、无害化处理技术。资源化处理主要通过对油泥进行浓缩、调质、脱水处理，达到回收原油及净化水质的目的，同时对分离出来的污泥进行固化填埋；油基岩屑还可以用来铺路制砖加以利用；此外，还可对油泥进行处理，制成调剖剂回注到地层，达到油田生产调剖的目的，降低开采成本。无害化处理则是通过焚烧法或生物处理，将油基岩屑彻底处理干净，即无回收利用，不会对环境造成任何污染。

1）焦化法

油基岩屑中含有一定数量的矿物油，其组成主要有烷烃、环烷烃、芳香烃、烯烃、胶质及沥青质等。焦化法处理油基岩屑是利用高温条件下烃类的热裂解和热缩合反应产生液相油品、不凝气和焦炭产品。

赵东风等[36]利用平均含油率为69.46%、含水率为4.71%的含油污泥进行焦化反应，反应时间为60min，反应温度为490℃，反应压力为常压。在此条件下，液相产品的收率为88.23%，产品主要为汽油、柴油和蜡油。但该方法主要针对的是在大庆油田、辽河油田等地区开采原油过程中，从井底返回的带有原油的污泥，并不能针对页岩气井开采过程中由于采用油基钻井液体系而产生的油基岩屑进行处理。

2）调剖技术

在大庆油田和辽河油田，利用采出水中的含油污泥与地层的良好配伍性，以含油污泥为基本原料，采用化学处理方法，加入适量的添加剂，悬浮其中的固体颗粒、延长悬浮时间、增加注入深度，有效地提高封堵强度，并使油组分分散均匀，形成均一、稳定的乳状液。由含油污泥配成乳化悬浮液调剖剂，应用于油田注水井调剖，在地层到达一定深度后，受地层水冲释及地层岩石的吸附作用，乳化悬浮体系分解，其中的泥质吸附胶沥质和蜡质，并通过它们黏联聚集形成较大粒径的"团粒结构"，沉降在大孔道中，使大孔道通径变小，封堵高渗透层带，增加了注入水渗流阻力，迫使注入水改变渗流方向，提高了注入水波及体积。通过优化施工工艺，可使含油污泥只封堵住高渗透地带，而不污染中—低渗透层。处理后的含油污泥作为调剖剂需达到的技术指标为：含油污泥黏度低（≤0.3Pa·s），可泵性好；加入悬浮剂后油基岩屑悬浮性能好，沉降时间大于3h。

河南油田在双河油田437块Ⅱ4-6层系进行了含油污泥调剖试验，取得了较好的效果。胜利油田桩西油田进行含油污泥调剖试验也取得较好效果。

3）焚烧法

经过预先脱水浓缩预处理后的油基岩屑，送至焚烧炉进行焚烧，焚烧温度800~850℃，经30min焚烧即可完毕，焚烧后的灰渣需进一步处理。

中国绝大多数炼油厂建有污泥焚烧装置，采用焚烧处理最多的废物是污水处理场的含油污泥，像长岭石油化工厂采用的顺流式回转焚烧炉，燕山石化公司炼油厂采用的流化床焚烧炉，在处理含油污泥方面都取得了良好的效果。目前国内焚烧炉类型主要有方箱式、固定床式、流化床式、耙式炉或回转窑等炉型。

焚烧处理法优点是污泥经焚烧后，多种有害物几乎全部被除去，减少了对环境的危害，废物减容效果好，处理比较安全。缺点是焚烧过程中产生了二次污染，浪费了宝贵资料。

4）生物法

含水污泥的生物处理技术主要有地耕法、堆肥处理法和污泥生物反应器法。生物处理技术主要是利用微生物将油基岩屑中的石油烃类降解为无害的土壤成分。据资料报道，地耕法可对土地和地下水产生一定的污染，因此在一些发达国家已经停止使用。

堆肥法是将含油废弃物与适当的材料相混合并成堆放置，使天然微生物降解石油烃类的过程。堆肥法有四种堆制方法：堤形堆肥法、静态堆肥法、封闭堆肥法和容器堆肥法。堆肥法是一种有效的生物处理方法，油基岩屑中烃类的半衰期约为2周。处理后的含油废弃物可填埋或施用农田。

生物反应器是一种将油基岩屑稀释于营养介质中使之成为泥浆状的容器。由于生物反应器能人为地控制充氧、温度、营养物质等操作条件，烃类物质的生物降解速度较之其他生物处理过程更快。加入驯化过的高效烃类氧化菌，可加快烃类的生物降解。据文献报道，当固体负荷为5%时，生物降解半衰期为5天。生物反应器法适用于油基岩屑，也适用于油污土壤及含油钻屑，含油废弃物经处理后，液体部分可排入处置井（坑、池）或另作他用（如回用）；固体部分可施用农田，生物反应器法也可用于石油工业废弃物的预处理以减少烃类含量，然后进行其他处理。

5）其他方法

除了以上油基岩屑处理方法外，还有油基岩屑固化法、化学破乳法、固液分离法土地填埋技术。油基岩屑的综合利用一般是利用油基岩屑铺路、制砖、制作蜂窝煤等。国外还有油基岩屑低温热解技术，以及采用溶剂和低频声波分离油泥的方法等。

4. 各种处理方法比较

（1）简单处理：油基岩屑直接填埋或固化后填埋都具有简单易行的特点。油基岩屑直接填埋是目前多数国内油田采用的主要油基岩屑处置方法，但这种方法既浪费了其中的宝贵能源，还可能导致环境污染。其中，固化后填埋的方法可降低环境危害，但多数不能满足现行的环保要求。

（2）物理化学处理：各类物理化学处理方法多以回收原油为目的，因此主要适用于含油量较高的油基岩屑，处理过程通常需要加入化学药剂，需要专门的处理设施，处理过程复杂，成本较高。原油价格居高不下和油基岩屑排放征收较高排污费使这一方法仍有诱人的前景。该方法的缺点是油回收不彻底，存在废水和废渣二次污染物问题，仍需考虑进一步处理或综合利用。另外，油田油基岩屑产生面广，多是间歇产生，不同来源的油基岩屑性质各异，限制了该处理方法在油田的全面使用和推广。

（3）热解吸附方法：该方法通过对油基岩屑进行加热，使其中的油组分在达到其相应的馏程后气化被分离出来。该方法处理后的油基岩屑含油率可从10%以上降至1%以下，但由于含油钻屑固体成分为岩屑，颗粒较大，热解条件对油类的回收率、品质有重要影响，因此运行状态很不稳定，且运行成本较高。

（4）萃取处理方法：萃取处理方法的核心是用萃取剂使固液分离，通常在常温下进行，可实现油基、钻井液添加剂及加重剂的回收，采用该方法处理成本为2500~3000元/t。但是目前仍未开发出性价比高的萃取剂,且难以解决萃取剂的损失问题,从而未得到推广应用。

(5) 生物处理技术:由于生物处理法具有节约能源、投资少、运行费用低等优点,目前受到国内外环保产业界人士普遍关注和重视。通过生物处理技术实现油基岩屑的固液分离和油的去除,剩余残渣达到污泥排放标准。生物处理技术的优点是不需加入化学药剂,消耗能源较少,绿色环保,但地耕法和堆肥法需大面积土地,生物反应器法仍有废渣排放,且处理时间长,操作复杂。

(6) 焚烧法:焚烧必须在专门建立的焚烧炉中进行,可比较彻底地消除油基岩屑中的有害有机物,如不考虑燃烧热能的综合利用,会造成能源浪费。

(7) 作燃料:作燃料是利用油基岩屑中所含能源的一种综合利用方式,但不能提取其中的原油,在利用这种方法时应从经济和环境两个方面综合考虑。

油基岩屑主要处理方法的优缺点见表1-4。

表1-4 油基岩屑主要处理方法优缺点

序号	处理方法	适用范围	优点	缺点
1	简单处置	各类油基岩屑	简单易行	污染环境,不能回收原油
2	物理化学处理	含油量在5%~10%以上的油基岩屑	回收原油,综合利用	需处理装置,需加入化学药剂,仍有污水、废渣排放,处理费用较高
3	焚烧处理	含油量在5%~10%以下的油基岩屑及含有害有机物的污泥	有害有机物处理彻底	需焚烧装置,通常需加入助燃燃料,有废气排放,不能回收原油
4	热吸附	与热解条件有关	处理效果好	受热解条件影响,运行状态不稳定
5	萃取处理	各类油基岩屑	常温下可运行	萃取剂损耗大,成本高
6	作燃料、制砖	各类油基岩屑	综合利用,较易实行	不能回收原油,有废气排放
7	生物处理	各类油基岩屑	不需要化学药剂	处理周期长,不能回收原油

四、压裂返排液/采出水处理方式

1. 压裂返排液处理方式

目前页岩气压裂返排液的处置主要包括以下几种方式[37]:

(1) 深井灌注。同石油和天然气开发过程中产生的伴生水一样,页岩气压裂返排液可通过深井灌注进行处置。按照美国环保署的要求,能够接纳上述废水的为第二类灌注井。相关法律对灌注井的选址、施工、运行以及法律责任等均有非常系统和明确的规定。截至2008年底,得克萨斯州共有11000口经过美国环保署批准的第二类灌注井,从数量上略多于产气井,为Barnett区块页岩气开发产生的返排液提供了处置去向;相反,整个宾夕法尼亚州仅有7口符合要求的灌注井,运送到外州的费用提高了Marcellus页岩区压裂返排液的灌注成本，相关油气开发公司不得不寻找其他的返排液处置方案。

（2）市政污水处理厂处理后外排。根据Lutz等[38]的统计，2008年在Marcellus页岩区共有超过$40 \times 10^4 m^3$的气田废水（以压裂返排液为主）经市政污水处理厂处理后外排。由于市政污水处理厂工艺流程对水中总溶解固体几乎没有去除效果，Monongahela流域部分地表水体曾短暂监测出高盐分，宾夕法尼亚州因而采取了更加严格的污水排放标准和管理要求。因此，从2011年开始，Marcellus页岩区的市政污水处理厂不再接收页岩气压裂返排液。

（3）现场或中心建厂处理后回用。研究结果显示，随着Marcellus页岩区开发规模的扩大和环保要求的日趋严格，返排液回用比例从2008年的不到10%上升到2011年的70%以上。该区域主要的油气开发公司（比如Range Resources、Anadarko、Atlas Energy和Chesapeke Energy等）均以全部回用作为目标。以Range Resources公司为例，早在2009年，该公司使用的约$60 \times 10^4 m^3$压裂液中就有28%为回用的返排液，17%以上的页岩气井压裂施工中进行了返排液回用，包括25口高产井中的近一半，此间并没有出现影响产气效果的情况。

（4）现场或中心建厂处理后外排。针对多次回用后水质不再适合继续回用的返排液，或者因为现实原因回用成本较高的情况，现有的水处理服务技术能够达到外排标准要求。目前也有研究进行"零排放"处理技术的尝试，并回收氯化钠等副产品。

四川盆地长宁—威远页岩气开发示范区内人口较为稠密且分布不少饮用水源地，而示范区内存在井数量多、产污量大、废水管理难度大等特点。借鉴美国页岩气开发的成功经验，结合在四川页岩气生产现场管理的实际情况，坚持"集中管理、循环使用"的压裂返排液总体处理原则，合理调度，极大地提高了返排液的使用效率[39]。

2. 采出水处理方式

页岩气生产过程中产生的采出水成分复杂，其中聚丙烯酰胺分子量较高，稳定性较强，作为页岩气废水的主要难降解成分之一，会对人体健康和环境造成重大危害，需要及时有效地进行处理。

1）处理方式

（1）深井回注。

回注法是一种处理成本低而又广泛采用的废水处理方法，它将污染程度大且难以处理的钻井废弃物通过废弃井或回注井井眼回注到安全地层或井眼的环形空间[40]。目前，海上油田钻井多将钻井废弃液用压裂液加压到足以将地层压裂的压力，通过将要处理的采出水注入非渗透性地层的裂缝中来实现采出水的回注。高鹏等[41]对临盘采油厂临南油田的污钻井液进行了回注高渗透储层处理，并在夏52-414井进行了现场试验。试验结果表明，当废弃钻井液浓度为10%时，注入压力可稳定在11MPa，废弃钻井液的日处理量为150~200m^3，完全能满足临南联合处理站全部产出废弃钻井液的处理要求。同时，在未外加任何添加剂的情况下，污泥悬浮性能很好，可保证废弃钻井液的长时间连续注入。但是如果应用和管理回注法不当，将对地下水产生重大影响，甚至可能直接危害到人类健康。为此，美国已限制使用回注法；加拿大也在使用时对地层条件做了严格要求（回注层位的深度必须大于600m）[42]。

(2) 部分处理后回用。

部分处理后回用的处理方式即采出水经过初步处理后，然后重新应用于页岩气的开采，它的优点在于节省水资源、环境污染小、处理成本低，缺点是回用于水力压裂的采出水组分较为复杂，容易造成钢管腐蚀、井筒阻塞，以及产气效果不规律或下降等生产事故。该方式在现在的清洁化生产中的应用较为广泛。

(3) 处理达标后外排。

陈俊琛等[43]提出采出水经过水处理厂或市政污水处理厂处理达到相应外排标准后，排入地表水中，可用于灌溉农田或牲畜饮水等。该方式适用于采出水总溶解固体（TDS）含量较小、附近缺乏回注地层、配备了水处理厂及相关设施的页岩气田。但是，由于市政污水处理厂一般无法去除总溶解固体，因此，在2008—2011年，美国页岩气田逐渐由采用市政污水处理厂处理方式向采用气田处理厂处理方式转换，前者所占比例锐减。处理达标后外排的优点是可以减少页岩气开采对当地水资源的威胁、大幅减少对环境的影响，缺点是处理工艺复杂、建设与运行投资均比较大[43-44]。

2) 处理技术

采出水的一级处理中，固体悬浮物及原油成分可通过物理处理达到采出水回用标准，具体可采用重力分离法、过滤分离法、旋流分离法和气浮分离法等固液分离的方法进行分离。采出水中含有微量的未被氧化的有机和无机污染物，可通过加入吸附剂（多孔粉末或颗粒）吸附其中的一种或多种，从而去除该类物质并脱色除臭。常见的吸附剂如活性炭颗粒等具有较好的吸附能力[45]。

采出水的二级处理的主要任务是去除水体中二价金属阳离子，如Ba^{2+}、Mg^{2+}、Ca^{2+}和Sr^{2+}等。比较传统的方法是通过生成碳酸盐沉淀去除二价金属阳离子，但是这种方法在针对采出水的处理过程中，结果并不理想，主要困难在于生成的碳酸盐量无法准确预计[44]。

(1) 氧化处理技术。

氧化法包括初级氧化技术和高级氧化技术。初级氧化技术是指向采出水中加入氧化剂[$Ca(ClO)_2$、$NaClO$、$KMnO_4$、H_2O_2等]进行预处理[45]，以处理易降解的有机物，处理后残留的有机物再进行深度氧化。研究表明，采用$KMnO_4$预氧化采出水，经"预氧化—混凝—臭氧深度氧化"3步复合工艺处理后，高锰酸盐指数去除率达86.5%，处理效果较好[45-47]。高级氧化技术是20世纪80年代发展起来的一种处理难降解有机污染物的新技术。它利用不同途径产生的活性极强的羟基自由基，无选择性地将废水中难降解的有机污染物氧化降解成无毒或低毒的小分子物质，甚至直接矿化为CO_2、H_2O及其他小分子羧酸。目前国内外高浓度难降解废水的高级氧化处理主要包括Fenton氧化法、催化臭氧氧化法、超临界水氧化法、TiO_2光催化氧化法、电催化氧化法等。目前的高级氧化技术主要包括电化学氧化法、湿式氧化法、超临界水氧化法和光催化氧化法等。

(2) 电化学氧化法。

电化学氧化法又称为电化学燃烧,是电化学的一个分支,其原理是在电极表面催化作用下或在由电场作用而产生的强氧化性物质作用下使有机物氧化[48]。它除了对降解有机物具有较好的选择性外,还具备有如下特点:①在氧化过程中不添加任何污染物质;②同时具有消毒杀菌的作用;③能量利用率较高;④设备较为简单,操作费用较低,易于自动控制;⑤无二次污染,被称为"环境友好型处理技术"。

(3) 超临界水氧化法。

超临界水氧化技术的原理是利用超临界水作为介质来氧化分解有机物。它是以水为液相主体,以氧为氧化剂,在高温高压下反应[49]。超临界水氧化法的创新之处就在于利用水在超临界状态下的性质,水的介电常数减少至近似于有机物和气体,进而使气体和有机物能完全溶于水,相界面消失,形成均相氧化体系,消除了在湿式氧化过程中存在的相际传质阻力,提高了反应速率,又由于在均相体系中氧化态自由基的独立活性更高,氧化程度也随之提高。

(4) 光催化法。

光催化氧化技术是在光化学氧化技术的基础上发展起来的。光化学氧化技术是在可见光或紫外光作用下使有机污染物氧化降解的反应过程[50]。自然环境中的部分近紫外光(290~400nm)极易被有机污染物吸收,在有活性物质存在时即发生强烈的光化学反应,从而使有机物降解。1972年,研究发现水在TiO_2半导体单晶电极上发生光致分解反应,使人们认识到了TiO_2具有光催化降解污染物的功能。纳米TiO_2利用自然光、常温、常压,即可催化分解细菌和污染物,且能长期有利于生态自然环境,其中用于分解污水中有机物的报道最多。TiO_2光降解有机物的历程:光催化剂TiO_2在光照射下产生电子—孔穴对→表面羟基或水吸附后形成表面活性中心→表面活性中心吸附水中有机物→氢氧自由基形成→有机物被氧化→氧化产物脱离。

(5) Fenton氧化法。

Fenton反应是以产生—OH为主要特点的高级氧化技术。自1984年Fenton发现H_2O_2/Fe^{2+}体系的氧化作用以来,该体系即以Fenton试剂而闻名,其反应实质就是H_2O_2在催化剂Fe^{2+}存在的条件下发生链式反应,生成氧化能力很强的羟基自由基·OH[51]。在酸性条件下,加入H_2O_2与电解产生的Fe^{2+}构成了Fenton试剂,Fenton试剂的处理效果比单纯的H_2O_2的处理效果好很多。

反应中生成的OH^-是出水pH值升高的原因,而由Fe^{2+}氧化生成的Fe^{3+},逐渐水解生成聚合度大的$Fe(OH)_3$胶体絮凝剂,可以有效地吸附、凝聚水中的污染物,从而增强对废水的净化效果。

(6) 电絮凝法。

电絮凝的工作原理：给多组并联的极板接通直流电，在极板之间产生电场，使待处理的水流入极板的空隙[52]。此时通电的极板会发生电化学反应，溶出 Al^{3+} 或 Fe^{2+} 等，并在水中水解而发生絮凝反应，在此过程中，同时发生电气浮、氧化还原等其他作用。这类新生态氢氧化物活性高、吸附能力强，与原水中的胶体、悬浮物、可溶性污染物等结合生成较大絮状体，经沉淀、过滤后被除去。同时，电解中的还原作用还能部分还原金属离子，在电极的阴极上生成沉淀。二价金属离子 Ca^{2+}、Mg^{2+} 能生成碱性沉淀，能明显去除。三价金属离子 Fe^{3+} 生成的 $Fe(OH)_3$ 几乎不溶于水，因此去除效率极高，达到 97.3%。

(7) 臭氧氧化法。

臭氧氧化法的作用原理是利用臭氧在不同的催化剂条件下产生高活性和强氧化性羟基自由基·OH 的一种高级氧化技术，对除臭和味、脱色、杀菌、氧化去除有机物和无机微污染物效果显著，且处理后废水中的剩余臭氧也易分解，不会产生二次污染。有研究表明，臭氧氧化法对低浓度油田作业废水 COD 的降解效果不及其对高浓度废水的处理效果[13]。臭氧化水处理技术对油田作业废水 COD 的去除效果主要受废水 pH 值、废水初始 COD 和臭氧投加量的影响，当 pH 值为 3.0、臭氧投加量为 10g/L 时，臭氧法对废水的 COD 去除率可以达到 69.1%，COD 值从 1064.0mg/L 降至 328.78mg/L[53]。张红岩等[54]采用臭氧法处理三磺钻井液体系采出水，结果表明，在石灰和 $FeSO_4$ 的投加量分别为 6000mg/L 和 2000mg/L 的混凝条件下，COD 去除率为 77.2%；在 pH 值为 12.5 时进行臭氧氧化 5min 后，COD 的去除率就达到了 81.2%，COD 值从 501.3mg/L 降至 94.0mg/L，达到了排放标准。

(8) 生物化学处理法。

生物法是利用微生物的生物化学作用将复杂的有机物分解为简单物质，将有害物质转化为无毒物质，使废水得到净化[55]。生物化学处理法主要有活性污泥法和生物滤池法，均可去除小于 10μm 的溶解油。

生物化学处理污水已经得到广泛的应用。生物化学处理可分为厌氧、缺氧和耗氧三大类[56]。聚丙烯酰胺作为页岩气开采废水的主要成分之一，近年来，国外研究者发现聚丙烯酰胺的降解产物可作为细菌生命活动的营养物质，反过来又会促进聚丙烯酰胺的降解。李蔚等以 HPAM 为能源和碳源，从油田采出水中分离得到一假单胞菌属 PD-1 菌株，该菌以 HPAM 为有机营养源，进行生长繁殖，最高菌数能够达到 $4.1×10^5$ 个/mL。有研究者对 HPAM 溶液进行 48h 紫外线处理以及 6 个星期的驯化后，好氧去除 HPAM 和厌氧去除 HPAM 的效率都得到显著提高，可生化性从 0.6%~0.7% 提高到 15% 以上[57]。

(9) 混凝沉降技术。

混凝沉降的实质在于向废水中投加某种或某类能起到中和胶体颗粒表面电荷的混凝剂，在压缩双电层、电性中和、网捕架桥和吸附卷带等作用下，使胶体颗粒脱稳而相互聚合,生成较大的絮体沉淀出来,从而与水分离。混凝沉降法有效降低废水的浊度、色度,以及去除部分可溶性有机物和无机物。它具有工艺可靠、效率高、基建投资少、设备操作简单、运行稳定、管理方便等优点。混凝沉降处理效果的好坏主要受水温、pH值、水质、水力条件、混凝剂类型混凝剂浓度以及混凝反应时间等因素的影响。目前常用的混凝剂主要有无机混凝剂(如传统铁盐、铝盐混凝剂、无机高分子混凝剂)、有机混凝剂(包括天然和人工合成两种)和复合混凝剂(主要是微生物絮凝剂)三大类。

王慧云等[58]利用兖州矿务局的废弃煤矸石制备的聚硅铝铁絮凝剂(PSFA)在$n(Si):n(Al+Fe)=1:1$,pH值为3~4时,对胜利油田产生的采出水具有最佳的絮凝效果,其COD去除率高达95%,COD值从35422.9mg/L降至1771.15mg/L。郭继香等[59]以氯化铝、丙烯酰胺和二甲基二烯丙基氯化铵为原料制备了复合絮凝剂PAC-CPAM,并考察了反应条件和絮凝剂投加量等因素对胜利油田采出水絮凝效果的影响。结果表明,当PAC-CPAM絮凝剂投加量为4.2g/L时,废水COD从23400mg/L降至1170mg/L,其去除率达到了95%,废水的浊度小于6,且在相同反应条件下,复合絮凝剂PAC-CPAM对采出水的絮凝处理效果明显优于单独使用PAC或PAC与CPAM复配时的絮凝效果。

对中浅层天然气采出水处理技术进行了实验研究,结果表明,当采出水色度和COD均较低时,采用混凝沉降技术处理后的出水就可达到排放标准。当采出水色度和COD均较高时,可增加活性炭吸附工艺或采用氧化+混凝沉降技术处理,则出水色度和COD均能达到排放标准[60]。但是对于深层钻井的采出水而言,仅使用混凝沉降是无法达到排放标准的。

肖遥等[61]采用两次絮凝处理工艺对采出水进行净化处理试验。研究表明,对于采出水这样稳定的高浊度胶体体系,经过两次絮凝处理可以使COD、悬浮物和色度等有效去除。

(10)物理处理技术。

物理法是指经过物理作用对废水进行处理,使污染物与水分离的技术,主要有以下方法:

① 重力除油技术。

重力除油是利用油水密度差和油水不相容性进行油水分离。如废水处理过程井场使用到的隔油池就是利用这种原理进行除油,可以去除颗粒粒径大于100μm的浮油和大部分颗粒直径在10~100μm之间的分散油。重力除油的主要设备有API平流式隔油池、PPI平行板隔油池、CPI波纹板式隔油池、TPI斜板式隔油池等,它们一般体积大、占地面积大、水力停留时间长。

② 压力除油技术。

压力除油以粗粒化除油和斜板(管)沉淀为主,它综合采用了聚结技术、斜板(管)分离技术及混凝沉降技术,可以去除颗粒直径在10μm以上的分散油和乳化油。压力除油设备主要是压力粗粒化除油罐和压力斜板沉降罐,具有设备小、操作简单的优点,但滤料易堵塞,而且聚结材料的种类较少,聚结效率不高。

③ 旋流分离技术。

该技术将旋流分离技术用于油水分离,适合处理油水密度差大于 $0.05g/cm^3$ 的含油废水,可以去除颗粒直径大于 $10\mu m$ 的悬浮固体及分散油[62]。旋流分离技术的旋流器设备具有重量轻、体积小、处理水量大、速度快、操作压力范围大等优点,成为一种高效的除油设备。20 世纪 90 年代,国内引进了数套除油旋流器,同时也开发了国产旋流器。但旋流器也存在运行不稳定、内壁不耐磨等问题。

④ 气浮分离技术。

气浮分离就是向废水中通入空气,并使其以微小气泡形式从水中析出成为载体,使废水中的乳化油、微小悬浮颗粒等污染物质黏附在气泡上,因其视密度小于水而上浮,从而达到净化废水的目的。该技术适合于分离颗粒直径大于 $10\mu m$ 的悬浮固体、分散油和乳化油,特别适合于油水密度差不超过 $0.05g/cm^3$ 的含油废水的油水分离。该技术的主要设备有诱导式浮选机、密闭式浮选箱、喷射吸水浮选机和新型浮选柱等。

朱权云等[63]对从美国引进的 Hydrocal 采出水处理系统曾做过探讨,结果表明,由于采出水的主要污染物质加重材料、岩屑以及各种化学处理药剂等的密度都比水大,而采出水中的浮油相对含量又较少,气浮法对污染物的去除率比沉淀法要小,CAF 空穴式气浮对重质污泥的分离不如沉淀法彻底有效,使得出水中携带部分污泥,造成处理后的出水中 COD 和色度偏高。因此,CAF 空穴式气浮不适合处理采出水。

⑤ 过滤技术。

过滤就是当含油废水经过装有滤料的过滤器时,使油和悬浮物等污染物质截留在滤料上而被去除。该技术适合于分离颗粒直径大于 $10\mu m$ 的悬浮固体和乳化油。目前过滤设备主要有多层滤料过滤器、核桃壳过滤器、PE 和 PEC 管微孔过滤器、滤芯过滤器和膜过滤装置等[64]。

⑥ 吸附技术。

吸附法主要是通过吸附剂来吸附含油废水中的油类和悬浮物等有害物质。它可去除小于 $10\mu m$ 的溶解油,但吸附剂容量有限、再生困难、成本高,一般只用于含油废水的深度处理[64]。随着新材料的出现,也有用新型吸附材料来进行采出水的处理,变单一的物理吸附为化学催化吸附,提高吸附材料的吸附容量,达到高效的处理效果。

⑦ 膜分离法。

膜分离法是指借助半透膜特殊的选择渗透性作用,使一侧溶液中的某种或某类溶质透过膜或溶剂渗透出来,以实现溶质和溶剂的分离、提纯以及富集的一种水处理方法。目前常见的膜分离法主要有微滤、纳滤、超滤、反渗透和电渗析。膜分离法可根据废水中油粒的大小来合理地确定膜截留的相对分子质量,且在膜处理过程中一般无相变化,可直接实现油水分离；不需要投加任何药剂，所以二次污染很小；后续处理成本低，膜分离过程能耗少；分离出的水含油量低，对废水处理效果好。目前，用于处理油田含油废水的膜分离法主要有微滤和超滤两种，它们的作用主要是截留废水中微米级悬浮物、乳化油和溶解油[65]。有研究采用不锈钢膜去除采出水中的大部分悬浮颗粒和部分吸附于悬浮颗粒上的有机物，以及大分子量有机物质，在将钻井污水的 COD 值从 4000mg/L 降至 1000mg/L 后，应用反渗透膜处理，处理后的出水 COD 小于 100mg/L[66]。

（11）固化法。

固化法的原理是向采出水中加入一定固化剂或稳定剂，在物理和化学作用下使采出水中的难降解污染物固定在胶结强度较大的固化体中，并且固化体可以就地填埋或作为建筑用材料（如制砖）。固化法具有处理成本低、见效快、处理效果好、净化能力强、易操作等特点。张军等[67]通过废弃钻井液污染度分析、固化剂种类及其加量的确定、均匀搅拌混合程度分析、候凝固化时间、覆土还耕等工艺实现了对废弃钻井液、钻屑以及污泥的无害化固化处理，通过对固化体浸出液的 pH 值、色度、COD、总铬、总镉、总砷、总铅含量和含油量等的检测发现，浸出液中有害物质的浓度均达到了国家工业污水排放一级标准。这说明固化法可以使废弃钻井液达到固化的强度及环境保护的要求，并实现覆土还耕。屈撑囤等[68]研究表明，采用水泥作为固化剂可实现含油污泥的无害化处理。当固化体中水泥与含油污泥的质量比为 2∶1 时，固化体的抗压强度可达到 16MPa，当添加适量的交联剂后，强度可以达到 22MPa 以上，完全可以进行填埋、堆放或作为铺路的路基使用，且固化体浸出液的 COD、含油量，以及 Pb、Cr、As、Zn 和 Ni 等有毒元素的含量都达到了相关国家环境标准。

（12）复合工艺。

近年来，随着国家环保法律法规的日益严格以及石油天然气勘探开发难度的不断增大，采出水的处理难度也越来越大。由于采出水的难处理性和特殊性，仅凭单一的方法使出水达标排放或重复利用是困难或难以实现的，因此多种化学法或化学法与其他方法的联用在采出水处理工艺中被普遍采用。许剑等[69]采用高级氧化处理为主、混凝为辅的联合工艺对采出水进行处理，处理后出水达到回用和排放要求；韩卓等[70]通过"破胶—微电解—混凝—压滤"工艺处理某非常规采出水，处理后的水样满足回注水水质标准。有研究表明，通过化学混凝—机械分离—催化氧化复合工艺可实现采出水的深度处理，经复合工艺处理后的 COD_{Cr} 去除率高达 99%，出水水质达到了国家污水综合排放一级标准。

针对以上技术的应用，发展起来的采出水处理工艺主要有混凝沉降处理工艺、全封闭循环处理工艺、橇装式装置处理工艺和污井回注等。国外一般以直接排放、集中处理、回填以注入安全空间、土地耕作和固化处理为主。中国采出水的处理主要采用混凝式处理工艺。

混凝式处理工艺主要有间歇式化学混凝沉降工艺和组合式废水连续处理工艺。间歇式化学混凝法由于处理设施庞大、处理过程自动化程度不高、处理时间长、处理能力较低，且操作技术要求较高，已逐渐很少用于采出水处理；组合式废水连续处理工艺根据所选用的操作单元不同有多种组合，此工艺设备成套装置体积小，操作简单，易于加工制作成橇装结构，可以灵活拆装以便运输，是野外流动作业进行废水处理较为理想的设备。

第二章　页岩气开采水基钻井废弃物处理装备

针对页岩气开采水基钻井废弃物产生量大、处理装备集成度低和处理成本高等问题，研发了水基钻井废弃物减量化处理装备和两套页岩气钻井废弃物无害化处理关键装备，实现了页岩气开采钻井废弃物减量化、无害化处理。

第一节　水基钻井废弃物处理装备研究进展

研发形成了 2 套水基钻井废弃物处理装备，实现钻井废弃物的减量化、无害化处置。

水基钻井废弃物减量化处理装备包括钻屑输送装置、水基钻屑减量化处理装置和钻井废水处理装置。钻屑输送装置包括料斗、搅拌器、蝶阀、吸砂泵、喷淋装置和驱动装置，可以提高钻屑处理利用的自动化水平和处理效果，减少现场操作机具的使用，降低场面污染程度，依托该装置形成了两项国家实用新型专利。水基钻屑减量化处理装置集成振动筛、离心机、岩屑输送器、压滤机等设备，可根据现场实际情况灵活组合，解决了目前水基钻屑产量大、处理流程简单、无成套处理装置等问题。钻井废水处理装置设置在三个橇装模块内，包括加药系统、废水处理系统和反渗透系统三部分，模块化设计更便于设备搬家和安装，完善的处理流程能有效保证废水出水水质，解决了目前钻井废水浓度高、处置成本高、回用率低、需要修建沉降池等问题。装置处理能力约为 $5m^3/h$。废水处理后主要指标 COD、石油类等达到 GB 8978—1996《污水综合排放标准》一级标准，废水回用率大于 86%，钻井废水处理成本从目前运输处理 550 元/m^3 降低到回用直接处理成本 153.82 元/m^3。

页岩气钻井废弃物无害化处理关键装备研制形成了以适合油基、水基两种类型钻屑随钻减量技术和废弃水基钻井液不间断在线自动处理技术为主的处理装置。油基钻屑经甩干处理后含油率 7%，处理量 $32m^3/h$；水基钻屑经脱干处理后含水率 29%；钻屑通过固液分离处理后钻井液回收率 22%；废弃水基钻井液处理能力 $12m^3/h$；污水处理能力 $11m^3/h$；废弃固相处理能力 $30m^3/d$；油基钻屑通过减量处理回收钻井液，节约费用 550 元/t；废弃水基钻井液处理成本 175 元/m^3。钻井废弃物无害化处理实现了井场废弃物随钻减量化以及资源化利用的目的，废弃物处理满足国家相关标准要求，整体实现一体化、橇装化。

第二节 水基钻井废弃物减量化处理装备

一、水基钻井废弃物减量化处理装备

1. 水基钻屑减量化处理装置

1）工艺流程

川庆安检院设计了一套钻井废弃物减量化处理装置，主要包含进料系统、输送系统、振动筛分系统、离心脱水系统、压滤系统、配电系统及配套管线。高含水量的水基钻屑经螺杆泵提升后，首先输送至振动筛进行筛分，液相进入离心机进行一级脱水处理，离心后下层浓缩液进入压滤机进行二级脱水处理，筛出废渣与脱水废渣统一储存，定时转运至有相关资质的企业实现资源化利用。两级脱水后的液相直接进入废水处理系统，经设备处理后实现回用，无法回用的废水转运至有相关资质的污水处理厂进行处置，具体的工艺流程图如图2-1所示。

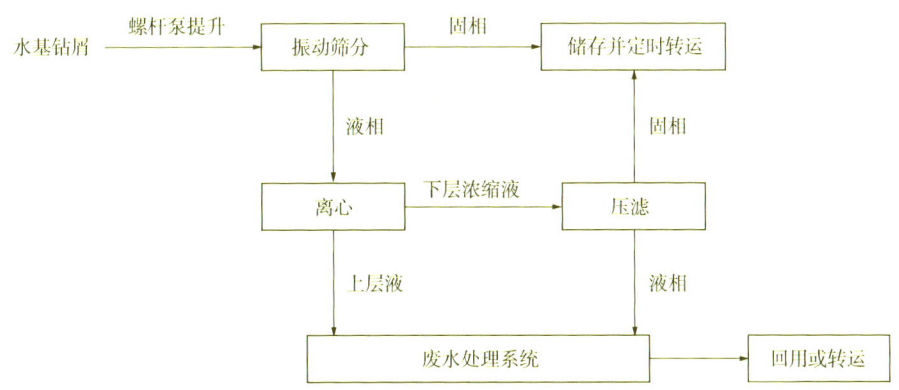

图2-1 水基钻屑减量化装置流程图

2）装置总体参数

水基钻屑减量化处理装置总体参数见表2-1。

表2-1 水基钻屑减量化处理装置总体参数表

编号	装置名称	规格	单位	数量	处理量/(m³/h)
1	岩屑收集罐	2.2m³	个	8	—
2	污水罐	40m³	个	2	—
3	螺旋输送器	3.0m×2.2m×1.5m	套	1	—
合计					8

3）主要设备参数

水基钻屑减量化处理装置主要设备参数见表2-2。高频振动筛和压滤机如图2-2所示。

表2-2　水基钻屑减量化装置主要设备参数表

编号	设备名称	规格型号	单位	数量	备注
1	高频振动筛	振动电动机功率2×1.94kW；振动强度≤8.0g（可调）；双振幅4.4~6.34mm	台	1	
2	变频离心机	最大处理量30~45m³/h；转速0~5600r/min	台	1	
3	压滤机	过滤压力≤0.6MPa；电动机功率2.2kW	台	1	设备外租
4	污水泵	处理量10m³/h；扬程>15m	台	2	
5	螺杆泵	处理量30m³/h；扬程50m；功率7.5kW	台	1	

（a）高频振动筛

（b）压滤机

图2-2　高频振动筛及压滤机

2. 钻屑输送系统设计

水基钻屑减量化处理装置中的钻屑输送系统能充分利用现有钻屑接料斗进行现场调节钻屑含水率，并能实时输送到填埋池，如图2-3所示，其包括料斗、搅拌器、蝶阀、吸砂泵、喷淋装置和驱动装置。搅拌器安装于料斗内，驱动装置与吸砂泵连接，吸砂泵经蝶阀与料斗连通，喷淋装置包括喷淋管、抽水泵和输水软管，抽水泵的一端与喷淋管连接，另一端与输水软管连接，喷淋管的出口位于料斗上方（图2-3）。该装置实现了钻屑的高效率自动化输送，避免了钻屑的随地排放和钻井液的浪费。

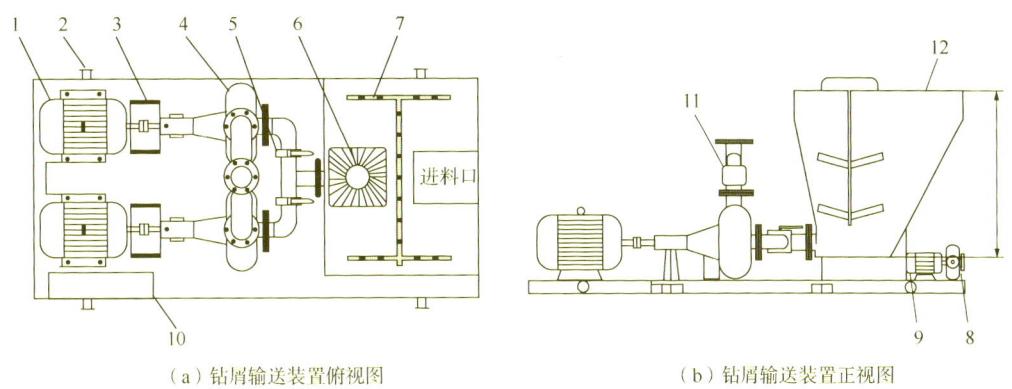

(a) 钻屑输送装置俯视图　　　　　　　　(b) 钻屑输送装置正视图

图 2-3　钻屑输送装置的俯视图和正视图

1—三相电动机；2—活动吊耳；3—联轴器护罩；4—吸砂泵；5—蝶阀；6—搅拌器；
7—喷淋管；8—抽水泵；9—防爆电动机；10—电箱控制器；11—单向阀；12—料斗

3. 钻井废水处理装置

1) 工艺流程

由于钻井废水的特殊性，特别是后期钻井废水浓度特别高，为确保处理达到目标，处理装置配套的处理工艺上考虑了将二次化学混凝、斜管沉淀、快速过滤、氧化、吸附等工艺技术结合，即先加入一号中和混凝药剂，调节废水 pH 值，同时起到一定的去除混凝废水中有害物质的作用。然后加入主体混凝剂，通过电中和等作用，使废水中的黏土颗粒形成胶体微粒，并充分吸附非溶解性的有机有害物质。再加入絮凝剂（也称助凝剂），通过中和、桥接等作用，使吸附着有害物质的细小胶体微粒聚集成较大的悬浮颗粒。通过斜管作用，加速悬浮颗粒的沉淀，经沉淀后的水进入过滤系统。处理水中的悬浮颗粒被充分去除后，再加入氧化剂，使处理水中溶解性的大分子有机物的分子链被氧化断链，同时，经氧化后的处理水进一步通过吸附过滤工艺使水中溶解的小分子链有机物进一步被吸附，达到降低有机物（反映指标为 COD）含量和脱色的目的。

钻井废水处理装置工艺流程如图 2-4 所示：

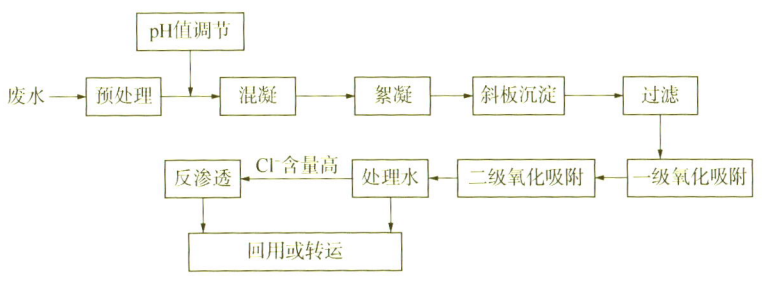

图 2-4　钻井废水处理装置工艺流程图

2) 装置橇装处理系统

钻井废水处理装置包括三个橇装处理系统：加药控制系统、水处理系统和反渗透系统。

加药控制系统(图2-5)的主要技术措施如下：

(1) 将输送泵、加药泵、加药箱、pH值传感器、流量监测和氧化剂生成装置等集成在加药控制系统橇装的控制室内。控制室分为操作室和控制工作室，在操作室进行药物的配制及添加，在控制工作室可通过配电控制箱的各个按钮控制每台泵的启动和停止。

(2) 在各泵输出管线上加装有pH值传感器，并在控制工作室的显示屏显示所监测到各单元的废水pH值。

(3) 在废水进入混凝池前的管线上装有涡街流量计，其流量在控制工作室的显示屏显示；在控制工作室设计有分析台，可用相关的仪器对各处理单元的废水进行分析。

(4) 在控制工作室设计安装有办公桌和书架，可进行一些简单的水质分析实验、数据分析的工作和放置资料。

(5) 三大部分通过PVC钢丝加强软管相连接，能够对钻井废水进行连续处理。

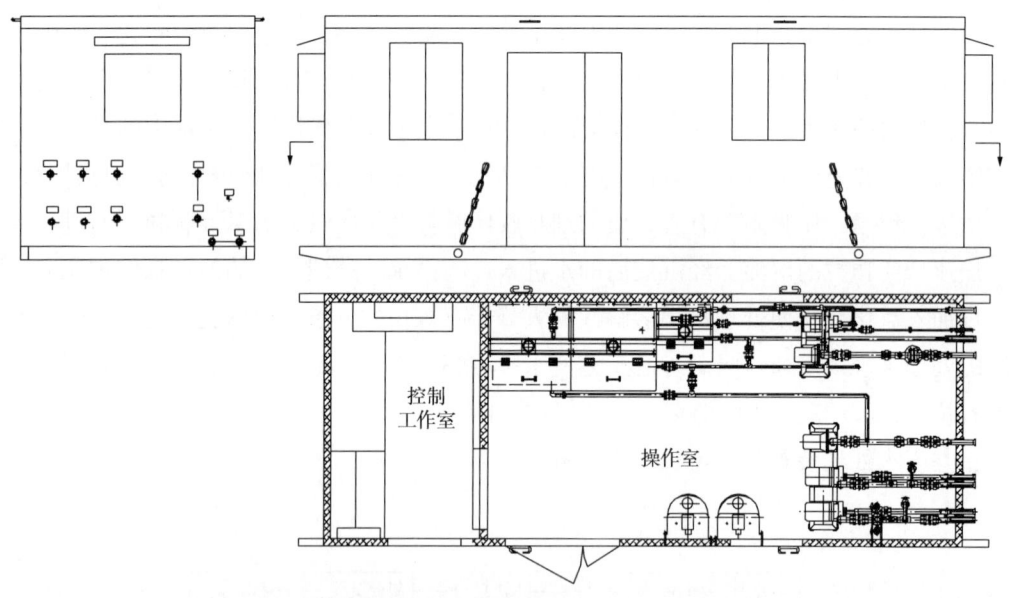

图2-5 钻井废水处理装置加药控制系统结构图

水处理系统(图2-6)的主要技术措施如下：

(1) 在处理池顶部加装防护栏杆、过道和盖网罩，使用盖网罩将处理池的池口完全遮盖住，并在处理池四周安装封闭的防护栏杆，使处理池顶部形成一个平台，人员可在上面安全地进行操作。每个盖网罩设计为可拆式，当需要将处理池里的较大零部件取出时，就可把活页式盖网罩拆下。如要对某单元进行操作，可将该池所盖的活页式盖网罩掀开,用钩子将活页式盖罩上的提手钩住,挂在邻近的栏杆上,在保证安全的情况下进行操作。

(2) 将各处理单元的进出口管汇通过CPVC管延伸接至处理池两侧的同一端部,在安装管排的池墙体向内凹进一段距离,使管排得到很好的保护。排污管也安装在沉淀单元底部凹进的空间里,凹进的空间上部池体墙板设计成30°的斜度,以利于沉淀单元中污泥滑落到池底。

(3) 设计折叠支承架放置集水管。将组装好的折叠支承架的铰链座焊在沉淀池墙面上,当要放置斜板箱时,可将折叠支承架向池墙面折叠,使空间扩大,放置好斜板箱后,再将支承架扳回原来的位置放置集水管。

(4) 对于斜板在处理池的沉淀单元中随着废水的流动而摆动的问题,设计安装瓦楞斜板的瓦楞板箱,考虑到放置瓦楞板箱到沉淀池内的支撑架上是人工操作,所以将瓦楞板箱数量设计为6个,每个瓦楞板箱内安装4块瓦楞斜板,两人就可以很轻松地将瓦楞板箱放置在沉淀池内的支撑架上。考虑到钻井废水含泥量大的特点,将斜板设计为矩形瓦楞形式,选用较厚的不锈钢板作为基板,通过加工制造成瓦楞斜板。

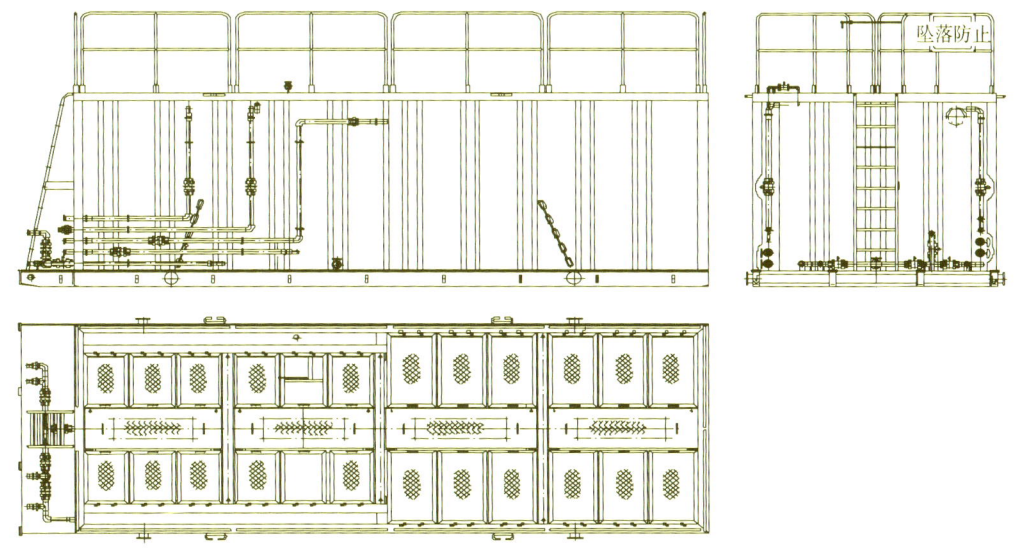

图 2-6 钻井废水处理装置水处理系统结构图

反渗透系统(图2-7)的主要技术措施如下:

(1) 反渗透橇装背部设计有储物间,用于存放工器具及零部件。

(2) 反渗透系统内设有1个1m³的循环罐,上部开口,方便人员观察处理后水质情况及采样工作。若水质不达标,则可返回系统内进行再处理;若处理达标,则可外输至厂区内水池中。

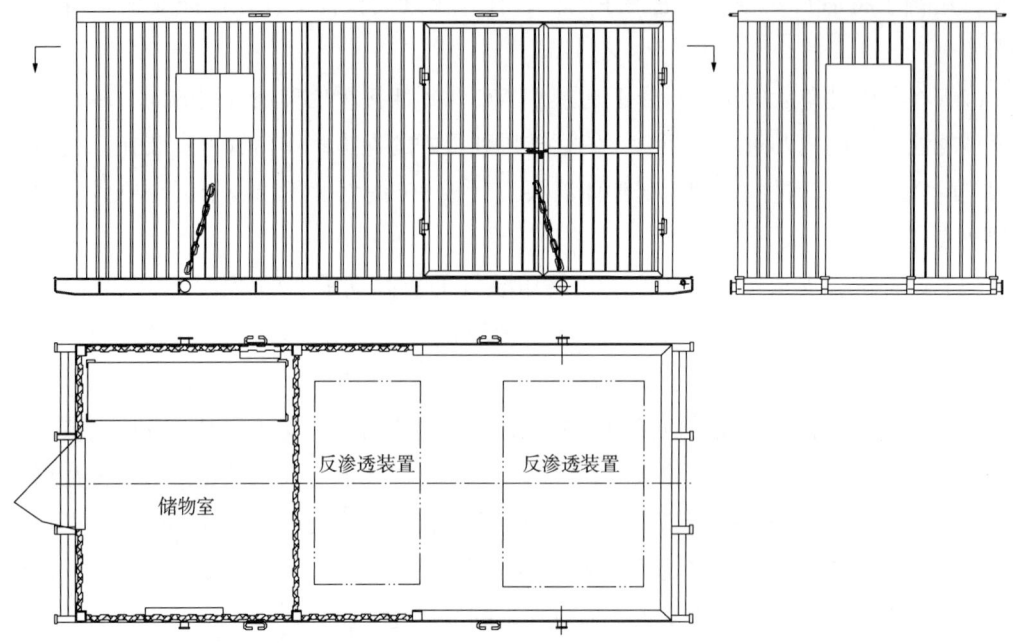

图 2-7　钻井废水处理装置反渗透系统结构图

3）装置总体参数

钻井废水处理装置参数见表 2-3。

表 2-3　钻井废水处理装置参数表

编号	装置名称	质量/t	电功率/kW	尺寸/(m×m×m)	处理量/(m³/h)
1	水处理系统	6	30	7.2×2.6×2.4	—
2	加药控制系统	4		7.2×2.6×2.4	—
3	反渗透系统	3		6.0×2.6×2.4	—
	合计	13	30		5

4. 现场试验

项目组在宁 209-H2 和长宁 H15 两个平台开展了钻井废弃物处理现场试验，试验基本信息见表 2-4。

表 2-4　生产平台信息表

生产平台	宁 209-H2	长宁 H15
项目地点	四川省宜宾市兴文县毓秀乡鲵源村八组	四川省宜宾市珙县玉和苗族乡隘口村
处理对象来源	水基固废：平台钻井过程中产生的水基岩屑、废弃钻井液和清掏罐废弃物等 钻井废水：水基钻井废弃物经减量化处理后产生的污水	
井口深度	共有 4 口井，设计井深分别为 4873m、4718m、4871m、4776m	共有 3 口井，设计井深均为 4590m

宁209-H2平台地处四川省宜宾市兴文县毓秀乡鲲源村八组，共有4口井，设计井深分别为4873m、4718m、4871m、4776m，清洁化作业用地约330m²。平台水基钻井废弃物收集量为4317m³，钻井废水收集量为1530m³。本次试验现场处理水基钻井废弃物共1290m³，处理钻井废水共333.7m³。

长宁H15平台地处四川省宜宾市珙县玉和苗族乡隘口村，现场共有3口井，设计井深均为4590m。清洁化作业用地约200m²。平台水基钻井废弃物收集量为1100m³，钻井废水收集量为1114m³。本次试验现场处理水基钻井废弃物共136m³，处理钻井废水共35.2m³。

1）宁209-H2平台现场情况

宁209-H2平台共有8个钢筋混凝土池，分布在距离井场约150m的公路右侧，每个池容积约为550m³；1个约330m²清洁生产区位于井场右侧靠钻井循环系统位置，厂区布置如图2-8所示，清洁生产区布置图如图2-9所示。

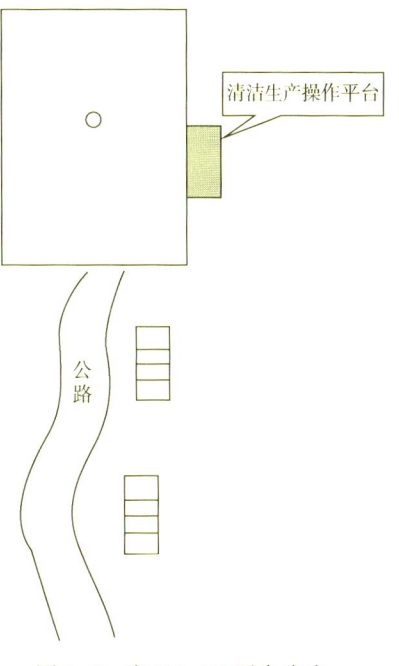

图2-8 宁209-H2平台清洁生产区平面布置图

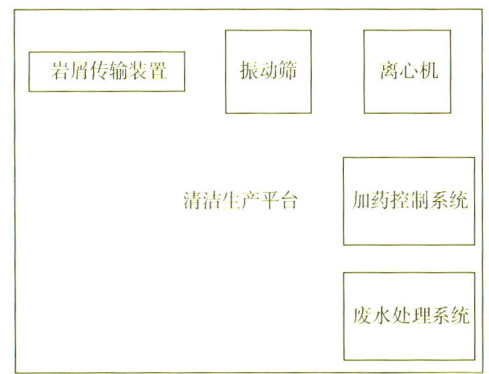

图2-9 宁209-H2平台设备平面布置图

2）长宁H15平台现场情况

长宁H15平台有5个储存池，分布在井场后场；清洁生产操作区在后场，为方便废弃物收集处理，将前场右侧约200m²也作为清洁生产操作区，厂区布置图如图2-10所示，清洁生产区布置图如图2-11所示。

3）预期目标

水基钻屑减量化设备处理量为8m³/h，实行不落地实时收集处置流程，经减量化处理后的水基钻屑含水率降至60%，处理后转运至有相关资质的企业实现资源化利用（资源化利用不属于本项目试验范围）。

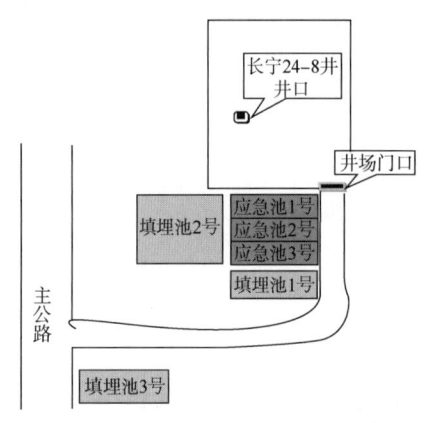

图 2-10　长宁 H15 平台清洁生产区平面布置图

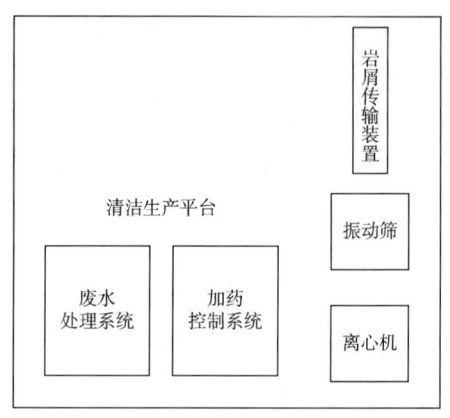

图 2-11　长宁 H15 平台设备平面布置图

减量化设备排出废水直接进入钻井废水处理系统,设备处理量为 $5m^3/h$,处理后的钻井废水达到《污水综合排放标准》(GB 8978—1996)一级标准(见表 2-5),废水回用率不小于 80%,无法回用的废水转运至有相关资质的污水处理厂进行处置。

表 2-5　《污水综合排放标准》(GB 8978—1996)部分指标

序号	污染物	适用范围	一级标准	二级标准	三级标准
1	pH 值	一切排污单位	6~9	6~9	6~9
2	色度(稀释倍数)	其他排污单位	50	80	—
3	悬浮物(SS)/(mg/L)	其他排污单位	70	200	400
4	化学需氧量(COD)/(mg/L)	其他排污单位	100	150	500
5	石油类/(mg/L)	一切排污单位	10	10	30

图 2-12　便携式土壤含水率测定仪

4)检测方法及标准

(1)水基钻井废弃物:由安检院组织人员进行自检,以含水率为指标,每隔 1 日使用便携式土壤含水率测定仪(图 2-12)对处理前后的水基岩屑进行测定,并建立试验记录台账。

(2)钻井废水:由安检院组织人员对废水进行采样,并送第三方检测机构进行检验。以 pH 值、色度、悬浮物(SS)含量、化学需氧量(COD)值和含油量为考核指标,对处理前后的钻井废水进行检测,检测方法及标准如下:

① pH 值:参照《水质　pH 值的测定　玻璃电极法》(GB 6920—1986)进行测定。

② SS 含量:参照《水质　悬浮物的测定　重量法》(GB 11901—1989)进行测定。

③ COD 值：参照《水质　化学需氧量的测定　快速消解分光光度法》(HJ/T 399—2007)进行测定。

④ 色度：参照《水质　色度的测定》(GB/T 11903—1989)进行测定。

⑤ 石油类：参照《水质　石油类和动物油类的测定　红外分光光度法》(HJ 637—2018)进行测定。

5) 试验结果

(1) 水基钻屑减量化处理装置。

① 现场试运行情况。

水基钻屑减量化处理装置于 2017 年 1 月在室内完成设计后，即刻开始装置的研制。于 2017 年 5 月至 2017 年 7 月完成装备的研制工作，研制完成后于 2017 年 8 月在宁 209-H2 平台进行装置的安装与调试工作，同月完成调试工作，进入试运行阶段，待装置运行稳定后，于 2017 年 9 月正式投入生产。

而后该装置用于长宁 H15 平台进行水基钻屑减量化试验，于 2018 年 3 月在长宁 H15 平台进行安装与调试工作，同月完成调试工作，进入试运行阶段，待装置运行稳定，于 2018 年 3 月正式投入生产。

② 试验效果。

自 2017 年 8 月至 2017 年 12 月，在宁 209-H2 平台进行试验。根据现场试验记录台账可知(图 2-13)，试验期间减量化装置最大日处理量为 72m³(按当天处理 8h 计)。水基钻屑减量化试验结果如图 2-14 所示，累计收集水基钻屑约 1290m³，累计处理量约为 1290m³，累计转运量约为 1290m³，实现平台 100% "随产随治" 的清洁化生产目标。平台产生的钻屑全部回收并经减量化装置处理，处理后的水基钻屑含水率测定结果如图 2-15 所示，钻屑含水率平均降至 57% 左右，实现了钻井废弃物减量化目标。

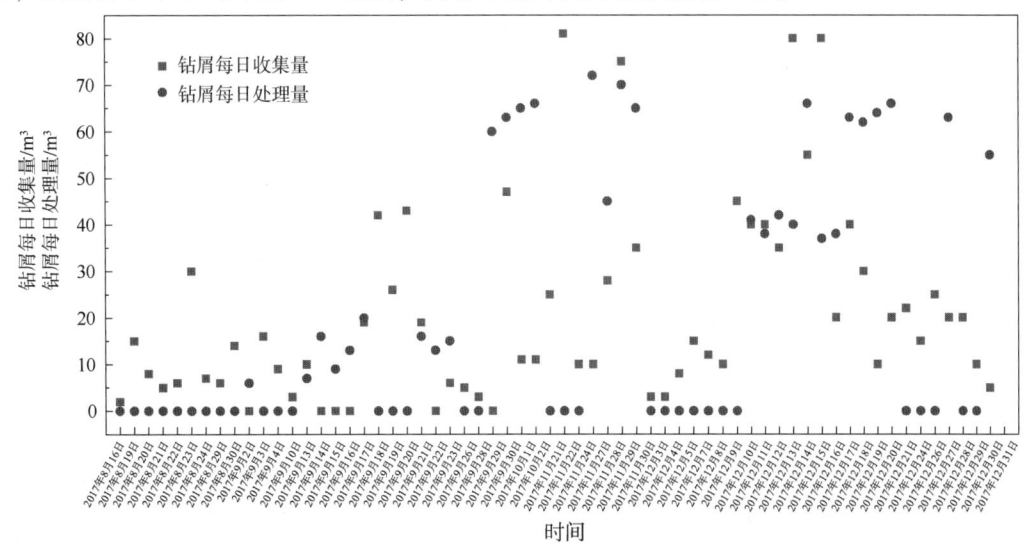

图 2-13　水基钻屑减量化(宁 209-H2 平台)台账数据

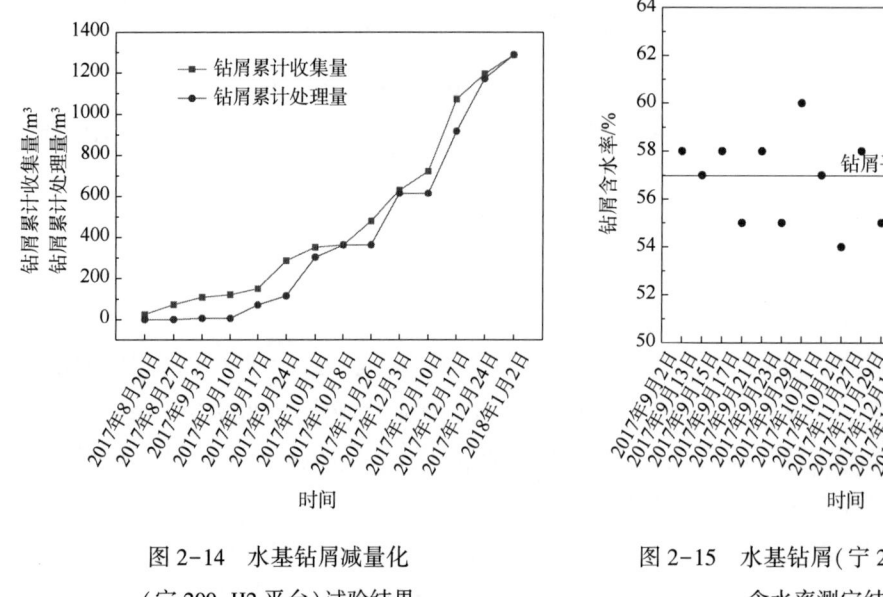

图 2-14 水基钻屑减量化
（宁 209-H2 平台）试验结果

图 2-15 水基钻屑（宁 209-H2 平台）
含水率测定结果

自 2018 年 3 月至 2018 年 4 月，该装置在长宁 H15 平台进行试验。根据现场试验记录台账可知，试验期间减量化装置最大日处理量为 40m³（按当天处理 5h 计）（图 2-16），累计收集水基钻屑约 136m³，累计处理量约为 136m³，累计转运量约为 136m³（图 2-17）。钻屑处置率达 100%，实现"随产随治"的清洁化生产目标，处理后的水基钻屑含水率测定结果如图 2-18 所示，钻屑含水率平均降至 55.8% 左右，实现了钻井废弃物减量化目标。

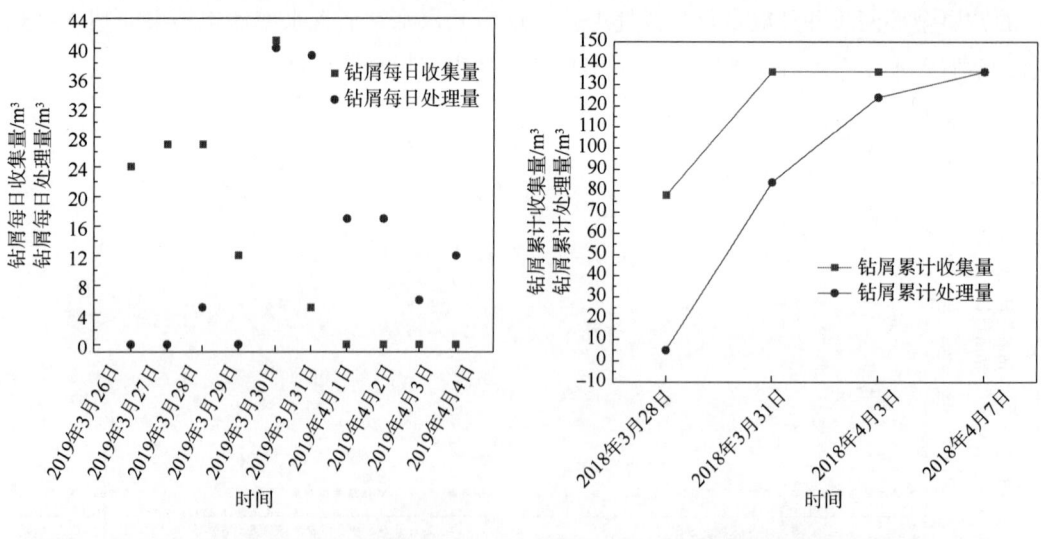

图 2-16 水基钻屑减量化（长宁 H15 平台）
台账数据

图 2-17 水基钻屑减量化（长宁 H15 平台）
试验结果

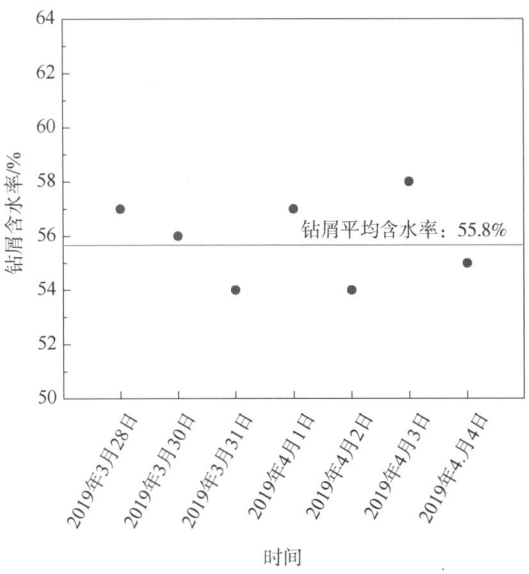

图 2-18 水基钻屑(长宁 H15 平台)含水率测定结果

③ 现场照片(图 2-19)。

(a)螺旋传输器

(b)振动筛、离心机

(c)岩屑储存池

(d)岩屑转运

图 2-19 水基岩屑处理装置实物图及现场照片

（2）钻井废水处理装置。

① 现场试运行情况。

钻井废水处理装置于2017年8月在宁209-H2平台进行装置的安装与调试工作，同月完成调试工作，进入试运行阶段，运行结果良好，于2017年9月正式投入生产。

而后该装置于2018年3月在长宁H15平台进行装置的安装与调试工作，同月完成调试工作，进入试运行阶段，运行结果良好，于2018年3月正式投入生产。

② 试验效果。

自2017年8月至2017年12月，在宁209-H2平台进行钻井废水处理试验。根据现场试验记录台账可知，试验期间钻井废水处理装置最大日处理量为20m³（按当天处理4h计）（图2-20），累计收集钻井废水约333.7m³，累计处理量约为333.7m³，累计回用量约为290.3m³（图2-21），平台废水回用率达86%。

自2018年3月至2018年4月，在长宁H15平台进行钻井废水处理试验。根据现场试验记录台账可知（图2-22），试验期间钻井废水处理装置最大日处理量为12m³（按当天处理3h计），累计收集钻井废水约35.2m³，累计处理量约为35.2m³，累计回用量约为35m³（图2-23），平台废水回用率达99%。

③ 水质分析。

处理后废水水质经第三方检测机构检测，其中pH值、SS、色度、COD值和石油类含量均达到了《污水综合排放标准》（GB 8978—1996）一级标准，满足考核要求（表2-6）。

处理前后钻井废水水样表观如图2-24所示。

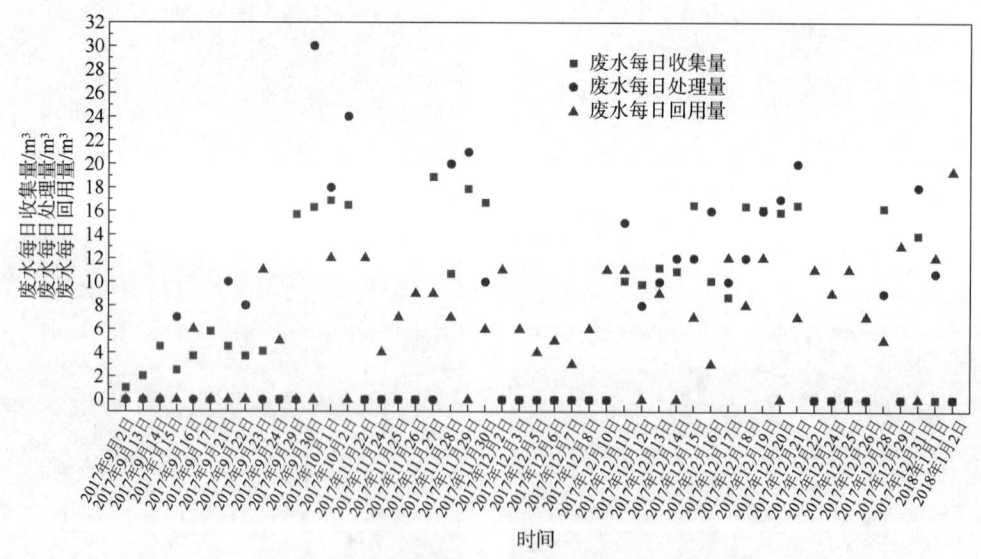

图2-20　钻井废水处理（宁209-H2平台）台账数据

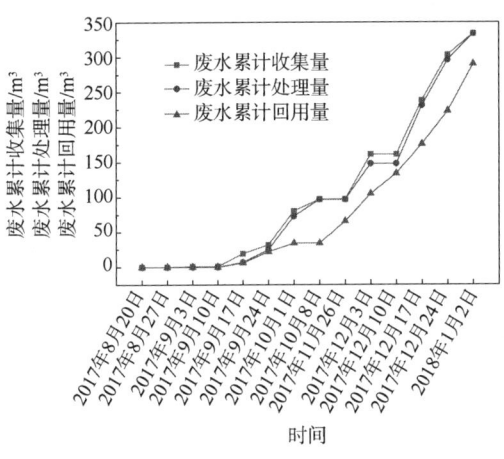

图 2-21 钻井废水处理（宁 209-H2 平台）试验结果

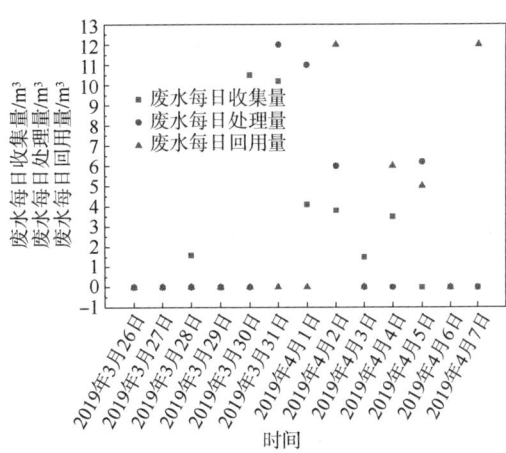

图 2-22 钻井废水处理（长宁 H15 平台）台账数据

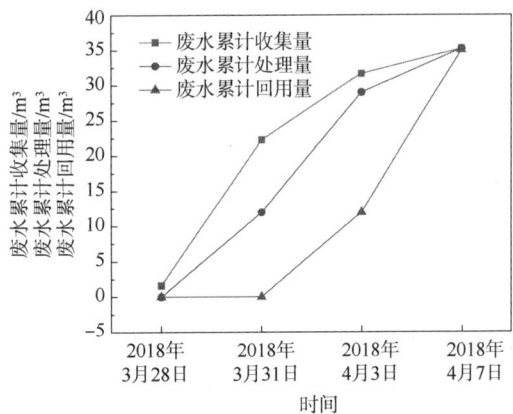

图 2-23 钻井废水处理（长宁 H15 平台）试验结果

图 2-24 处理水与原水和自来水的对比

表 2-6 钻井废水水质检测结果

序号	污染物	检测方法（标准）	处理前	处理后	一级标准
1	pH 值	玻璃电极法（GB 6920—1986）	9.42	7.67	6~9
2	化学需氧量（COD）/（mg/L）	快速消解分光光度法（HJ/T 399—2007）	1024	8	<50
3	悬浮物（SS）/（mg/L）	重量法（GB 11901—1989）	583	20	<70
4	石油类/（mg/L）	红外分光光度法（HJ 637—2018）	4.54×10^3	92.1	<100
5	色度（稀释倍数）	水质色度的测定（GB/T 11903—1989）	28.2	2.6	<10

④ 现场照片（图 2-25）。

（a）水处理系统外形图

（b）水处理系统上平台

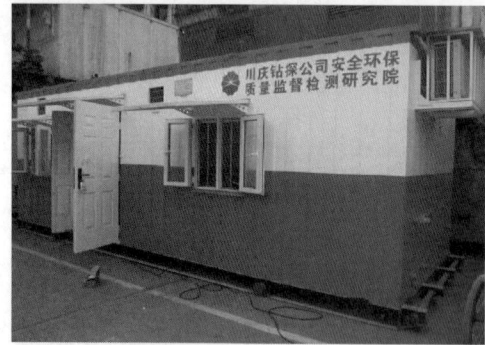

（c）加药控制系统

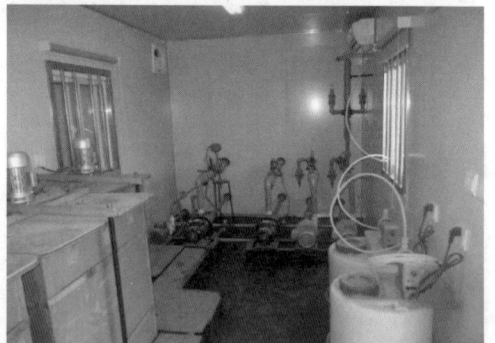

（d）加药控制系统内部图

图 2-25 钻井废水处理装置实物图及现场照片

⑤ 吨水处理综合成本核算。

a. 电力成本。

电力设备共 30kW，电费为 0.5 元/（kW·h），每天按 8h 计，每天处理钻井废水约 40m³，则运行电耗为：30×8×0.5÷40=3 元/t 废水。

b. 药剂成本。

药剂费用为 53.00 元/t 废水。

c. 人工成本。

设备配置管理操作人员 2 人,每月工资、附加费用及其他费用按 6000 元/人计,则人工费用为:2×6000÷30÷40=10.00 元/t 废水。

d. 设备折旧费、设备维护费。

处理设备折旧:900000 元/套×(1%~3%)÷6 年÷240 天/年(有效施工天数)=606.25 元/天;则每立方米折旧:606.25 元/天÷40m³/天=15.16 元/m³。

设备维护费约 500 元/月,则每立方米维护费:500 元/月÷30 天÷40m³/天=0.42 元/m³。

e. 运输及吊装费。

由于装置自身重量重,加之废水处理装置一般都只有摆放在污水池旁(污水池离井场一般有一定距离),因此处理装置离井场较远,因此吊运都得用 25t 吊车。25t 吊车租用费为 250 元/h,吊车行驶路程单程按照 200km 计,吊车行驶过程中每 25km 计 1h;吊装三个橇共需 4h,则一次吊运费用为:250 元/h×(200×2÷25+4)h=5000 元,按单口井实际平均处理量 200t 废水计算,则处理 1m³ 废水吊车费用=5000 元÷200=25.00 元/m³。

此装置共有 3 个橇装,需 3 辆车转运,分别为一辆 15t 车、两辆 10t 车。一次运距按平均转运距 200km 计算,则运输费用为:200km×(15+10+10)t×1.1 元/(t·km)+200km×(15+10+10)t×0.25 元/(t·km)(返空)=7700+1750=9450 元/次,按单口井实际平均处理量 200t 废水计算,则处理 1m³ 废水装置运输费为:9450÷200=47.42 元/m³。则吊运成本为 25+47.42=72.42 元/m³。

f. 处理综合成本。

处理综合成本费用=3+53+10+15.16+0.42+72.42=153.82 元/m³。

第三节 水基钻井废弃物处理关键装备

一、适合油基和水基两种类型的随钻减量处理装置技术

针对页岩气钻井工艺要求直井段使用水基钻井液,水平段使用油基钻井液的现状,设计了一套橇装化钻屑随钻减量装置,完成了关键设备岩屑甩干机、干燥振动筛、液压调速离心机以及配套设备的研究。

1. 随钻减量装置

1)结构组成

系统按功能划分,随钻减量装置主要由三模块组成:岩屑脱干收集模块、液相净化模

块和液相转运模块(图2-26)。

图2-26 随钻减量装置

2) 工艺流程

随钻减量装置结构如图2-27所示,随钻减量装置流程如图2-28所示。

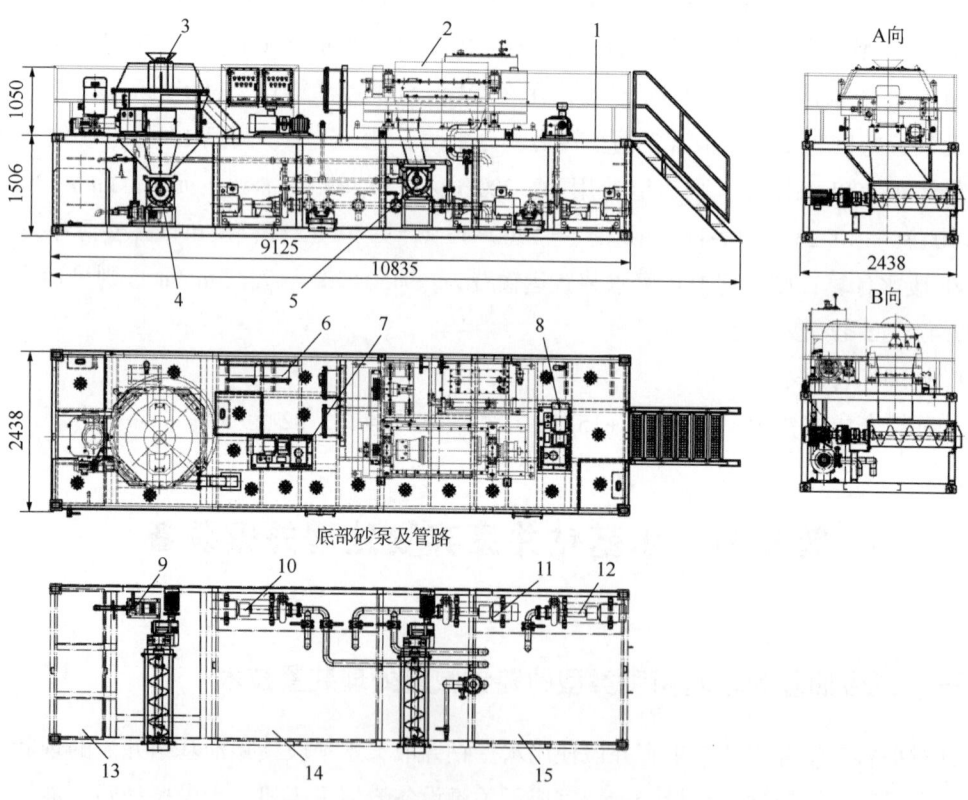

图2-27 随钻减量装置结构图(单位:mm)

1—系统支架;2—可调速卧式沉降离心机;3—岩屑甩干机;4—甩干机底部螺旋输送器;
5—离心机底部螺旋输送器;6—电控系统;7—废弃钻井液处理仓搅拌器;8—钻井液输送仓搅拌器;
9—冷却水泵;10—供液泵;11—备用供液泵;12—钻井液输送泵;13—水仓;
14—废弃钻井液处理仓;15—钻井液待转运仓

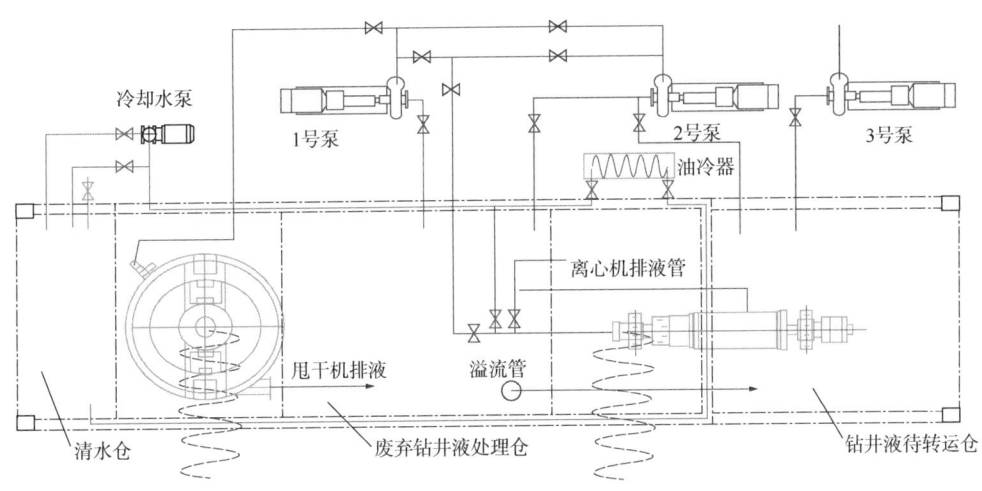

图 2-28 随钻减量装置流程图

岩屑甩干机处理后的干钻屑从底部由螺旋输送器排出橇外;液相在环形槽中,由 1 号泵排出的液相冲到 1 号仓内。离心机由 2 号泵供液,不断净化 1 号仓内的钻井液,保持钻井液较低的固相含量。1 号仓液面超过一定高度后,溢流到 2 号仓内。2 号仓的液面高于 1m 时,3 号泵接收到液位传感器信号,并自动将钻井液打入固控系统或者其他储存钻井液装置。当液面低于 0.35m 时,3 号泵停止工作,等待下一次液位升高至 1m(大约 1~4h)后运转。

2. 岩屑甩干机

研究了离心力达到 $350g$ 的岩屑甩干机(图 2-29),对产品结构原理、关键部件进行了研究,攻克了筛网制造加工技术瓶颈,优化了技术参数,使钻井液得到有效回收,同时减少了废弃物排放量。

图 2-29 岩屑甩干机

1) 结构原理

岩屑甩干机主要由筛网、转鼓、差速器、电动机及传动装置等关键部件组成。

岩屑通过上护罩进料口进入岩屑甩干机,通过转鼓上盖板和转鼓总成立即加速至和岩屑甩干机相同的速度,在离心力作用下岩屑直接到达筒形筛网内壁,岩屑中的液体与固体开始分离。转鼓和筛网间的速度差及转鼓上的导片搅拌或者滚动岩屑,促进固液分离。固体从筛网底部通过漏斗排出,液体由筛网分离后通过机壳上的排液管排出(图2-30)。

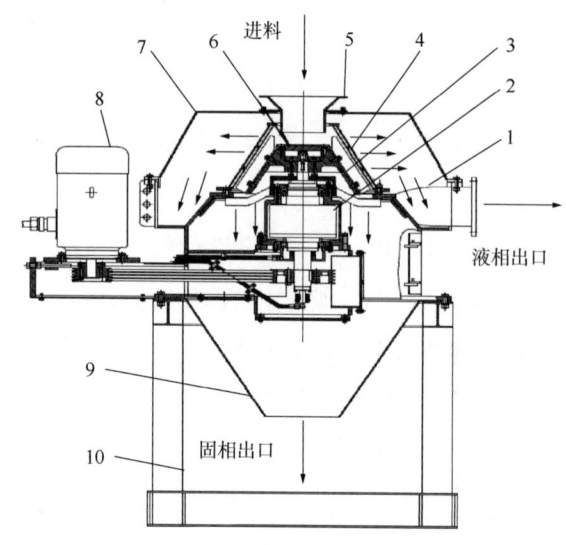

图2-30 岩屑甩干机结构原理图

1—流道;2—差速器;3—转鼓;4—筛网;5—进料口;6—盖板;
7—上护罩;8—传动装置;9—漏斗;10—支架

2) 性能参数

岩屑甩干机的性能参数分别为:主电动机功率22kW;油泵电动机功率0.75kW;防爆电动机转速1470r/min;转鼓转速870r/min;筛网转速885r/min;离心力350g。

3) 关键技术

从3方面提升岩屑甩干机性能,使其应用于水基钻井液中:

图2-31 不锈钢楔形筛网

(1) 不锈钢楔形筛网制造技术。

不锈钢楔形筛网如图3-31所示,采用合理工艺确保筛网制作精度达到良好的处理效果。对于筛网和轮毂刀片环形空间,如果缝隙过大或不匀,会形成一个环形滤饼,缝隙也被糊住。尤其是水基钻井液,岩屑易水化变松软,很容易出现糊筛网问题。糊筛网将严重影响岩屑的干燥程度,甚至不能甩出液相。提升筛网和轮毂精度,将筛网和刀片的间隙控制在 0.2~0.3mm 范围内，解决筛网糊堵的问题。

(2) 筛网堵塞气刀清理技术。

设计气刀对筛网进行吹扫，效果明显。利用井场螺杆压风机的风源，在岩屑甩干机上盖增加气刀装置，在非常恶劣的地层可以缓解筛孔堵塞问题(图 2-32)。

(3) 差速器过扭矩保护技术。

在差速器底部安装一个橡胶齿形联轴器，底部安装旋转接头，解决过载损坏差速器和润滑油路管线的问题(图 2-33)。

图 2-32　筛网堵塞气刀清理

图 2-33　差速器过扭矩保护

3. 液压调速离心机

设计了液压调速离心机，实现 0~3200r/min 无级调速，性能可靠，操作便捷，调速范围可适应不同密度、黏度等复杂性能钻井液，与岩屑甩干机或干燥振动筛配合使用可高效分离出钻井液中有害固相。

液压调速离心机的关键技术是液压无级调速技术。液压系统具有无极变换转速，占地小，布局灵活，稳定可靠。

1) 离心机技术参数

(1) 转鼓直端内径：355mm；

(2) 转鼓工作长度：1280mm；

(3) 转鼓工作转速：1500~3300r/min；

(4) 工作转速分离因数：447~2160；

(5) 差速器传动比：52∶1；

(6) 螺旋叶片特性：双头、左旋；

(7) 主电动机型号、功率、转速：YB200L-4、30kW、1470r/min；

(8) 轴向柱塞泵型号：A4VTG071；

(9) 液压马达型号：AA2FM63；

(10) 外形尺寸：3200mm×1850mm×1700mm(长×宽×高)。

2)调速离心机结构

液压调速离心机除了液压系统,还有动力电源箱和控制电控箱,实现各种检测和自动控制功能(图2-34)。

4. 干燥振动筛

为实现水基钻屑减量的目标,开展了水基钻屑特性研究,分析了不同粒度岩屑在筛网上的分布情况、不同地层岩性特点,提出了岩屑分级过滤技术理念,创新设计双层筛网振动筛(图2-35),上层使用小面积筛网进行预过滤,下层使用大面积筛网进行再脱干和精细过滤,实现了水基钻屑中的液相有效回收,排出钻屑含水率降低25%。

图2-34 离心机结构图

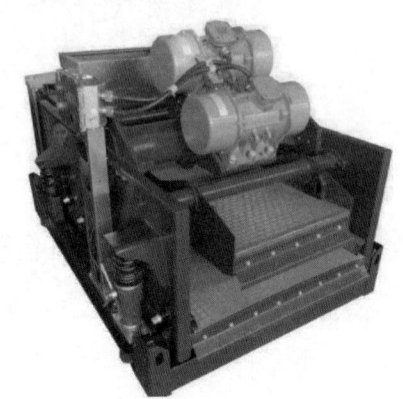

图2-35 干燥振动筛

干燥振动筛具有如下特点:

(1)振动力与水平面角度为54°,提高垂直加速度,减缓水平移动速度,改善脱干效果。

(2)选用激振力为5500N振动电动机,增加离心力,提高钻屑干燥度。

(3)上层筛框具有专利结构,第一张受钻屑冲击的筛网,使用0.8~1.2mm楔缝式筛网,能保证筛网寿命在1年以上。第二张和第三张采用20~40目编织框式筛网,提高有效筛分面积。

(4)上层筛网窄(0.75m),下层筛网宽(1.2m),便于观察下层筛网,也便于更换下层筛网。

(5)最后一张下层筛网可以从后侧取出,方便更换筛网。

干燥振动筛的现场应用如图2-36所示。

1)处理水基钻屑现场应用

2016年3月至12月,岩屑甩干机依次投入渤海钻探四公司40689队、40698队、40665队,分别在马98-3X井、宁50-135X井、宁50-136X井、高661井、高661X井试验应用,验证其是否适合水基钻井液(均为聚合物—聚磺钻井液体系)。甩干机和脱干筛并联接收罐面振动筛底部的主螺旋输送器排出的钻屑,甩干机和脱干筛可以同时工作,也可

第二章　页岩气开采水基钻井废弃物处理装备

图 2-36　干燥振动筛现场应用

以只用一种设备。

从振动筛和除砂器排出钻屑颗粒大小与地层岩性有关，华北地区浅地层为散沙和粗砂岩，颗粒尺寸为 0.074~2mm，深地层为细砂岩、粉砂岩，颗粒尺寸为 0.074~0.2mm。常规用于油基钻井液的甩干机筛网缝隙为 0.5mm，细小的砂子透过筛网缝隙无法处理掉。针对这个问题，考虑水基钻屑的特点，根据地层的加深，将筛网从 0.32mm 更换成 0.2mm。更小缝隙的筛网提升岩屑产出量，而含水率升高和允许进料量大大降低。现场证明，两种筛网匹配比常规 0.5mm 筛网效果好很多。

提升岩屑甩干机的制作精度，处理水基钻井液的岩屑时筛网不糊不堵，多口井测试证明其脱干效果很好。通过增加气刀装置，并改进提升制作精度，用于油基钻井液的岩屑甩干机可以成功应用于水基钻井液，岩屑甩干机和干燥筛在水基钻井液的应用如图 2-37 所示。尤其在井身 1500m 前的平原组和明化镇组，排砂量可观，占进料 60% 以上。岩屑脱干后含水率均值小于 20%。

岩屑甩干机的现场应用如图 2-38 所示。高 661 井详细记录了岩屑甩干机的各井段应用数据，井深 2800m，设备运转 232h，处理总固相 355m³，产出固相 165m³。固相产出投入比为 46%。不同地层岩屑甩干机处理脱干后岩屑图片如图 2-39 所示，高 661 井岩屑甩干机测试记录表见表 2-7。

图 2-37　岩屑甩干机和干燥筛在水基钻井液应用　　图 2-38　岩屑甩干机现场应用

    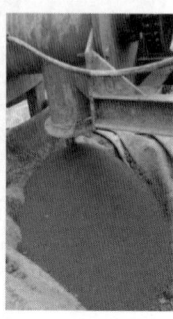

（a）平原组　　　（b）明化镇组　　　（c）馆陶组　　　（d）东营组　　　（e）沙河街组

图 2-39　不同地层岩屑甩干机处理脱干后岩屑图片

表 2-7　高 661 井岩屑甩干机测试记录表

地层	平原组	明化镇组	馆陶组	东营组	沙河街组
岩性	散砂	粗砂岩	砾岩	泥岩	细砂岩
机械钻速/(m/h)	50	30	10	7	6
钻头直径/mm	444.5	215.9	215.9	215.9	215.9
筛网孔隙/mm	0.32	0.32	0.2	0.2	0.2
振动筛岩屑含水率/%	58	45	44	45	38
脱干筛岩屑含水率/%	25	30	32	32	24
甩干机岩屑含水率/%	12	18	15	20	18
进口固相/m³	120	88	18	66	63
出料固相/m³	82	52	5.4	13.2	12.6
固相清除率/%	70	60	30	20	20
工作时间/h	8	40	14	80	90
功耗/(kW·h)	160	800	280	1600	1800

从测试记录表中可以看出：处理泥岩和细砂岩，岩屑甩干机的固相清除率不高（20%），出料固相远远少于散砂、粗砂和砾岩地层，因为泥岩和细砂岩中大部分是细小的钻屑（粒径小于 0.2mm），而甩干机筛网的缝隙一般有（0.5mm、0.38mm、0.2mm）等三种规格，钻屑从甩干机网孔缝隙中会返回罐中。由此看出岩屑甩干机适合在较大颗粒和硬颗粒工作。

经过脱干筛处理后岩屑含水率小于 32%，岩屑量占 70%。经过甩干机处理后岩屑含水率小于 20%，岩屑量占 30%。计算处理后的水基岩屑总含液量为 0.32×0.7+0.2×0.3＝28.4%，满足项目技术指标水基钻屑含水率小于 35%的要求。

本次试验，处理前罐面振动筛排出的钻屑含水率约50%。处理后岩屑含液量28.4%，则水基钻井液中，钻井液回收率为21.6%，满足项目技术指标钻井液回收率大于20%的要求。

处理水基钻屑，干燥振动筛的处理量可达42m³/h，岩屑甩干机的处理量可达22m³/h，由于干燥振动筛和岩屑甩干机采用并联方式，可以同时处理钻屑，则钻屑处理量均值为22+42/2=32m³/h，满足项目技术指标钻屑处理量大于30m³/h的要求。

试验中对比了0.38mm和0.2mm两种规格筛网处理不同地层钻屑的情况，馆陶组后应用0.2mm筛网。散沙、粗砂和砾岩层岩屑含水率小于13%，泥岩、细砂岩含水率均小于20%（图2-40）。

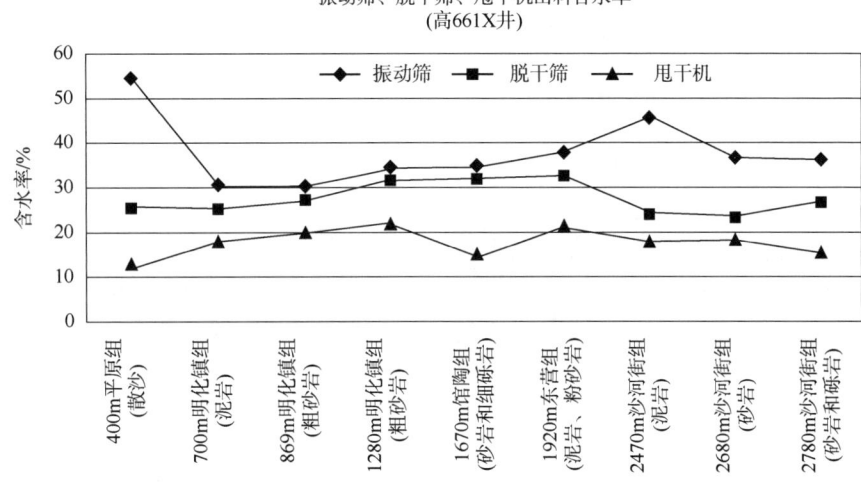

图2-40 岩屑甩干机、干燥振动筛含水率统计

2）处理油基钻屑现场应用

四川页岩气开发是国家重点项目，钻井现场环保要求高，所用油基钻井液材料价格昂贵，如何处理钻井岩屑和回收昂贵的油基钻井液是当前重点研究内容。

5. 岩屑甩干机在现场应用

2017年初，两套YS-550岩屑甩干机在四川宜宾和重庆龙会页岩气项目投入应用。经过三年使用，已经为甲方处理废弃钻井液及固相9250m³，处理后的固相达到了甲方要求指标，回收合格油基钻井液2220m³。

现场应用时，岩屑甩干机将大颗粒隔离在筛网内部，通过刀片将筛网内固体刮出，形成含油率低的干渣，小颗粒和钻井液从筛网缝隙穿过，经过离心机进一步处理（图2-41和图2-42）。岩屑甩干机处理前后的含液量对比如图2-43所示。

图 2-41　岩屑甩干机在四川宜宾页岩气应用现场　　图 2-42　岩屑甩干机在重庆龙会页岩气应用现场

（a）处理前　　　　　　　　　　　　　　（b）处理后

图 2-43　岩屑甩干机处理前后含液量对比

使用 0.32mm 筛网时，进料的岩屑处理量一般保持在 15m³/h，允许处理量达到 22m³/h。岩屑甩干机排出的干渣部分约占总体积的 80%，回收钻井液约占 20%。如果采用 0.5mm 筛网，最岩屑处理量可以达到 32m³/h，满足项目技术指标钻屑处理量大于 30m³/h 的要求。

油基钻井液配方：油 +3.5% 有机土 +10%$CaCl_2$ 溶液（质量分数：20%~40%）+(4%~6%) 主乳化剂 +(1%~2%) 辅乳化剂 +(2%~3%) 降失水剂 +(1%~3%) 弹性封堵粒子 +(0.5%~1%) 加重剂 +(1%~2%)$CaCO_3$（粒径：0.043mm）+(2%~3%)$CaCO_3$（粒径：0.030mm）+(1.0%~1.5%)CaO（氧化钙）+重晶石。按照如上材料进行统计，1m³ 钻井液约 1 万元。按 1t 钻屑中含钻井液 35% 估算，约含有 0.35m³ 钻井液，按照油基钻屑通过减量处理回收钻井液 22.5% 计算，则回收 0.078m³ 钻井液，节约费用 1×0.078＝780 元/t。除去计算人工、材料、电费等费用 230 元/t，处理油基钻屑可节约费用 550 元/t，满足项目技术指标油基钻屑通过减量处理回收钻井液，节约费用大于 500 元/t 的要求。

6. 钻屑随钻减量装置在现场应用

钻屑随钻减量装置于 2020 年 6 月在渤海钻探一公司泸 203H175-1 井现场投入试验和

应用。产品运行情况如下:

(1) 钻屑随钻减量装置在一开、二开和三开井段(0~4500m),处理水基钻井废弃物时,岩屑处理量为32m³/h。处理后岩屑含水率29%。通过岩屑甩干机、液压离心机处理回收的液相重复使用率22%。

(2) 四开井段(4500~6400m),处理油基钻井废弃物时,岩屑甩干机处理量35m³/h,油基钻屑含油率7%。通过岩屑甩干机、液压离心机处理回收的液相重复使用率为23%。

二、废弃水基钻井液不间断在线自动处理装备技术

1. 废弃钻井液处理分析和试验

根据聚合物钻井液、聚磺钻井液和盐水钻井液的特点,研究了废弃水基钻井液的破胶机理,对选取的多种破胶剂和絮凝剂进行了实验室复配试验,完成水基钻井液破胶絮凝配方一套,即无机促凝剂与絮凝剂复配处理。废弃钻井液处理分析和试验流程如图2-44所示。

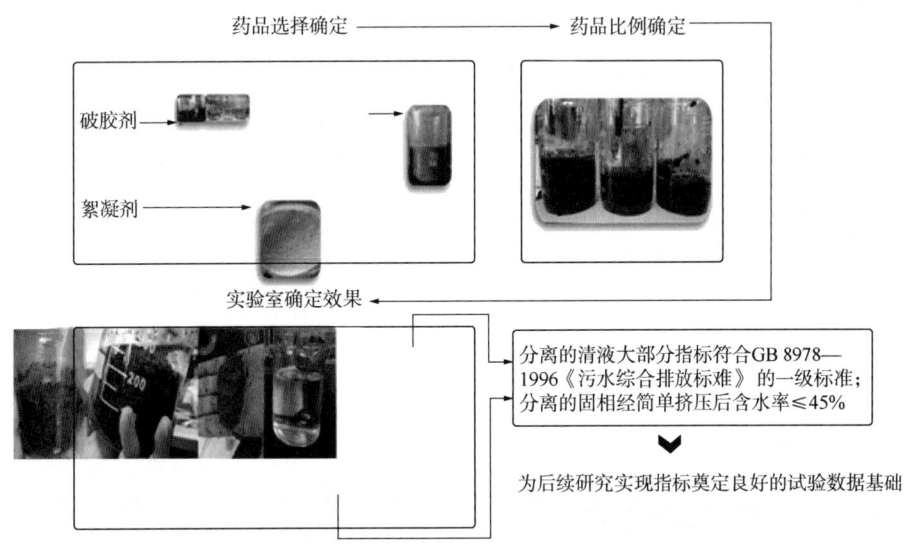

图2-44 废弃钻井液处理分析和试验

通过对无机促凝剂与絮凝剂进行大量单选和复配的实验,得出了一种处理废弃水基钻井液的絮凝脱水配方的计算方法。以40569队废弃钻井液的处理方案为例,即聚合氧化铝(PAC)和聚丙烯酰胺(PAM)复配处理。钻井液稀释比例为1:1,采用浓度为10%PAC水溶液,投加量为18g/L,采用浓度为0.2%华油-机4号絮凝剂(HYYJ04)水溶液,投加量为0.5g/L。PAC与PAM复配絮凝处理钻井液效果如图2-45所示。该废弃钻井液经絮凝处理后COD降至620mg/L,COD去除率达到(5000-620)/5000=87.6%,悬浮物(SS)处理后浓度降至80mg/L。如若达不到排放标准,则需进一步处理。

 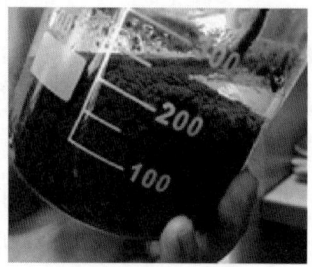 

（a）絮团松散，上清液浑浊　　（b）絮团密实，清液较清澈　　（c）絮团密实，清液较清澈

图 2-45　PAC 与 PAM 复配絮凝处理钻井液效果

2. 钻井废弃液的脱水装备技术

1）装备技术背景

废弃钻井液处理的第一步是影响处理效果好坏的最关键一道工序，絮凝脱水装置是解决现有废弃水基钻井液处理工艺复杂、难以处理复杂钻井液体系和难以适应复杂钻井作业条件等问题，提供一种自动化程度更高、反应效率更快、处理量更大、处理效果更稳定和处理成本更低的废弃水基钻井液的脱水装备技术。

絮凝脱水系统能够全自动完成对废弃钻井液的配药、加药和混合等工作，减少了常规工艺处理时间，改善作业条件；并采用"絮凝+离心机"处理技术，整套系统连续运转，同时提高了固控系统中离心机的利用率。

2）装置原理简介

废弃水基钻井液中存在很多常规固控设备难以去除的微小颗粒，絮凝脱水系统利用化学方法，并辅以强离心分离，依靠促凝剂和絮凝剂形成粒子聚集体，大块的聚集物或絮凝物可以通过离心机分离出去，而处理后的清澈液相可直接回用到系统进行配药或稀释钻井液，也可在检测达标的情况下回用配浆，或对其进一步处理以符合环境要求并排放。絮凝脱水装置如图 2-46 所示。

图 2-46　絮凝脱水装置

3）系统工艺流程

絮凝脱水装置的工艺流程如图 2-47 所示。

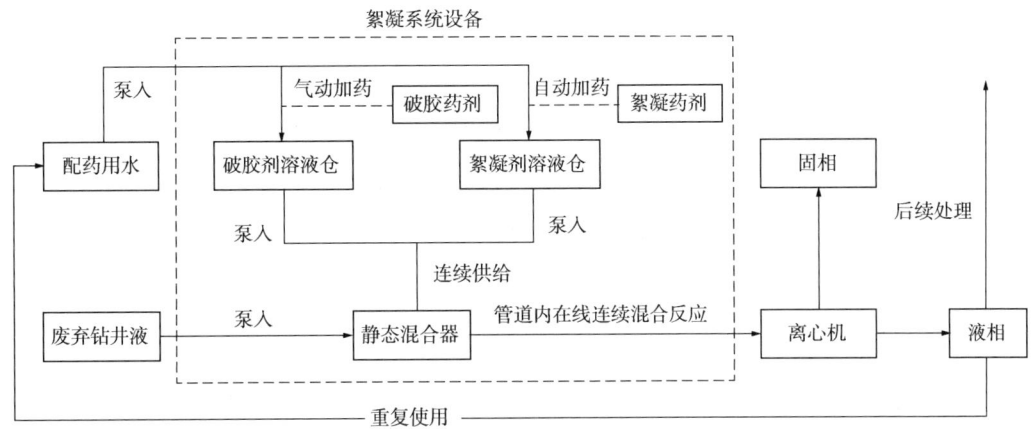

图 2-47 絮凝脱水装置工艺流程

3. 废弃钻井液絮凝脱水装置现场应用

1）废弃钻井液絮凝脱水装置的现场试验情况

通过前期对多次多口井随钻和完钻后排出的废弃钻井液进行处理，收集数据优化工艺流程。根据现阶段试验效果，针对废弃水基聚合物钻井液体系，絮凝脱水装置处理量可达到 $12m^3/h$，相比国内常见的"絮凝+压滤机"技术的处理效率提高 3 倍以上（表 2-8）。

表 2-8 絮凝脱水处理装置数据统计

井号	钻井液类型	钻井液性能参数		处理量/(m^3/h)	固相	
		相对密度	黏度/s		产量/(m^3/h)	含水率/%
宁 216H21-2	聚合物	1.17	39	12	2.5	39
	聚磺	1.2	58	7	2.5	43
宁 209H15-9	聚合物	1.18	40	10	2.5	40
	聚磺	1.21	60	6	2.5	45
	聚磺	1.22	60	6	2.5	44

废弃钻井液絮凝脱水装置于 2020 年 6 月在渤海钻探第一钻井工程分公司泸 203H175-1 井现场投入试验和应用，处理一开和二开井段废弃水基钻井液。根据现阶段试验效果，针对废弃水基钻井液体系，絮凝脱水装置处理量可达到 $12m^3/h$。絮凝脱水装置流程及处理效果如图 2-48 所示，絮凝处理分离出的液相和固相如图 2-49 所示。

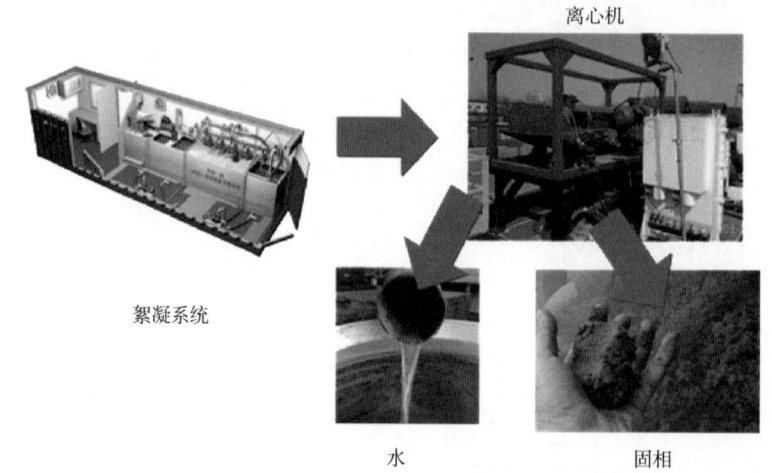

图 2-48　絮凝脱水装置流程及处理效果示意图

图 2-49　絮凝处理分离出的液相和固相

2）絮凝脱水装置处理成本

完井液絮凝处理成本统计见表 2-9。

表 2-9　完井液絮凝处理成本统计

内容		备注	处理费用/(元/m³)	总处理费用/(元/m³)
废弃钻井液处理	耗电及人工费	完井液的絮凝脱水试验，并处理完井液	42	174.5
	废弃液处理费	1m³ 钻井液消耗的药剂量	132.5	

3）干燥度、含水率

经絮凝处理后的固相含水率 30%～40%，存放无水析出，满足现场储存及运输条件。絮凝脱水装置仅需前期由固控系统水罐提供少量配药用水，当系统正常连续处理时，离心机分离出的清澈液相即可直接回用进行配药和稀释钻井液的工作。

4）水质指标

经絮凝处理后离心机分离的出水清澈，仅有三项指标未达到国家一级排放标准，其他指标已达到国家污水三级排放指标（表2-10），如后期对其进一步处理，可使其达到一级排放标准。

表2-10 絮凝水样指标检测结果与国标对比表

检测项目	污水水样	国标一级	国标二级	国标三级
pH 值	7.24	6~9	6~9	6~9
色度/倍	4	<50	<80	—
浑浊度/度	40	—	—	—
悬浮物(SS)/(mg/L)	68	<70	<150	<400
化学需氧量(COD)/(mg/L)	365	<60	<120	<500
五日生化耗氧量(BOD_5)/(mg/L)	94.4	<20	<30	<300
石油类/(mg/L)	0.11	<5	<10	<20
氯离子/(mg/L)	3960	<250	—	—
硫化物/(mg/L)	$<5\times10^{-3}$	1.0	<1.0	<1.0
六价铬/(mg/L)	$<4\times10^{-3}$	0.5	<0.5	<0.5
总铬/(mg/L)	$<4\times10^{-3}$	1.5	<1.5	<1.5
铅/(mg/L)	<0.01	1.0	<1.0	<1.0
汞/(mg/L)	1.3×10^{-4}	0.05	<0.05	<0.05
砷/(mg/L)	2.4×10^{-3}	0.5	<0.5	<0.5

三、废弃固相资源化利用装备技术

1. 研究进展

因使用清水/聚合物钻井液体系钻井的水基钻井废弃固相中的主要组成材料的膨润土性质类似黏土性质，水泥与之水化效果不佳，加之在原料搅拌时，废弃固相易出现"起球"现象，使搅拌不均匀，从而严重影响免烧砖的力学性能，甚至导致成型失败。此外，由于清水/聚合物钻井液体系钻井的水基钻井废弃固相颗粒直径小、表面积大，导致包裹的水泥浆用量巨大，造成水泥成本过高；以及由于使用清水/聚合物钻井液体系钻井的水基钻井废弃固相颗粒粒径分布范围较宽，批量生产免烧砖时，免烧砖性能不稳定，坏品率过高。因此，采用免烧砖的工艺进行钻井废弃物固相处理的前提在于掌握合理的配方，以及与配方相对应、适应现场应用的配套装置。在钻井废弃物固相免烧砖配方方面，参考资料甚少，只能自行研究配方及其大规模应用。

2. 制砖试验

采用普通硅酸盐水泥、建筑用粗砂、建筑用石子(粒径0.5~1cm)、钻井岩屑(含水率为34%)、粉煤灰、固化剂,进行240mm×115mm×53mm标准砖的配方试验。

将实验材料按表2-11的质量配比加入适量的水,水的加入量控制在使混合液具有良好的流动性且没有明显的水析出,充分搅拌均匀后放入自制的模具中,底端用木板垫住并封紧,顶端压实抹平且略高于模具的上端面,然后用木板压实封紧后放置50kg重物在木板上,置于阴凉通风处进行制砖(图2-50)。在2天后拆除模具,7天后编号进行相关数据测试(6号砖由于固化后强度较低,在拆模过程中断裂),制砖7天时的状态如图2-51所示。

表2-11 实验砖相应成分量及配比表

编号	水泥/g	砂子/g	石子/g	钻屑/g	粉煤灰/g	固化剂/g	水泥比例/%	砂子比例/%	石子比例/%	钻屑比例/%	粉煤灰比例/%	固化剂比例/%
1	750	1000	2300	500(34%含水率)	0	50	16	22	50	11	0	1
2	750	1000	2300	700(34%含水率)	0	50	15	21	48	15	0	1
3	500	700	1600	500(59%含水率)	0	50	15	21	48	15	0	1
4	500	700	1600	700(59%含水率)	0	50	14	20	45	20	0	1
5	500	700	1600	1000(34%含水率)	0	0	13	18	42	27	0	0
6	500	700	1600	2000(34%含水率)	0	0	10	15	33	42	0	0
7	500	700	1600	560(34%含水率)	0	0	15	20	48	17	0	0
8	500	700	1600	1960(34%含水率)	0	0	11	15	33	41	0	0
9	1000	0	0	1000(34%含水率)	1000	0	33	0	0	33	33	0
10	1000	0	0	2000(34%含水率)	1000	0	25	0	0	50	25	0
11	1000	0	0	3000(34%含水率)	1000	0	20	0	0	60	20	0

图2-50 制砖开始时的状态图

图 2-51 制砖 7 天时的状态图

浸出液检测方法：破碎砖体并粉碎后，称取 100g 粉末，在 1000mL 烧杯中加入 1000mL 的水，静置浸泡 24h，而后进行浸出液的相关检测。在粉碎砖体的过程中，将砖体的硬度按 V、Ⅳ、Ⅲ、Ⅱ、Ⅰ进行分级，其中 V 级硬度最高，Ⅰ级硬度最低。

结果表明，混凝土砖的浸出液上部有很少量的漂浮物，而粉煤灰砖的漂浮物量较多，并且随着钻屑含量的增加漂浮物的数量也相应增加。

1）实验结果

浸出液的相应检测结果及国家污水综合排放标准见表 2-12。对比表 2-12 的检测结果可以看出，混凝土砖的 pH 值基本都维持在 8~9，而粉煤灰砖的 pH 值都维持在 11~12，说明其浸出液碱性略强，不符合污水排放标准。

表 2-12 浸出液的相关检测结果表

编号	pH 值	化学需氧量（COD）/（mg/L）	色度/倍	悬浮物/（mg/L）	硬度等级
1	9	17.0	31.3	3.7	V
2	9	36.5	54.5	0	V
3	9	19.7	18.4	0	Ⅳ
4	9	36.4	43.1	8.1	Ⅲ
5	8	53.4	70.3	12.5	Ⅱ
6	8	20.5	67.5	10.0	Ⅰ
7	9	44.3	30.7	5.3	Ⅳ
8	8	54.0	62.8	6.2	Ⅱ
9	11	21.1	24.4	1.5	V
10	11	45.5	46.7	8.4	Ⅲ
11	12	55.3	43.8	5.9	Ⅰ
国家污水综合排放标准（二级标准值）	6~9	150	80	150	
国家污水综合排放标准（一级标准值）	6~9	100	50	70	

2) 实验结论

通过以上实验，说明钻屑通过添加一定的固化材料是可以砌块资源化处理的，为下一步的厂外工艺实验奠定了良好的理论基础。同时也说明钻屑砌块资源化处理关键在于固化材料的合理配比。

3) 配方确定

通过厂内试验，废弃固相制砖配方基本确定：采用水基钻井废弃固相30%~50%；水泥25%~40%；石料20%~40%；早强剂0.1%~0.2%；减水剂0.1%~0.2%。配方中水基钻井废弃固相包括不同粒径分布的水基钻井废弃固相颗粒A和水基钻井废弃固相B，水基钻井废弃固相颗粒A粒径为30~200目，含量为90%~95%；所述水基钻井废弃固相颗粒B粒径小于200目，含量为5%~10%。水基钻井废弃固相颗粒A作为砖体的填料使用，水基钻井废弃固相颗粒B提高搅拌时整体物料的和易性。如果不添加水基钻井废弃固相颗粒B，会造成物料在搅拌机中出现干、涩现象，加重了搅拌不匀的情况，影响免烧砖的成型及性能。

3. 设备研究

1) 设备选型及配套

根据项目要求的所需处理量、确定的配方与制作工艺，对设备进行选型配套设计，主要为搅拌器、传送皮带、成型主机、送板机和升板机。根据设备尺寸确定运输橇。设备采用橇装设备进行废弃固相岩屑制砖资源化利用工作，具有占地面积小、制砖速度快、功耗小和维护简便等优点，可完全实现设备快速运输、随到随生产的随钻处理固废要求(图2-52)。

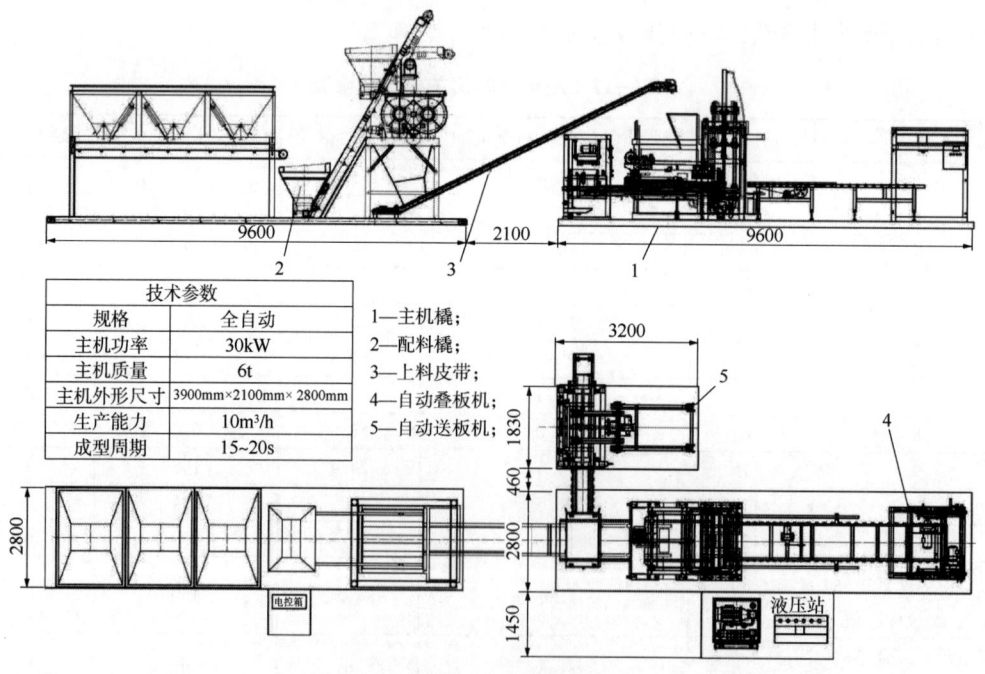

图2-52 设备布置图

2）主要设备组成

固相资源化利用装备主要包括岩屑配料机、物料搅拌机、制砖成型机和自动叠砖机。

3）设备现场工艺设计

固相资源化利用设备主要工艺路线：配料→搅拌→输送→成型→运送→堆放→养护→成品。岩屑制砖工艺路线图如图2-53所示。

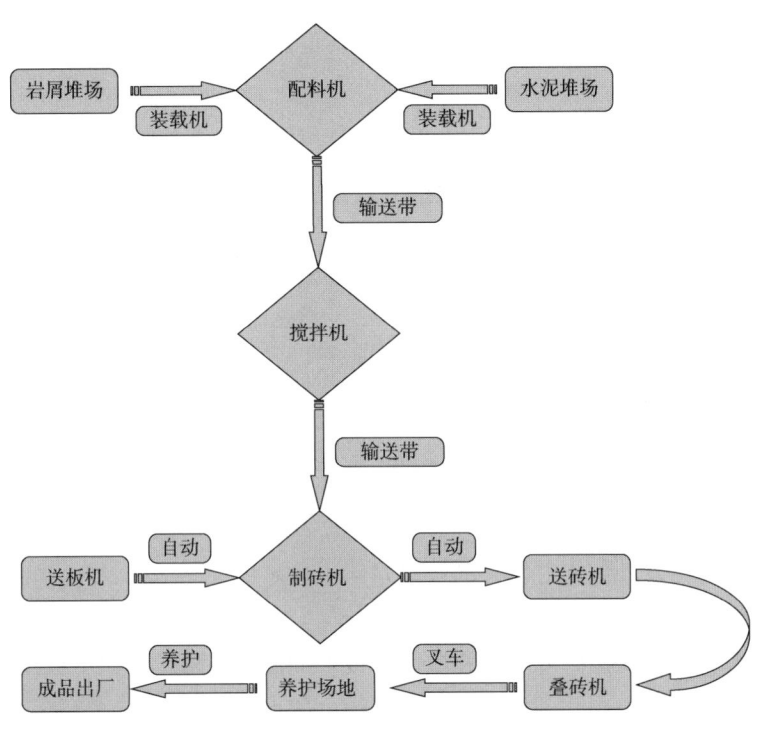

图2-53　岩屑制砖工艺路线图

整体设备工艺参数见表2-13。

表2-13　设备技术参数表

参数名称	参数规格	备注
处理岩屑量	30m³/d	岩屑添加量50%，1班8h计算
砖制品及性能	240mm×115mm×53mm	按标砖尺寸制作，浸出液四指标（pH值、石油类、色度、COD）合格
	抗压≥10MPa	
砖产能	40000块/d	1班12h计算，1m³岩屑（添加量50%）可制约1350块标砖
装机功率	70kW	
运行功率	50kW	
水泥等物料量	20m³/d	按添加量25%计算

续表

参数名称	参数规格	备注
水耗量	10m³/d	含物料混拌用水、养护用水
所需人员	6~8人	1名项目经理,1名生产、安全调度,2名司机(叉车、装载机),2~4名操作及养护人员
设备占地尺寸	26m×4m	两个橇一字排开
砖养护场地占地面积（制砖全部在井场养护）	2300m²	按单井产生500m³固态岩屑计算：一板7层210块砖,占地0.675m²,消耗岩屑0.16m³；消耗500m³岩屑计3125板,占地约2100m²
工作周期	17d(不含养护时间) 45d(包含养护时间)	从第1d制砖开始,需要17d完成500m³岩屑处理。每批砖需要28d养护时间
主机橇	9600mm×20000mm×30000mm(运输) 96000mm×24000mm×37600mm(运行)	包含成型机、叠砖机等主要设备,共重17t(不含底座)
配料橇	96000mm×20000mm×24000mm(运输) 96000mm×26000mm×35000mm(运行)	主要包含岩屑配料机、搅拌机共重9~12t(含底座)

4）设备现场试验

钻井废弃物固相处理装置于2020年6月在泸203H175-1井现场投入试验和应用。产品运行5个月左右,处理后生产的免烧砖符合要求。

5）结论

通过对钻井废弃固相成砖配方及相应配套设备的研究,形成了以下成果：

(1) 确定了钻井废弃固相制砖配方,并形成发明专利(已受理)；

(2) 设计了一套适应钻井现场,方便操作、现场装卸的制砖装置；

(3) 为后续钻井废弃固相提供了一种无害化处理方向,应用前景巨大,制造的免烧砖符合环保相关要求,可以用于井场建设和周围道路铺设,为井场钻前、钻后工程提供了材料支持。

四、污水达标排放处理装备技术

1. 研究进展

物理多介质过滤工艺因具有均匀的布水方式,能够阻留滤料,其能够有效地去除原水中的胶体、悬浮物等杂质,有效地降低原水硬度。作为电渗析膜前的前处理工艺,可有效保护电渗析膜寿命及提高后续处理的效果。

电渗析法是利用离子交换膜进行水处理的方法。离子交换膜是一种功能性膜,分为阴离子交换膜和阳离子交换膜,阳离子交换膜只允许阳离子通过,阴离子交换膜只允许阴离子通过,这就是离子交换膜的选择透过性。在外加电场的作用下,水溶液中的阴、阳离子会分别向阳极和阴极移动,如果中间再加上一种交换膜,就可以达到分离浓缩的目的。电渗析法就是利用了这样的原理,对水中氯离子有非常好的处理效果,是装置的核心处理工艺。

臭氧具有很强的氧化能力,目前是已知的强氧化剂之一。臭氧氧开法处理废水的原理是臭氧的强氧化性。臭氧分解后,会分解成氧气而不会造成二次污染。臭氧不仅可以氧化水中的无机物质(例如CN^-、NH_3等),而且还可以氧化难以生物降解的有机物质(例如芳香族化合物)。臭氧化的方法有两种:一种是臭氧通过亲核或亲电相互作用直接参与反应;另一种是臭氧在碱和其他因素的影响下与活性自由基通过污染物反应。臭氧可以与许多有机或官能团反应:C=C、C=C、芳香族化合物、杂环化合物、碳环化合物、=NN、=S、C≡N、CN、C—Si、—OH 和—SH、—NH_2、—CHO、—N=N—等。研究人员对臭氧的破坏和废水中污染物的去除进行了广泛的研究,并对有机臭氧化产品进行了一些研究。研究表明,臭氧化产物主要是单醛、二醛、醛、一元羧酸、二元羧酸和小分子量的有机分子。电渗析处理可有效降低废水中 COD 含量。

2. 技术参数及工艺流程

污水达标排放处理设备的总体技术参数见表2-14。

表2-14 设备总体技术参数表

参数名称	参数规格	备注
处理量	$10m^3/h$	处理效率≥80%
装机功率	≤50kW	
运行功率	≤25kW	
所需人员	3人	1名领队,2名操作工
设备占地	12m×4m	不含各水箱
主机橇	9000mm×2400mm×2400mm	12t

3. 工艺路线

污水达标排放处理的工艺路线如图2-54所示。

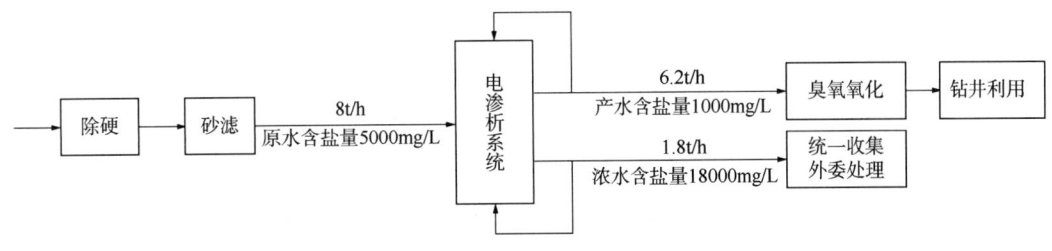

图 2-54 工艺路线图

水基钻井废水,先进入除硬系统脱除硬度,再进入砂滤罐进行过滤。满足电渗析进水要求后,进入电渗析系统处理,淡水含盐量降到1000mg/L后进入臭氧发生器进行氧化进一步降低COD,合格后供钻井回用或者清洗钻井设备。浓水含盐量浓缩至18000mg/L后统一收集后集中拉运至污水处理厂进行处理。

污水达标排放处理系统流程图如图2-55所示。

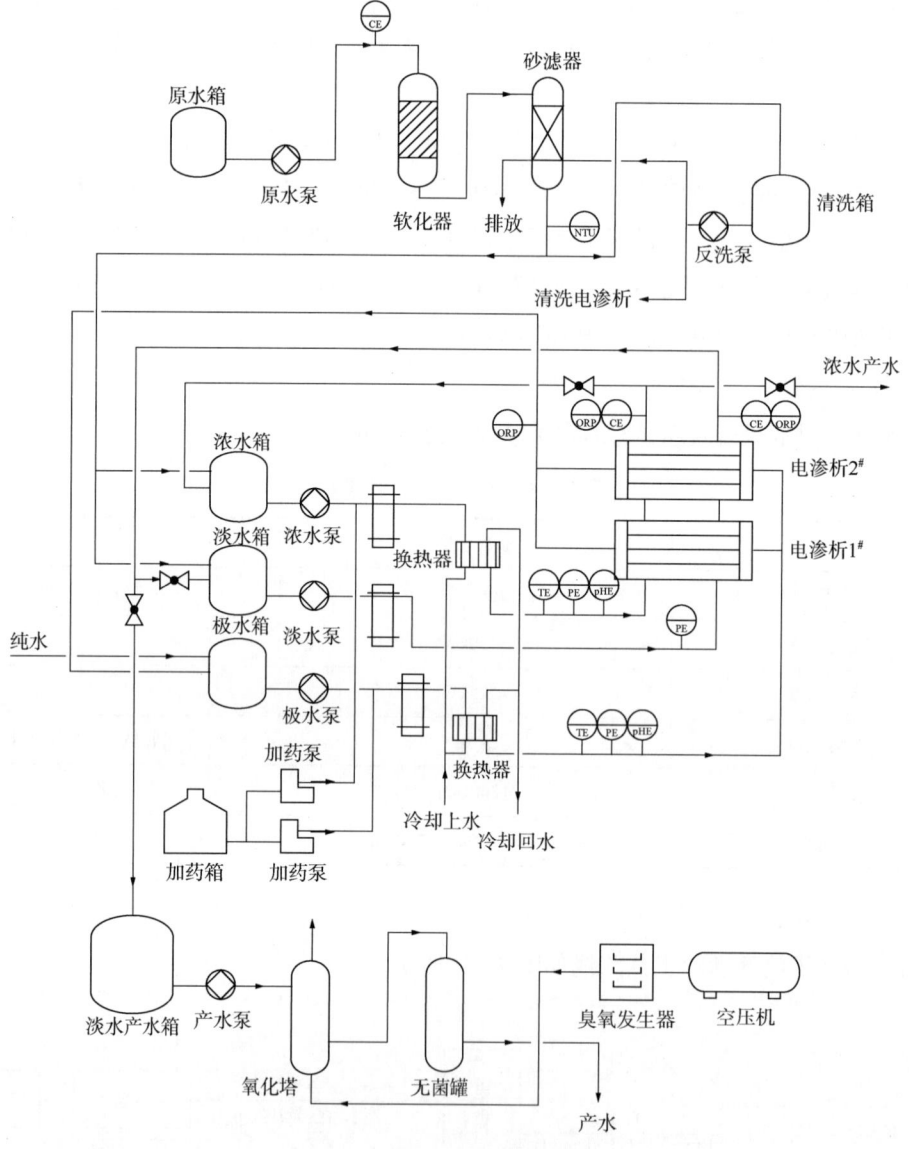

图2-55 污水达标排放处理系统流程图

第三章　页岩气开采油基钻井废弃物处理技术及装备

针对油钻井废弃物产生量大、处理难度高以及处理成本高等问题，研发形成了油基钻井废弃物减量化处理装置、油基钻井液常温深度脱附处理工艺装备、钻井油基废弃物热脱附处理装置、基于强化化学热洗的钻井废弃物多功能一体化橇装处理设备、含油钻屑热解析处理装置、基于热脱附的钻井废弃物处理与资源化一体化橇装处理设备共计7套油基钻井废弃物处理装备，实现了油基钻井废弃物的减量化、无害化和资源化处理。

第一节　油基钻井废弃物处理技术及装备研究进展

针对油基岩屑、油泥等油基钻井废弃物的减量化、无害化和资源化处理，研发形成了7套油基钻井废弃物处理装备，具体设备如下：

（1）通过油基钻井废弃物减量化处理装置处理后的油基岩屑的含油率由20%以上降至5%~8%。该装置在威远长宁地区试用，完成油基钻井废弃物减量化处理56809t，回收钻井液6292.95t，钻井废弃物减量11.08%。

（2）油基钻井液常温深度脱附处理工艺技术及装备处理能力2~3t/h。在长宁H6平台开展了油基钻井废弃物脱附处理技术工程示范，共计处理油基废弃物3115.8t，处理后固相含油率0.11%~0.47%，回收油基钻井液1300.54m^3。通过加入少量处理剂对其进行调整后，全部直接回用于页岩气钻井现场。广州中科检测技术服务公司对常温深度脱附处理后的固相鉴别结论如下：处理后固相含油率0.11%~0.47%，依据《危险废物鉴别技术规范》（HJ/T 298—2019）和《危险废物鉴别标准》（GB 5085.1~7），处理后固相不具有易燃性、反应性，且浸出毒性、毒性物质含量、腐蚀性、急性毒性均小于规定限值。技术成果解决了页岩气开发过程中含油岩屑的处置难题，为促进页岩气开发的顺利进行提供了技术保障。

（3）采用全模块化设计了一套钻井油基废弃物热脱附处理装置，处理能力5t/h，处理后油基钻屑含油量小于1%，能耗为40L（柴油）/t，直接处理成本900元/t；开展了长宁地区页岩气钻井油基废弃物热脱附处理技术工程示范，包含6个月的现场运行试验；完成了

2000t 油基钻井废弃物的热脱附处理，经检测，处理后油基钻屑含油量小于 1%，共回收油 150t，并满足回用要求，降低了含油废弃物环境污染风险，有效保护了生态环境，树立了良好的企业形象；回收了可观的石油资源，有效减少了能源损失；整套装置的成功产业化应用，有力推动了国内油基钻井废弃物热脱附处理技术的跨越式发展。

（4）开发了基于强化化学热洗的钻井废弃物多功能一体化橇装处理设备，将强化化学热洗技术与钻井废弃物处理工艺有机结合，解决了水基钻屑和含油钻屑一体化处理问题，达到同套设备组合不同模块可适用水基钻屑和含油钻屑处理的效果，实现了钻井废弃物的无害化处理和资源化利用。通过现场试验验证，处理量达到设计目标，实现了处理能力的提升；处理后残渣含油量小于 1%，进一步提升了处理效果；含油钻屑直接处理成本大幅降低，实现了工程效益化，为页岩气钻井废弃物处理提供了一体化处理工艺及橇装装备，成为页岩气开发废弃物处理及资源化利用技术与装备之一。

（5）利用热解析原理，研制出含油钻屑热解析处理装置。该装置装机功率 350kW，单橇最大尺寸 9.3m×2.4m×2.7m，处理能力 2~4t/h。在威远 204 平台试验场地完成油基钻屑处理试验现场建设，累计处理含油钻屑 2000 余吨，累计回收液体 680 余立方米。热解析处理后岩屑含油量降为 0.7%，回收油性能满足油基钻井液配制要求。经核算，含油钻屑热解析处理费用为 1266 元/t。回收油经第三方检验可用于再次配制钻井液，产生的干粉经室内试验验证，可用于上部井段固井，真正实现了含油废弃物资源化利用。

（6）研发形成一套油基钻屑基层混合料的材料配比以及改性处理技术。油基钻屑制成的路面结构达到道路工程的路用要求，含油基岩屑的（井场）路面结构平均弯沉值小于 290（10^{-2} mm）；含脱油基岩屑的路面结构符合《污水综合排放标准》（GB 8978—1996）一级标准，即路面结构和路基中的石油类物质成分小于 10mg/L；路面结构和路基中含有的重金属应满足：Cd<0.1mg/L、Cr<1.5mg/L、Pb<1mg/L、Zn<5mg/L、As<0.5mg/L。在威 202H23 平台页岩气开发区块开展了三个阶段的现场道路和场坪试验，使用了脱油后的油基岩屑近 180t，工程完工后，经第三方检测，含油基岩屑的道路结构符合国家环保要求；在现场试验工程中，油基岩屑在无机稳定基层的应用处理成本为 260 元/t，成本组成包括材料运输费（100km 以内）100 元/t，人工、机械费 100 元/t，环保措施费 60 元/t；油基岩屑在沥青面层中的应用处理成本为 380 元/t，成本组成包括材料运输费（100km 以内）100 元/t，人工、机械、搅拌费 220 元/t，环保措施费 60 元/t；处理成本由计划的 2000 元/t 降低为 1800 元/t。根据研究结果，将脱油后的油基岩屑用于井场及井区公路中，能满足公路的路用性能要求，同时符合国家的环保标准，为实现油基岩屑的资源化利用提供理论参考和科学依据、源头治理。就地利用，实现油基岩屑的无害化处理和资源化再利用，有利于社会、环境、经济的可持续发展。

（7）研制出了 1 套基于热脱附的钻井废弃物处理与资源化一体化橇装处理设备，水基钻屑处理能力达到 22.5m³/h，废水基钻井液处理能力达到 12.5m³/h，油基钻屑处理能力达到3.2t/h,处理后钻屑的石油类含量低至0.3%,达到铺路基土要求,也可用于制备免烧砖等建筑材料,既满足页岩气平台随钻不落地处理要求,也满足区块集中处理需求,为页岩气开发钻井废弃物环保处理与资源化利用提供了新的技术装备。装置采用电磁加热,与常规燃料加热方式相比,该装置完全依靠电力提供动力和能源,无明火加热,不使用易燃易爆危险化学品,装置更安全,且升温快、控温准。与常规独立的水基钻井废弃物和油基钻屑处理装置相比,该装置集成度更高、更加灵活、使用更方便,开拓了新的技术路径,为现场实施提供了更多选择。在辽宁省盘锦市建立1个含油固体废物装置加工基地,推进了1套油基钻屑电磁加磁加热式热脱附处理中试装置建设与试验,在大庆油田建立了1个固定的含油固体废物处理中试基地,在天津大港建立1个水基钻井废弃物处理试验基地,先后在四川页岩气现场和大庆油田完成现场试验,完成1口井现场示范,有力推进了水基油基钻井废弃物处理技术与装置的研发与应用技术水平。

第二节 油基钻井废弃物减量化处理技术

一、油基钻井废弃物减量化处理技术

油基岩屑的甩干离心工艺,主体设备为甩干机+离心机的组合橇装,其工艺概述及设备参数情况如下:

油基岩屑在工区内采用甩干离心分离等技术进行预处理,初步回收油基钻井液(图3-1)。甩干系统设备主要包括过滤式脱油离心机(油基岩屑甩干机)、沉降式高速变频离心机、螺旋输送器(或传送带)和岩屑罐等。油基岩屑从振动筛处接入岩屑罐,由叉车转至甩干机进料口进行甩干—离心处理后,可得到三种物料:含油率为10%左右的油基岩屑、较黏稠半固相油泥,以及密度为1.50g/cm³左右的油基钻井液(该部分油基钻井液中劣质固相含量较高,无法直接回用,现场暂存于储备罐)。

油基岩屑离心处理设备其主要参数见表3-1。

表3-1 油基岩屑甩干离心工艺主要数据

处理后固相含油率/%	处理能力/(t/d)	占地面积/m²	额定功率/kW	操作人数/(人/班)	转速/(r/min)
5~10	20~40	200	37	1~2	甩干机转速600~800;离心机转速3200

运用该技术,在威远长宁页岩气开发区块各钻井现场,开展了50余口井的油基岩屑甩干离心处理项目,完成数万吨油基岩屑的现场预处理。项目开展过程中收集了部分设备参数、运行成本等数据,油基岩屑甩干离心处理前后物料的检测情况见表3-2。

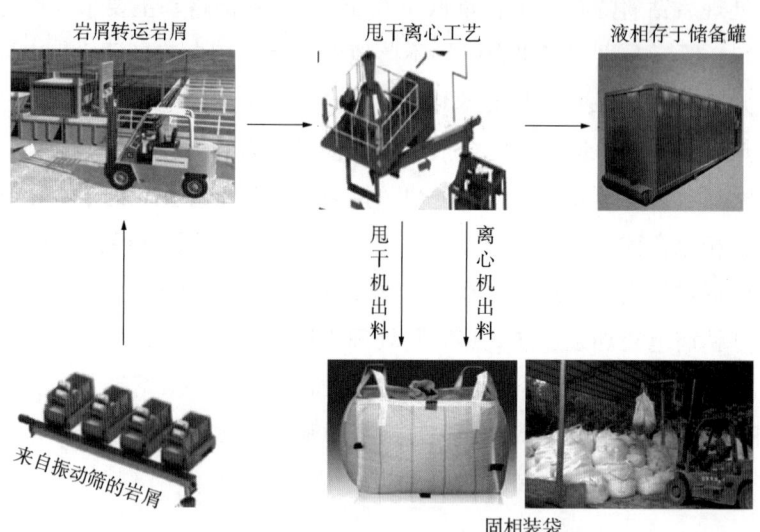

图 3-1 油基岩屑甩干离心工艺流程图

表 3-2 油基岩屑监测结果

序号	分析项目	分析方法(标准)	分析结果			检出限
			处理前	甩干机固相取样点	离心机固相取样点	
1	pH 值	玻璃电极法(GB/T 15555.12—1995)	8.85	7.01	7.19	—
2	色度/倍	稀释倍数法(GB/T 11903—1989)	8	8	8	—
3	铁/(mg/L)	《危险废物鉴别标准 浸出毒性鉴别》(GB/T 5085.3—2007)	0.658	0.37	0.58	0.03
4	锰/(mg/L)		0.54	0.35	0.04	0.01
5	铜/(mg/L)		ND	ND	ND	0.02
6	锌/(mg/L)		0.199	0.15	0.10	0.005
7	铅/(mg/L)		0.225	0.1	0.1	0.1
8	镉/(mg/L)		ND	ND	ND	0.005

注：ND 表示未检出。

油基岩屑经甩干离心分离后，其含油率显著降低，可有效降低后续储存及转运过程的安全环保风险。但分离出的油基钻井液密度普遍在 1.4g/cm³ 以上，且其中有害固相含量超过 30%，在回用于配制油基钻井液过程中，有害固相对油基钻井液性能有一定影响，回用具有一定难度。故在此基础上，开展了针对油基岩屑甩干离心预处理过程中的工艺改进，以降低回收的油基钻井液的密度及有害固相含量。

二、提高油基钻井液中有害固相分离效率技术研究

1. 劣质油基钻井液现状

油基岩屑甩干业务主要服务于各页岩气区块、矿保井及重点探井。经调研,页岩气各现场因地层岩性差异等原因,导致甩干分离出来的油基钻井液黏度、密度和劣质固相含量较高,直接加到油基钻井液中回用,将严重影响钻井液性能。页岩气单井产生劣质油基钻井液 60~80m³(密度超过 1.4g/cm³),这部分油基钻井液是从油基岩屑上分离出来的,其劣质固相(岩屑)含量高,如果直接回用,会影响钻井液性能。该部分劣质钻井液中劣质固相含量超过 30%。部分现场甩干分离后钻井液固相含量见表 3-3。

表 3-3 部分现场甩干分离后钻井液固相含量

取样时间	井号	固相含量/%
2020 年 3 月 2 日	威 204H40-3	36
2020 年 3 月 2 日	泸 203H2-1	38
2020 年 3 月 2 日	宁 216H3-3	35

甩干机每年在页气井上大约产生这种无法直接回用的劣质油基钻井液 6000~8000m³(8400~11200t)。油基岩屑甩干分离流程如图 3-2 所示。

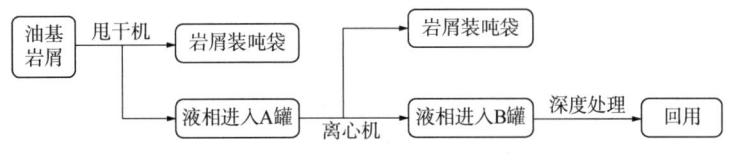

图 3-2 油基岩屑甩干分离流程

针对甩干分离出来的油基钻井液劣质固相含量高,不能直接回用的问题,需要分别拉运到集中处理场站进行集中处理,进一步分离劣质固相后回用。这种方式处理不仅要增加二次处理费和运输费,同时转运过程中也增加了安全环境风险。

目前主要通过甩干离心技术分离油基岩屑上附着的油基钻井液,通过这种方法分离出来的油基钻井液劣质固相含量高,如果直接加入油基钻井液中使用,将增加钻井液中劣质固相的含量,影响油基钻井液的性能。前期,为了消除劣质固相对钻井液性能的影响,采用了萃取和高速离心机两种方法对甩干机分离出来的劣质钻井液进行二次处理,降低其中的劣质固相(钻屑)含量,将其密度降到 1.10g/cm³ 以下后回用。但这两种方法都要将劣质钻井液运输到集中的场站进行处理,不但要增加二次处理费用,同时也要增加运输费用:

(1)萃取二次处理费 2400 元/t,运输费(往返)400 元/t,增加的直接成本为 2800 元/t;

(2)高速离心机处理费 2080 元/t,运输费(往返)200 元/t,增加的直接成本为 2280 元/t。

2. 技术思路确定

根据页岩气区块与探井区块，油基岩屑甩干分离效果差异大，结合现场甩干离心工艺过程及参数，找出影响劣质钻井液固相清除效果的因素，绘制的因果分析图如图3-3所示。

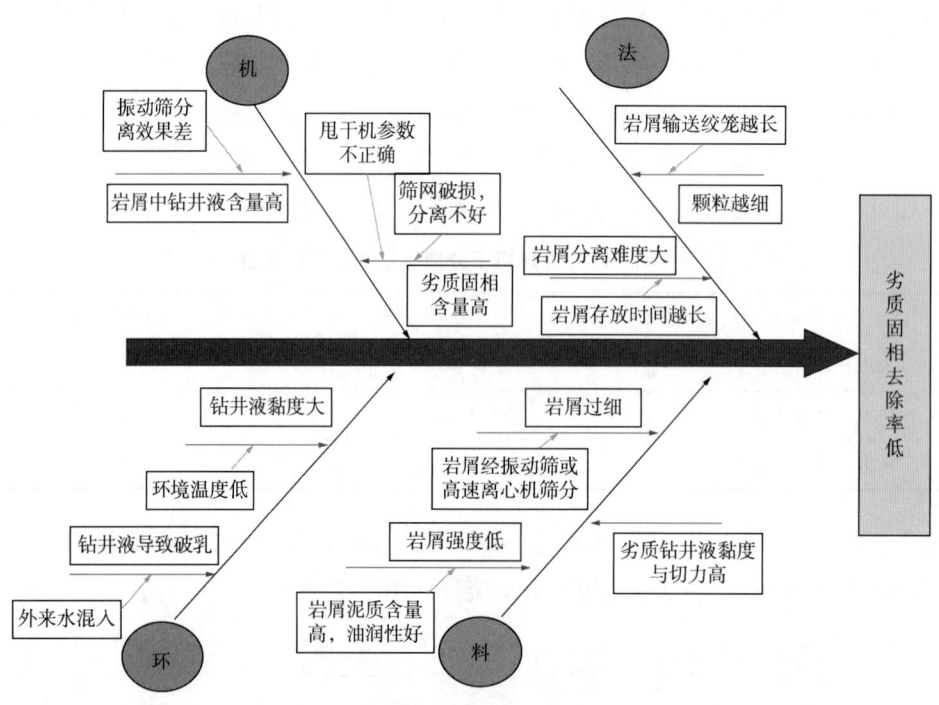

图3-3 劣质固相去除率低的原因分析关联图

由因果图的分析，得出主要影响劣质固相分离效果的因素：

（1）岩屑强度（岩屑泥质含量高，油润性好，强度低，分离效果差）；

（2）岩屑细度（岩屑越细，分离效果越差）；

（3）岩屑输送距离（岩屑输送绞龙越长，颗粒越细，分离效果越差）；

（4）岩屑存放时间（岩屑存放时间越长，分离效果越差）；

（5）劣质钻井液黏度与切力（黏度与切力越高，分离效果越差）；

（6）温度（温度越低，黏度切力越高，分离效果越差）；

（7）外来水混入（外来水混入导致钻井液破乳，分离效果差）；

（8）振动筛效果差（振动筛分离效果差，岩屑中钻井液含量高，分离效果差）；

（9）甩干机参数（甩干机参数不正确，分离不好，劣质固相含量高，分离效果差）；

（10）甩干机筛网破损（甩干机分离不好，劣质固相含量高，分离效果差）。

通过因果图分析，发现造成钻井液中劣质固相去除率低的末端因素共有五大类、10项，基于此，制定了要因确认计划表（表3-4）：

表 3-4 要因确认计划表

序号	末端因素	确认方法	确认内容	确认标准
1	岩屑强度低	现场验证分析	岩屑泥质含量高，油润性好	岩屑含油率低于50%
2	岩屑过细	现场验证分析	岩屑平均粒径	岩屑平均粒径小于2mm
3	岩屑输送距离长	现场验证分析	进入离心机输送绞龙长度	输送绞龙长度大于3m
4	岩屑存放时间长	现场验证分析	岩屑产生及接收记录，设备处理时间	存放时间超过2h
5	劣质钻井液黏度与切力高	现场验证分析	钻井液性能分析	钻井液黏度高于180s
6	温度低	现场验证分析	低温环境下钻井液性能分析	钻井液黏度高于180s
7	外来水混入	现场验证分析	钻井液性能分析	含水高于20%
8	振动筛效果差	现场验证分析	岩屑岩性分析，离心机出料固相分析	钻井液固相含量高于30%
9	甩干机参数不正确	现场验证分析	离心机转速调节数据	离心机转速≥3200r/min
10	甩干机筛网破损	现场验证分析	岩屑岩性分析，离心机出料固相分析	钻井液固相含量高于30%

针对导致钻井液中劣质固相去除率低的10个末端因素分别进行确认，确认情况如下：

（1）岩屑强度低：岩屑含泥质重，油润性高，会造成油基岩屑分离困难，影响分离过程中岩屑与钻井液分离效果。在实际处理过程中，对威204井区及泸203井区岩屑做对比试验，试验数据见表3-5。

表 3-5 威 204 井区及泸 203 井区岩屑处理对比试验

序号	项目	处理前		处理前(加白油)			处理后				回收比例/%
		进料(A罐)钻井液/m³	密度/(g/cm³)	进料/m³	密度/(g/cm³)	黏度/s	出料(B罐)钻井液/m³	密度/(g/cm³)	油：水：固	黏度/s	
威204H45平台	钻井液+20%白油	1	2.12	1.2	1.89	—	0.503	1.2	72：9：19	59	42
威204H45平台	钻井液+30%白油	0.9152	2.14	1.17	1.8	—	0.508	1.08	78：12：10	46	43
泸203H2平台	钻井液+20%白油	1	2.17	1.2	1.97	131	0.500	1.1	66：12：22	61	41
泸203H2平台	钻井液+30%白油	1	2.18	1.3	1.95	124	0.464	1.08	76：12：12	58	36

泸203井区因地层岩屑含泥质较重，分离效果略差，分离后油基钻井液固相含量略高；但整体而言，对威远区块及泸203井区油基岩屑处理过程添加白油，均能达到提高劣质固相清除效率的目的。因此，岩屑含泥质重不是主因。

（2）岩屑过细：岩屑过细会造成油基岩屑分离困难，影响分离过程中岩屑与钻井液分离效果。在实际处理过程中，对威204井区及泸203井区岩屑做对比，结合钻井工况，取平均粒径3mm及平均粒径1.5mm岩屑进行离心分离试验，分离数据见表3-6。

表3-6 不同粒径岩屑分离情况

序号	平台	岩屑粒径/mm	分离后钻井液固相含量/%
1	威204H45平台	3	42
2	泸203H2平台	1.5	40

由表3-6可知，岩屑含泥质重不是主因。

（3）岩屑输送距离长：岩屑输送距离长会造成岩屑在输送过程中被碾磨碎化，导致分离困难，影响分离过程中岩屑与钻井液分离效果。在实际处理过程中，对某平台岩屑直接进入离心机及经过传输绞龙进入离心机处理做对比，处理情况差异不大。因此岩屑输送距离长不是主因。

（4）岩屑存放时间长：岩屑存放时间长造成岩屑分离困难，影响分离过程中岩屑与钻井液分离效果。在实际处理过程中，对某平台岩屑直接进入离心机及存放4h后进入离心机处理做对比，处理情况差异不大。因此，岩屑存放时间长不是主因。

（5）劣质钻井液黏度及切力高：在现场调查中，调查人员查阅设备运行记录，发现井队入井钻井液黏度及切力较高，油基岩屑甩干离心设备处理效果受影响，分离后钻井液中固相含量高于30%，回用困难。因此，劣质钻井液黏度及切力高是主因。

（6）环境温度低：环境温度低会造成钻井液黏度高，钻井液泵送困难，影响钻井液分离效果。在实际的处理过程中，对钻井液加热至80℃后检测黏度，发现黏度由180s降至110s，加热后再进行离心处理，处理后钻井液密度显著降低。因此，环境温度低导致劣质钻井液黏度及切力高，环境温度低不是主因，劣质钻井液黏度及切力高是主因。

（7）外来水混入：在油基岩屑存放过程中，外来水混入导致钻井液破乳，进入离心处理工艺后分离效果差。在现场调查中，调查人员发现在处理过程中，未见到外来水混入的情况。同时，对因管理不善导致有混入雨水等的岩屑进行离心处理，处理效果差异不大。因此，外来水混入不是主因。

（8）振动筛效果差：振动筛效果差导致岩屑中钻井液含量高，分离效果差，设备运行不稳定，处理效果差。在现场调查中，调查人员发现振动筛运行正常，对岩屑的初步分离达到效果，未导致岩屑中钻井液含量高。因此，振动筛效果差不是主因。

(9)离心机参数不正确：在油基岩屑甩干离心处理过程中，离心机转速设定在3200r/min，现场根据油基岩屑进料状态，可适当调整转速。因设备稳定性及岩屑处理需求较大，可能出现调低转速的情况。在现场调查中，调查人员发现在处理过程中，未见到操作人员有调低离心机转速的情况。因此，离心机转速不是主因。

(10)离心机筛网破损：在油基岩屑甩干离心处理过程中，离心机筛网破损可直接导致设备运行不稳定，处理效果差。在现场调查中，调查人员发现岩屑处理操作工均按照设备保养规定进行了设备保养，同时对设备管理台账查阅发现，筛网破损等设备故障均及时进行维修处理。因此，离心机筛网破损不是主因。

综上，影响油基钻井液中劣质固相清除效率的主要因素为油基钻井液的黏度、切力高。由此，确定试验思路为加入适当比例白油，降低甩干分离后液相黏度，再进入离心工艺，提升离心处理效率。

3. 技术方案及实施

经室内实验，通过降低油基钻井液黏度，再进入甩干离心设备进行离心，可达到分离有害固相的目的。通过向甩干机分离出来的劣质油基钻井液中加入白油进行稀释，降低黏度和切力，使用甩干机配置的中速离心机就可以高效地分离劣质固相，将这部分钻井液的密度降到$1.10g/cm^3$以下，直接使用。

经过初步室内实验，向甩干机分离出来的劣质油基钻井液中加入20%~30%的白油进行稀释，将劣质固相含量由原来的35%以上降低至15%以下，密度由$1.40g/cm^3$以上降低到$1.10g/cm^3$以下，直接使用。

技术人员通过室内实验及钻井液中有害固相分析，仔细调校加入白油比例，对比分析劣质钻井液黏度和切力变化，认真分析影响劣质固相分离效果的原因，并通过现场运用和调整中速离心机参数等来达到提升劣质固相清除效率的目标。

通过室内实验论证，在甩干分离出油基钻井液中加入20%~30%的白油，可将黏度由180s以上降低至80s以下，再进入离心工艺处置，可提高油基钻井液中劣质固相清除效率(图3-4)。

图3-4 室内实验结果

针对目前现状，分别制订两个试验方案。试验一：岩屑处理过程中添加白油（加入 A 罐）；试验二：劣质钻井液添加白油后进行二次离心处理试验。在甩干离心设备配套 A 罐中添加白油稀释，测试黏度等性能后，再进入离心机（图 3-5）。

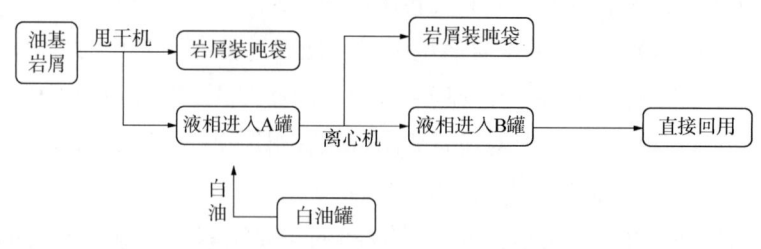

图 3-5 现场试验流程示意图

1）岩屑处理过程中添加白油（加入 A 罐）

对甩干分离出液相（A 罐）加白油稀释后，进入离心处理工艺；测试处理后钻井液的密度、黏度及固相含量等性能；测定回收比例及增加回收量（表 3-7）。

表 3-7 岩屑处理过程中添加白油试验数据

序号	项目	处理前		处理前（加白油）		处理后			回收比例/%
		进料（A 罐）钻井液/m³	密度/(g/cm³)	进料/m³	密度/(g/cm³)	出料（B 罐）钻井液/m³	密度/(g/cm³)	油：水：固	
1	空白	1	1.65	—	—	0.32	1.3	56：9：35	32
2	钻井液+10%白油	1	1.8	1.1	1.72	0.914	1.25	65：11：24	83
3	钻井液+20%白油	1	2.11	1.2	1.89	0.414	1.17	71：10：19	35
4	钻井液+30%白油	0.9	2.13	1.17	1.85	0.623	1.08	77：9：14	53

注：试验序号 1、2 为威 204H37 平台（钻井液密度 2.07g/cm³，黏度 66s）；试验序号 3、4 为威 204H45 平台（钻井液密度 2.02g/cm³，黏度 81s）。

由表 3-7 可得出结论：处理过程中在 A 罐添加白油，能够提高离心分离处理效率，不增加处理时间。但要实现回收劣质油基钻井液密度达到 1.10g/cm³ 以下的目标，需要加入 30%白油稀释；添加白油后，可多清除劣质固相 21%。

2）劣质钻井液添加白油后二次离心处理试验

对前期分离的劣质钻井液添加白油稀释后，进行二次离心处理；测试处理后钻井液的密度、黏度及固相含量等性能；测定回收比例及增加回收量（表 3-8）。

第三章 页岩气开采油基钻井废弃物处理技术及装备

表3-8 劣质钻井液添加白油后二次离心处理试验数据

序号	项目	处理前		处理后		油∶水∶固	回收比例/%
		进料(A罐)钻井液/m³	密度/(g/cm³)	出料(B罐)钻井液/m³	密度/(g/cm³)		
1	钻井液+10%白油	1.1	1.42	0.462	1.18	72∶13∶15	42
2	钻井液+15%白油	1.15	1.41	0.46	1.16	74∶12∶14	40
3	钻井液+20%白油	1.2	1.39	0.516	1.13	75∶12∶13	43
4	钻井液+25%白油	1.25	1.37	0.563	1.07	76∶13∶11	45

注：试验现场为威204H51平台；劣质钻井液处理量均为1m³，密度1.49g/cm³，黏度182s。

对前期处理后的劣质钻井液，通过添加白油进行二次离心处理，可进一步清除其中劣质固相，但若要实现回收劣质油基钻井液密度达到1.10g/cm³以下的目标，需要加入25%白油；添加白油进行二次离心处理后，可多清除劣质固相24%（二次离心前固相含量35%）。

在此试验基础上，对威远区块204井区及泸203井区进行了对比试验，试验数据见表3-9。

表3-9 岩屑处理过程中添加白油对比试验

平台	项目	处理前		处理前(加白油)			处理后				回收比例/%	6h处理量/m³
		进料(A罐)钻井液/m³	密度/(g/cm³)	进料(A罐)钻井液/m³	密度/(g/cm³)	黏度/s	出料(B罐)钻井液/m³	密度/(g/cm³)	油∶水∶固	黏度/s		
威204H45平台	钻井液+20%白油	0.95	1.47	1.14	1.4	88	0.473	1.14	74∶10∶16	68	41	1.47
	钻井液+25%白油	1	1.47	1.25	1.37	63	0.563	1.07	81∶9∶10	53	58	1.69
泸203H2平台	钻井液+20%白油	1.8	1.41	2.16	1.3	67	1.1	1.08	73∶15∶12	56	51	1.3
	钻井液+25%白油	2	1.39	2.6	1.28	59	1.4	1.06	75∶14∶11	53	54	1.5

由表3-9可得出结论：对威远区块204井区及泸203井区油基岩屑处理过程添加白油，均能达到提高劣质固相清除效率的目的。试验后油基钻井液的固相含量情况如图3-6所示。

图 3-6 试验后油基钻井液固相含量情况

4. 技术小结

（1）在油基钻屑甩干、离心处理工艺中，增加 25%～30% 白油，可进一步清除劣质固相，提高液相回收利用率，将液相密度降至 1.10g/cm³ 以下，达到直接回用要求。

（2）该工艺易于操作、不增加钻屑处理时间。

（3）该工艺可不再增加高速离心设备，提高现有甩干设备的使用价值及适应性。

2020 年 3 月至 2020 年 8 月，共对威远及长宁区块 8 口井开展了现场应用，回收密度 1.10g/cm³ 以下的油基钻井液 428m³。油基岩屑甩干处理后浆液的劣质固相含量由 35% 降至 15% 以下，有害固相去除率显著提高，完成了预期目标，取得了显著的经济效益：回收密度 1.10g/cm³ 以下的油基钻井液 428m³，按 3000 元/m³ 计，产生经济效益 128.4 万元；节约该部分油基钻井液的运输、集中处置费用（按 2500 元/m³ 计）107 万元；故合计产生经济效益 235.4 万元。

该成果的推广应用取得了良好的社会效益，可减少劣质钻井液的转运、储存及集中处置等生产环节，从而大幅降低生产现场的安全环保风险；同时可实现钻井固废的减量，降低区域内固废处置压力。

同时，该成果的安全环保效益显著，把甩干机分离出来的劣质油基钻井液运输到集中场站进行处理，具有以下风险：

（1）因不能及时回用，暂存及泵送过程中带来的风险。因这种劣质固相含量较高的油基钻井液无法直接回用，需进行现场暂时存放，作业现场需增加储备罐、混输泵及专用管线，且泵送过程中易堵塞管线，特别是冬季等温度较低时，泵送困难且更易堵塞管线，可能发生因管线破裂等造成的泄漏事故。

（2）运输过程带来的风险。劣质油基钻井液在运输过程中，山区道路条件较差，途中可能发生泄漏，或发生因车辆交通事故导致的环境污染事件。

（3）二次集中处理场站暂存及泵送过程中带来的风险。一是萃取或高速离心处理场站的暂存、泵送中可能导致泄漏的环境风险;二是集中处理场站存在机械伤害和触电风险;三是集中处理装置运行中存在噪声、粉尘等二次污染等。

该成果是在甩干机作业现场直接使用配制油基钻井液的白油对劣质钻井液进行稀释处理,不增加另外的附加设备设施,也不存在钻井液的运输和暂存的问题,且泵送的钻井液密度、黏度、切力也更低,不易堵塞管线。故该成果大大降低了运输、暂存和泵送中的泄漏风险,同时也降低了萃取、高速离心处理中的机械伤害、触电和噪声、粉尘等二次污染,对简化生产环节、控制安全环保风险具有显著意义。

三、钻井液材料包装袋制堵漏剂

1. 技术需求

通过室内实验,将废弃包装袋混入常规堵漏材料,调整堵漏剂配方,以不破坏堵漏剂的堵漏能力或增强堵漏能力为目的,实现废弃包装袋的再利用。此技术可有效降低钻井现场钻井液材料包装物的处置压力,实现钻井废物的资源化利用。

2. 实验过程

1) 主要实验仪器

(1) 电子天平(精度0.01g);
(2) 电动搅拌器(转速为0~4000r/min);
(3) QD-2型堵漏材料试验装置。

2) 主要实验材料

(1) 桥塞堵漏剂(中粗)XR-4Ⅱ;
(2) 桥塞堵漏剂(细)XR-4Ⅲ;
(3) 编织袋1.5mm/1.0mm;
(4) 复合袋1.5mm/1.0mm;
(5) 分级碳酸钙:100目、200目、500目。

3. 参考标准

(1) 企业标准:钻井液用桥塞堵漏剂(XR-4);
(2) 合格标准:堵塞能力≥4.0MPa、漏失量≤800mL。

4. 测试步骤

(1) 基浆:量取5000mL清水,在电动搅拌器搅拌条件下加入OCMA级膨润土375.0g,碳酸钠2.0g,累计搅拌1h,室温下密闭放置16h备用。

(2) 试验浆:在基浆中加入试样500.0g,搅拌30min,静置30min,再搅拌5min。

(3) 按Ⅰ型用14mm钢珠800g、4mm钢珠600g,Ⅱ型用10mm钢珠800g、4mm钢珠600g,Ⅲ型用4mm钢珠1400g的试验要求,将所需的钢珠放在堵漏装置配置的钢珠床内(先小后大),将钢珠摇匀铺平后放入堵漏装置中。

(4)量取4000mL配制好的试验浆注入堵漏材料装置中,旋紧罐盖,连接加压管线,静置5min。打开排放口,打开气源加压,先加0.7MPa压力,收集试验浆漏失量,稳定后每隔2min增加0.5MPa压力,直到将压力增加至4MPa,稳压30min,读取总的试验浆漏失量。

5. 室内小样实验数据

通过大量实验得出,编织袋加入对堵漏剂的影响较大,故分两套方案进行实验:一是只混入复合袋;二是同时混入复合袋和编织袋以及其他材料。室内小样成果配方见表3-10。

表3-10 室内小样实验数据

编号	配方	承压/MPa	漏失量/mL	是否合格
基浆	清水5000mL+7.5%OCMA土+0.04%Na_2CO_3水化16h以上			
方案1	基浆+9%XR-4Ⅱ+1%复合袋1.5mm	4	500	合格
方案1	基浆+8.5%XR-4Ⅲ+1.5%复合袋1.0mm	4	700	合格
方案2	基浆+7.5%XR-4Ⅱ+0.4%编织袋1.0mm+0.4%复合袋1.0mm+0.7%随钻堵漏剂+0.2%$CaCO_3$(100目)+0.3%$CaCO_3$(200目)+0.5%$CaCO_3$(500目)	4	700	合格
方案2	基浆+8.5%XR-4Ⅲ+0.4%复合袋1.0mm+0.4%编织袋1.0mm+0.5%随钻堵漏剂+0.2%$CaCO_3$(500目)	4	680	合格

6. 大样复核实验数据

按照小样合格配方到厂家生产4个批次,每批次20kg大样,并随机取样进行复核,数据见表3-11。

表3-11 大样复核实验数据

编号	配方	承压/MPa	漏失量/mL	是否合格
基浆	清水5000mL+7.5%OCMA土+0.04%Na_2CO_3水化16h以上			
方案1	基浆+9%XR-4Ⅱ+1%复合袋1.5mm	4	125	合格
方案1	基浆+8.5%XR-4Ⅲ+1.5%复合袋1.0mm	4	40	合格
方案2	基浆+7.5%XR-4Ⅱ+0.4%编织袋1.0mm+0.4%复合袋1.0mm+0.7%随钻堵漏剂+0.2%$CaCO_3$(100目)+0.3%$CaCO_3$(200目)+0.5%$CaCO_3$(500目)	4	350	合格
方案2	基浆+8.5%XR-4Ⅲ+0.4%复合袋1.0mm+0.4%编织袋1.0mm+0.5%随钻堵漏剂+0.2%$CaCO_3$(500目)	4	130	合格

7. 实验结论及建议

废弃包装袋可以混入常规钻井液堵漏材料，不会减弱堵漏剂效果，甚至可以增强堵漏剂效果。

四、技术实施

钻井液材料废弃包装袋混入常规钻井液堵漏材料，制作堵漏剂步骤如下：

（1）收集及破碎：将各钻井现场钻井液材料废弃包装袋和包装桶统一收集，集中进行破碎处理。将废弃包装袋和包装桶分别破碎为粒径为 0.5mm、1.0mm、2.0mm、4.0mm 四个规格的颗粒备用。

（2）制备：利用包装桶颗粒的强度及包装袋颗粒的韧性等特征，将相同粒径的包装袋和包装桶颗粒先按照 1∶1 混合，然后将 0.5mm 和 1.0mm 规格的颗粒按照 1∶1 混合并命名为 DLJ-1，将 1.0mm 和 2.0mm 规格的颗粒按照 1∶1 混合并命名为 DLJ-2，4.0mm 规格的颗粒命名为 DLJ-3。

（3）配方：按照现有堵漏材料的使用配方，将破碎后的废弃包装物颗粒产品 DLJ-1、DLJ-2、DLJ-3 三种产品配成堵漏浆液，针对不同漏速的钻井井漏，运用于钻井堵漏作业。

① 将破碎后的废弃包装物颗粒产品 DLJ-1 配成堵漏浆液的具体方法：钻井井漏的漏失速度在 $3m^3/h$ 以下时，采用 6%预水化膨润土浆+0.5%聚合物降滤失剂+3%磺化褐煤+3%磺化酚醛树脂+0.5%烧碱+重晶石+5%随钻堵漏剂+3%包装物颗粒 DLJ-1 的配方，重晶石密度为 $4.10~4.20g/cm^3$。

② 将破碎后的废弃包装物颗粒产品 DLJ-2 配成堵漏浆液的具体方法：钻井井漏的漏失速度在 $3~5m^3/h$ 时，采用 5%预水化膨润土浆+0.5%聚合物降滤失剂+3%磺化褐煤+3%磺化酚醛树脂+0.5%烧碱+重晶石+5%随钻堵漏剂+3%包装物颗粒 DLJ-1+2%包装物颗粒 DLJ-2 的配方，重晶石密度为 $4.10~4.20g/cm^3$。

③ 将破碎后的废弃包装物颗粒产品 DLJ-3 配成堵漏浆液的具体方法：钻井井漏的漏失速度大于 $5m^3/h$ 时，采用 4%预水化膨润土浆+0.5%聚合物降滤失剂+3%磺化褐煤+3%磺化酚醛树脂+0.5%烧碱+重晶石+5%随钻堵漏剂+3%包装物颗粒 DLJ-2+1%包装物颗粒 DLJ-3 的配方，重晶石密度为 $4.10~4.20g/cm^3$。

与现有技术相比，本方案所达到的有益效果如下：

（1）采用上文所述三个步骤制备成堵漏材料，能合规、合理地处理钻井液材料废弃包装袋和包装桶，并通过分类破碎形成钻井液用的堵漏材料，形成集中堵漏配方，应用于现场并有效解决钻井过程中井漏的复杂问题，既解决了废弃包装袋和包装桶处理带来的环境问题，又实现了废物的资源化利用。

（2）将废弃包装袋和包装桶分别破碎为粒径为 0.5mm、1.0mm、2.0mm、4.0mm 四个规格备用，可以提供不同粒径的骨架、拉筋、填充材料，对不同漏速、不同裂缝开度的漏层进行有效封堵。

(3) 将废弃包装物颗粒产品 DLJ-1、DLJ-2、DLJ-3 三种产品配成堵漏浆液，针对不同漏速的钻井井漏，运用于钻井堵漏作业。针对不同漏速的钻井井漏，漏速小于 $3m^3/h$，采用 DLJ-1 配合随钻堵漏剂可以进行有效封堵；漏失速度在 $3\sim5m^3/h$，采用 DLJ-1、DLJ-2 配合随钻堵漏剂可以进行有效封堵；漏失速度大于 $5m^3/h$，采用 DLJ-1、DLJ-2、DLJ-3 配合随钻堵漏剂可以进行有效封堵。

(4) 将破碎后的废弃包装物颗粒产品 DLJ-1 配成堵漏浆液的具体方法：钻井井漏的漏失速度在 $3m^3/h$ 以下时，采用 6%预水化膨润土浆+0.5%聚合物降滤失剂+3%磺化褐煤+3%磺化酚醛树脂+0.5%烧碱+重晶石+5%随钻堵漏剂+3%包装物颗粒 DLJ-1 的配方，堵漏浆密度为 $1.10\sim1.69g/cm^3$。

按配方配制出的堵漏浆，在不同密度条件下，具有有效堵漏剂含量，堵漏剂在堵漏浆中分散均匀，可泵性好，对漏层封堵效果好。DLJ-1 配成堵漏浆液的性能指标见表3-12。

表 3-12　DLJ-1 配成堵漏浆液性能

堵漏浆密度/(g/cm³)	堵漏剂含量/%	堵漏浆流动度/cm	漏层承压能力提高/MPa
1.10~1.69	8	16~22	3~4

(5) 将破碎后的废弃包装物颗粒产品 DLJ-2 配成堵漏浆液的具体方法：钻井井漏的漏失速度在 $3\sim5m^3/h$ 时，采用 5%预水化膨润土浆+0.5%聚合物降滤失剂+3%磺化褐煤+3%磺化酚醛树脂+0.5%烧碱+重晶石+5%随钻堵漏剂+3%包装物颗粒 DLJ-1+2%包装物颗粒 DLJ-2 的配方，堵漏浆密度为 $1.70\sim2.20g/cm^3$。

按配方配制出的堵漏浆，在不同密度条件下，具有有效堵漏剂含量，堵漏剂在堵漏浆中分散均匀，可泵性好，对漏层封堵效果好。DLJ-2 配成堵漏浆液的性能指标见表3-13。

表 3-13　DLJ-2 配成堵漏浆液性能

堵漏浆密度/(g/cm³)	堵漏剂含量/%	堵漏浆流动度/cm	漏层承压能力提高/MPa
1.70~2.20	10	14~20	4~5

(6) 将破碎后的废弃包装物颗粒产品 DLJ-3 配成堵漏浆液的具体方法：钻井井漏的漏失速度大于 $5m^3/h$ 时，采用 4%预水化膨润土浆+0.5%聚合物降滤失剂+3%磺化褐煤+3%磺化酚醛树脂+0.5%烧碱+重晶石+5%随钻堵漏剂+3%包装物颗粒 DLJ-2+1%包装物颗粒 DLJ-3 的配方，堵漏浆密度为 $1.70\sim2.20g/cm^3$。

按配方配制出的堵漏浆，在不同密度条件下，具有有效堵漏剂含量，堵漏剂在堵漏浆中分散均匀，可泵性好，对漏层封堵效果好。DLJ-3 配成堵漏浆液性能指标见表3-14。

表 3-14 DLJ-3 配成堵漏浆液性能

堵漏浆密度/(g/cm³)	堵漏剂含量/%	堵漏浆流动度/cm	漏层承压能力提高/MPa
1.70~2.20	9	12~18	4~5

第三节 油基钻井废弃物常温深度脱附技术

一、实验目的

通过室内实验，优选出反应时间短、脱油效果好、回收效率高的脱附剂。回收油基钻井液能重复利用，实现油基钻井液的资源化再利用。

二、实验内容

1. 主要实验仪器

优选脱附剂的主要实验仪器：电子天平(精度0.01g)、电动搅拌器(转速为0~4000r/min)、烧杯、量筒、容量瓶。

2. 主要实验材料

优选脱附剂的主要实验材料：油基钻井岩屑和脱附剂。

3. 参考标准

优选脱附剂的合格标准：处理后油基钻井岩屑或油基钻井液含油率≤1%。

4. 实验步骤

(1) 准确量取脱附剂2000g。

(2) 称取1000g岩屑与称量好的脱附剂混合搅拌、静置，混合前测量岩屑含油率。

(3) 通过重力沉降作用，进行固液分离，分别将固相和液相进行加热、冷凝，回收脱附剂。剩余的液相即是油基钻井液。

(4) 再次测量脱附后岩屑含油率。

(5) 用不同的脱附剂重复上述步骤，优选出效果最优的脱附剂。

(6) 固定其他参数，分别考察温度、搅拌强度、作用时间对脱附效率的影响。

三、实验数据

1. 处理剂及钻井液回收率

使用不同的萃取剂，包括正己烷、四氯化碳、丙酮、吐温-80及LRET-1，在相同条件下按照实验步骤进行实验,测定药剂回收率及油基钻井液回收率(图3-7)。

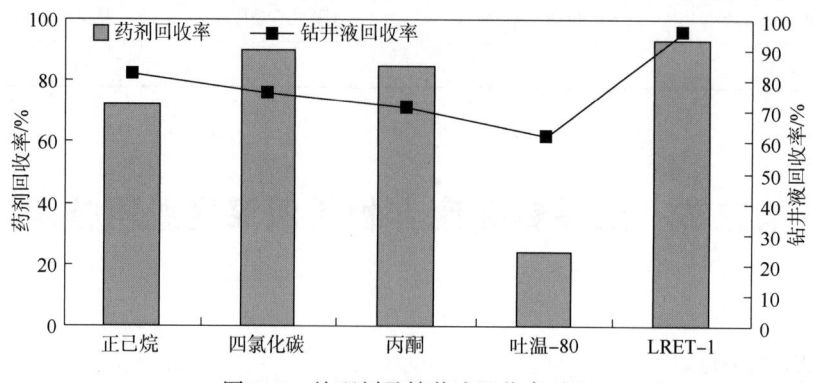

图 3-7 处理剂及钻井液回收率对比

如图3-7所示,处理剂回收率由高到低的顺序为LRET-1、四氯化碳、丙酮、正己烷、吐温-80,油基钻井液回收率由高到低的顺序为LRET-1、正己烷、四氯化碳、丙酮、吐温-80。处理剂回收率及油基钻井液回收率均是LRET-1最高。

2. 脱附温度对脱附效率的影响

使用LRET作为处理剂,其他条件不变,在10~35℃之间改变实验温度,考察温度对脱附效率的影响(图3-8)。

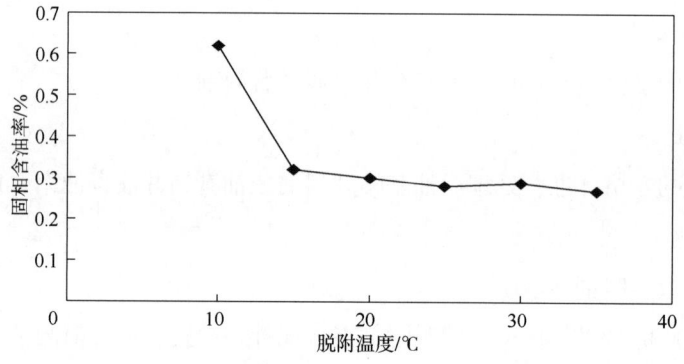

图 3-8 脱附温度对脱附效率的影响

如图3-8所示,实验温度在10~35℃之间变化时,脱附后的固相含油率均小于1%,随着温度升高,脱附效果越来越好,但升高到20℃以后,差异不大。

3. 搅拌强度对脱附效果的影响

使用LRET-1作为处理剂,其他条件不变,改变搅拌速度,考察搅拌强度对脱附效果的影响(图3-9)。

如图3-9所示,不同搅拌强度下,脱附后的固相含油率不同,随着搅拌强度的提高,脱附后的固相含油率降低。但当反应器搅拌强度达到$40s^{-1}$以后,脱附效果达到一个稳定的较高的去除效率。

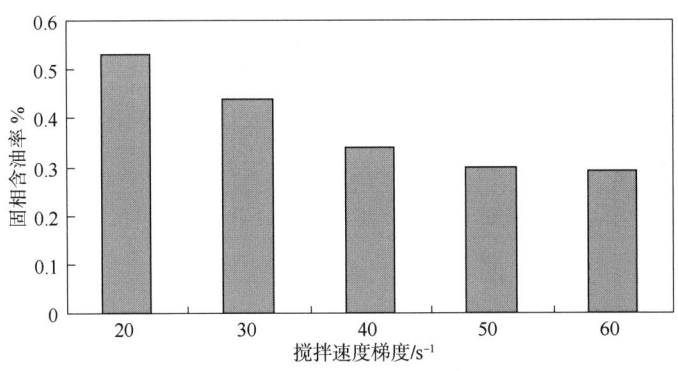

图 3-9 搅拌强度对脱附效果的影响

4. 脱附时间对脱附效果的影响

使用 LRET-1 作为处理剂,其他条件不变,改变脱附时间,考察脱附时间对脱附效果的影响(图 3-10)。

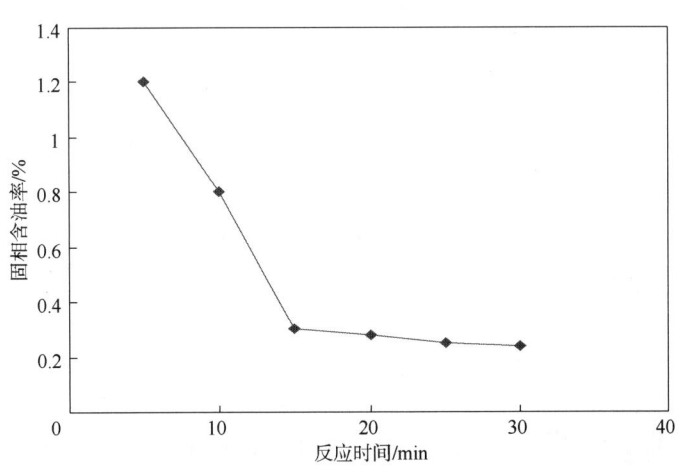

图 3-10 脱附时间对脱附效果的影响

如图 3-10 所示,脱附时间延长,脱附效果越来越好,但脱附反应时间达到 15min 以后,脱附效果差异不大。

将回收的油基钻井液经过处理后与新配油基钻井液进行对比,考察其是否满足回用的要求(表 3-15)。作业现场对 LRET-1 工艺回收钻井液的回用实验:

(1) 1 号:井浆+30%回收钻井液+重晶石粉恢复井浆密度;

(2) 2 号:回收钻井液+1%HFMO+1%HFLO+1%CaO+3% $CaCl_2$ 溶液+重晶石粉。

如表 3-15 所示,用萃取脱附处理技术回收的钻井液性能优良,和新配油基钻井液性能接近,满足重复利用的要求。

表3-15 回收油基钻井液与新配油基钻井液性能对比

编号	状态	密度/(g/cm³)	表观黏度/(mPa·s)	塑性黏度/(mPa·s)	动切力/Pa	初切(终切)/Pa	六速旋转黏度计在6r/min、3r/min下的读数比值	120℃高温高压滤失量/(mL/mm)	破孔电压/V	油相含量：液相含量
井浆	120℃×16h 滚前	2.18	90	79	11	2.5(7)	6/4	—	550	82:18
	120℃×16h 滚后	2.18	88	76	12	2(7)	6/4	3.4	530	82:18
1号	120℃×16h 滚前	2.18	79	71	8	1.5(4)	4/3	—	625	78:22
	120℃×16h 滚后	2.18	78	70	8	2(4)	5/3	2.8	610	78:22
2号	120℃×16h 滚前	2.20	75	68	7	3(4.5)	6/4	—	523	75:25
	120℃×16h 滚后	2.20	73	66	7	3(5)	6/5	2.4	510	75:25

四、实验结论

(1) 通过实验，筛选出的脱附剂 LRET-1 处理剂回收率及钻井液回收率均是 LRET-1 最高，处理后岩屑含油率约为 0.3%。

(2) 反应温度大于20℃、反应器搅拌强度达到 $40s^{-1}$、脱附反应时间达到 15min，脱附效果较好。

(3) 回收的油基钻井液性能优良，满足资源化再利用的要求。

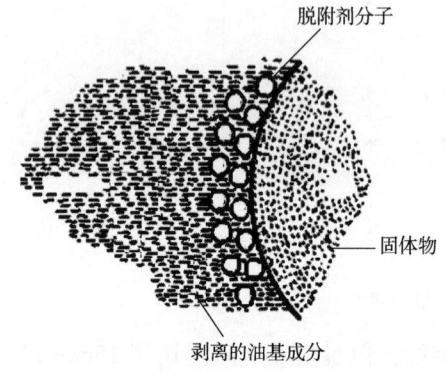

图 3-11 脱附剂作用机理示意图

五、常温深度脱附的技术原理

在常温常压条件下利用脱附剂改变固相界面性质，即脱附剂对吸附在油固界面上的油和化学成分进行渗透增溶，改变界面张力，使油与固体表面的接触角减小，促使油珠不断收缩而不是铺展，并在浮力的作用下被拉伸直至脱落，实现从固相表面物理脱附分离，确保基础油、主(辅)乳化剂及其他钻井化学添加剂以基浆原有乳化状态形式回收。

脱附剂作用机理如图 3-11 所示。

六、常温深度脱附工艺流程

常温深度脱附的工艺流程如下：

(1) 运输车将油基钻井废弃物从各钻井现场运送至暂存池中。

(2) 深度脱附系统：用抓斗上料装置将物料输送入常温深度脱附系统，常温常压条件下，在反应过程中加入脱附剂与油基钻井废弃物(脱附剂量是油基钻井废弃物的1~3倍)

进行充分接触，深度脱附分离装置为密闭装置，与外界隔离；深度脱附分离装置通过控制工艺参数提高脱附效率。

（3）油基钻井液精制调质回收系统：深度脱附分离装置分离出的液体主要含有脱附剂和油基钻井液，将其送入液相精制调质回收装置。首先对油基钻井液和脱附剂混合液进行蒸汽加热(70~90℃)，常压操作，实现脱附剂相变与油基钻井液分离，气相进入冷凝回收系统；回收的油基基浆、冷凝水进入钻井液精制调质装置，实现油基钻井液密度、破乳电压值(ES)等主要指标满足钻井生产基浆指标要求，送井队钻井使用。液相精制调质回收装置处理过程为物理过程，油基钻井液、脱附剂不发生化学变化，不发生烃类裂解过程，无甲烷等不凝气产生；混合液加热通过间接加热完成，锅炉蒸汽在反应器间壁中实现换热，不进入反应装置，整个反应器密闭，与外界隔离，无烃类等废气排放。

（4）固相达标系统：分离出的固体送至固相达标系统，固相在该系统设备中通过蒸汽多级加热(70~90℃)，常压操作，对脱附剂进行相变蒸发，实现脱附剂和固体物料的彻底分离，确保固相达标。该处理过程为物理过程，不发生化学变化，不发生烃类裂解过程，无甲烷等不凝气产生；固相的加热通过间接加热完成，锅炉蒸汽在反应器间壁中实现换热，不进入反应装置，反应器密闭，与外界隔离，无烃类等废气排放。处理后的固相物中含油率小于1%。

（5）冷凝回收系统：脱附剂冷凝回收装置主要对固相达标系统和油基钻井液精制调质回收系统中产生的脱附剂气相进行冷凝，回收脱附剂，通过两级列管式换热器冷凝回收脱附剂循环使用，一级水冷温差5℃，二级水冷温差5℃；一级冷却水由冷却塔提供，二级冷却水由制冷机组提供，制冷机组出水温度为5~7℃，将气相中的脱附剂冷凝为液相。冷凝器密闭，与外界隔离，无烃类等废气排放。

（6）尾气吸收冷冻系统：对装置间歇式排出的气体，以液体石蜡为吸收剂进行多级吸收，吸收温度20~30℃，直接水蒸气汽提解吸，解吸气循环回到冷却系统；经吸收出塔气，经过两级冷冻，一级冷却温度5℃，二级冷冻温度-20~-30℃，实现间歇排放的尾气中挥发性有机化合物(Volatile Organic Compounds，VOCs)达标。

第四节　油基钻井废弃物热脱附技术

一、实验方法

定量称取油基钻井废弃物，利用自制的热脱附模拟实验装置在不同的工艺条件下进行室内实验，完成实验后对剩余固相的含油率进行定量检测分析，检测方法参考 CJ/T 221—2005《城市污水处理厂污泥检测方法　红外分光光度法》。

1. 主要仪器

自制的热脱附模拟实验装置如图3-12所示,红外分光测油仪如图3-13所示。

图3-12 热脱附模拟实验装置

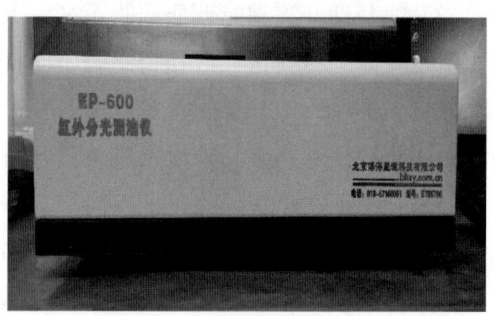

图3-13 红外分光测油仪

2. 实验结果分析

分别选取多组不同属性的样品,利用自制的模拟装置进行模拟实验,处理后的样品参考 CJ/T 221—2005《城市污水处理厂污泥检测方法 红外分光光度法》进行测试。

1) 威远油基钻井废弃物

选取油基钻屑样品在不同温度和停留时间下进行室内模拟处理实验(原料含水率 7.57%,含油率 23.15%,含固率 69.28%)。处理后固相含油率检测结果如图3-14所示。实验结果表明,当加热温度高于550℃、加热时间为45min时,处理后固相的含油率能够满足低于1%的环保要求。

2) 长宁油基钻井废弃物

选取长宁油基钻屑样品在不同温度和停留时间下进行室内模拟处理实验(原料含水率 6.37%,含油率 20.08%,含固率 73.55%),处理后固相含油率检测结果如图3-15所示。实验结果表明,当加热温度高于550℃、加热时间为45min时,处理后固相的含油率能够满足低于1%的环保要求。

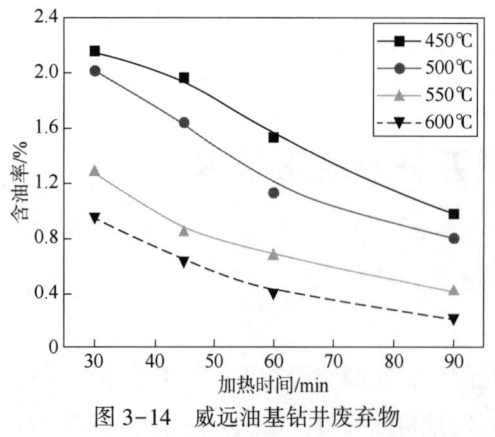

图3-14 威远油基钻井废弃物模拟处理实验结果

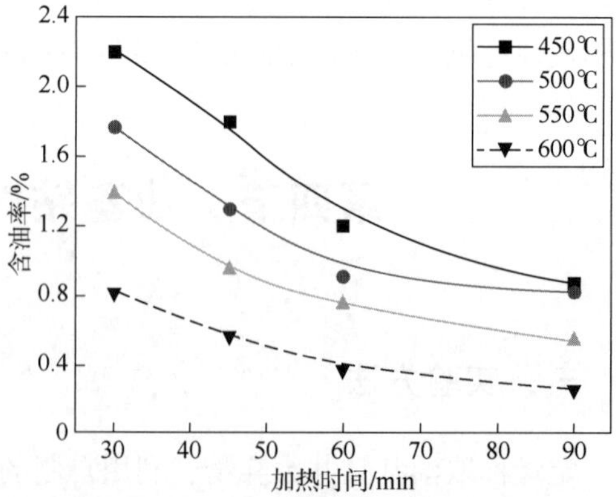

图3-15 长宁油基钻井废弃物模拟处理实验结果

3) 大庆采油三厂钻井废弃物

选取大庆采油三厂油基钻屑样品进行室内模拟处理实验(含水率15.02%,含油率20.33%,含固率64.65%),不同温度和停留时间热脱附处理后固相含油率检测结果如图3-16所示。实验结果表明,当加热温度高于600℃、加热时间为45min时,处理后固相的含油率能够满足低于1%的环保要求。

通过模拟热脱附处理实验证明,油基钻井废弃物通过热脱附技术处理后,剩余固相含油率能够达到环保要求。随着物料中含液率的升高,固相达标处理就需要更高的加热温度和更长的加热时间,其中物料中含水率的影响更为明显。因此,在采用热脱附技术处理油基钻井废弃物时,需要控制物料的含液率,尤其是含水率,降低物料的含液率对于提高热脱附处理效率、降低运行能耗具有重要作用。

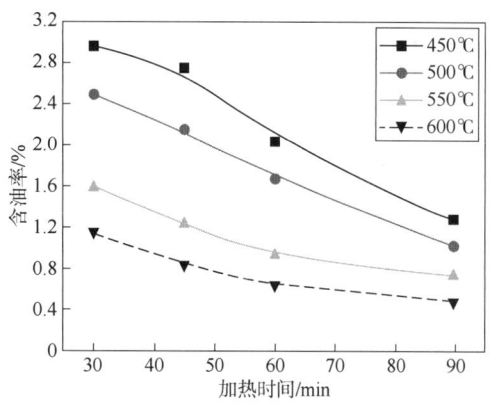

图3-16 大庆采油三厂油基钻井废弃物模拟处理实验结果

3. 热脱附处理后固相分析

1) 固相组成分析

针对热脱附处理后的固相组成进行检测分析,检测结果见表3-16。检测结果表明,处理后固相中重晶石占比约50%,其主要是钻井过程中为了平衡井下压力需要在钻井液中添加的重晶石,通过钻井液的循环和井场固控装置的分离转移到钻屑中的,其他组成主要是不同地层的岩石。

表3-16 油基钻井废弃物处理后固相组成

地区	组成/%							
	重晶石	石英	云母	方解石	白云石	斜长石	微斜长石	高岭石
威远	53	20	4	3	3	10	4	3
长宁	55	12	4	3	5	13	3	5
大庆	49	17	4	6	6	11	4	3

2) 固相危险特性分析

热脱附后固相的毒性指标(主要检测固相中重金属的浸出含量)测定结果见表3-17。

分析三种地区的含油钻屑热脱附处理后的固相重金属含量可知,与GB 5058.3—2007《危险废物鉴别标准 浸出毒性鉴别》中的指标进行比对,三个样品的重金属含量均未超过GB 5058.3—2007的指标要求。通过以上分析可知,大庆、威远及长宁地区经热脱附处理后的含油钻屑样品浸出毒性检测的指标符合国家标准要求。

表 3-17　含油钻屑热脱附处理后样品毒性指标测定结果　　　　单位：mg/L

物质	威远	长宁	大庆	GB 5058.3—2007 要求
银	<0.001	<0.001	<0.001	≤5
砷	<0.005	<0.005	<0.005	≤5
钡	<0.001	0.86	3.54	≤100
铍	<0.001	<0.001	<0.001	≤0.02
镉	<0.0001	<0.0001	<0.0001	≤1
铬	<0.001	<0.001	0.001	≤15
铜	<0.001	<0.001	0.002	≤100
镍	<0.001	<0.001	0.017	≤5
铅	<0.001	<0.001	0.001	≤5
硒	<0.005	<0.005	0.005	≤1
锌	<0.005	<0.005	0.005	≤100
汞	<0.0001	<0.0001	<0.0001	≤0.1

4. 结果分析

（1）通过分析四川和大庆的油基钻井废弃物的三相含量，含固率均在65%以上，适合采用热脱附技术处理，但大庆的废弃物中含水率较高，大致在10%～15%，而四川废弃物中的含水率普遍低于7%，理论上推测处理大庆物料所需的能耗会比处理四川废弃物的能耗高。

（2）通过大量的模拟处理实验证明，油基钻井废弃物通过热脱附技术处理后，剩余固相含油率能够达到环保要求。随着物料中含液率的升高，固相达标处理就需要更高的加热温度和更长的加热时间，其中物料中含水率的影响更为明显。因此，在采用热脱附技术处理油基钻井废弃物时，需要控制物料的含液率，尤其是含水率，降低物料的含液率对于提高热脱附处理效率、降低运行能耗具有重要作用。

（3）处理后固相中重晶石占比约50%，而且大庆、威远及长宁含油钻屑经热脱附处理后的固相的浸出毒性检测指标符合国家标准要求，不会对环境造成危害，通过适当途径处理可实现资源化再利用。

二、油基钻井废弃物热脱附处理参数模拟分析

针对页岩气开采过程中产生的油基钻井废弃物的基本属性以及设备运行的参数，在橇装化处理设备的设计过程中对多烧嘴燃烧腔热场分布、翅片管式主绞龙换热结构、馏分系统压降等参数利用模拟软件进行分析。

1. 固定腔式燃料燃烧加热方式模拟分析

1) 含油废弃物热脱附加热方式比选

目前,针对油基钻屑等油田废弃物的加热方式主要有导热油加热、机械加热和固定腔式燃料燃烧加热等方式。

导热油加热(图3-17)是利用循环的高温导热油对蒸发室中的物料进行加热。导热油经导热油炉加热至400℃左右,然后流经蒸发室的外部夹套及搅拌中心轴间接加热物料;蒸发室内的物料由搅拌结构持续搅拌,保证加热均匀性及传热效率;蒸发室内维持高真空度,以降低物料中油分的沸点,使其在较低温度下即可气化逸出;间歇处理物料,进料、出料需要较长的时间。

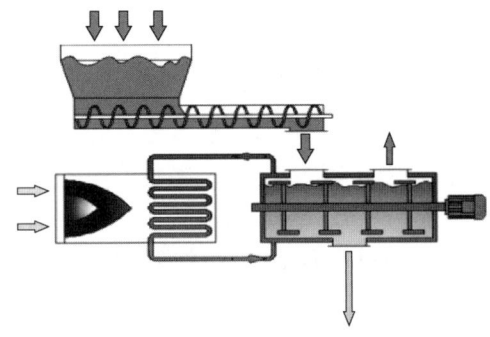

图3-17 导热油加热

机械加热(图3-18)是利用高速转动的叶片与物料直接接触摩擦产生热量,促使水分和油分蒸发。在机械加热过程中,叶片强力剪切物料,物料颗粒间相互摩擦,实时将机械能转换成热能,颗粒温度迅速升高,水分、油分蒸发;物料在处理室中的停留时间短,油分可与固相完全分离,且不发生裂解;连续处理物料;适于处理较松散、黏度低的物料。

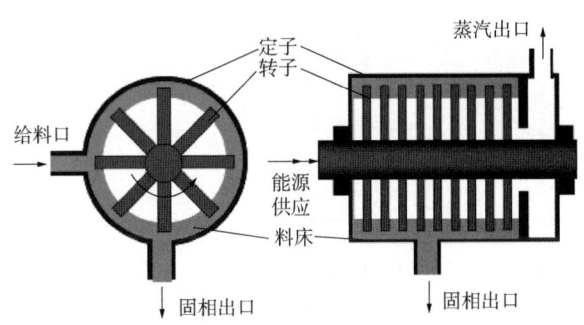

图3-18 机械加热

固定腔式燃料燃烧加热(图3-19)是利用燃料燃烧产生的高温烟气对加热腔壳体加热、将热量间接传导给物料的过程。利用燃油或燃气在燃烧腔内燃烧产生1000℃以上的高温烟气,与加热腔壳体进行辐射、对流换热;物料吸收壳体传导的热量后温度可升高至500℃左右,促使水分和油分迅速蒸发;可连续处理含液量较高的物料。

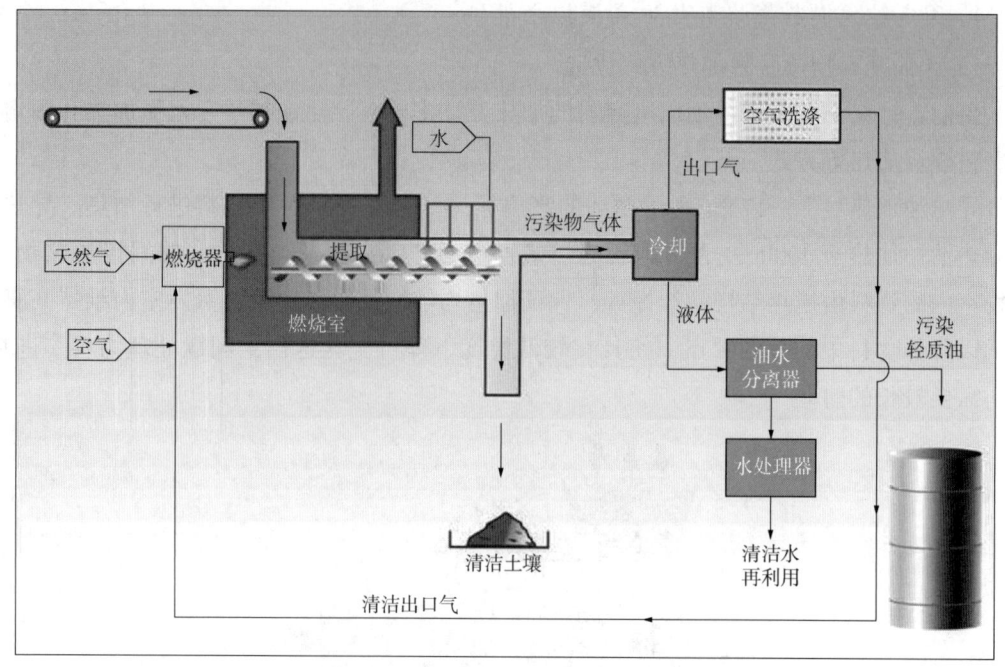

图 3-19 固定腔式燃料燃烧加热

2) 烟气—物料耦合传热计算

在燃烧、流动、传热计算的基础上,添加物料传热域,其尺寸对应料层厚度和停留时间,其属性参数(表 3-18)则对应物料的三相含量及有机组分的馏程数据进行仿真计算。

表 3-18 仿真参数

设置项	方法/来源
物料属性	密度、等效比热容、黏度、导热系数、辐射吸收系数等经验值或计算值
料层尺寸	根据进料量与停留时间计算
燃料燃烧	体积反应、组分输运、涡耗散模型、wsggm 模型
烟气流动	Standard k-epsilon 模型
物料流动	Laminar 模型
热辐射	DO 模型

计算收敛后得到如图 3-20 所示的温度分布,还可查看其他计算结果,见表 3-19。

表 3-19 其他计算结果

统计项目	工况	统计项目	工况
设计处理量/(t/h)	2.5	烟气出口温度/℃	635
燃烧腔总功率/kW	900	总换热系数/[W/(m²·K)]	29
物料出口温度/℃	338	燃烧腔内背压(表压)/Pa	30

第三章 页岩气开采油基钻井废弃物处理技术及装备

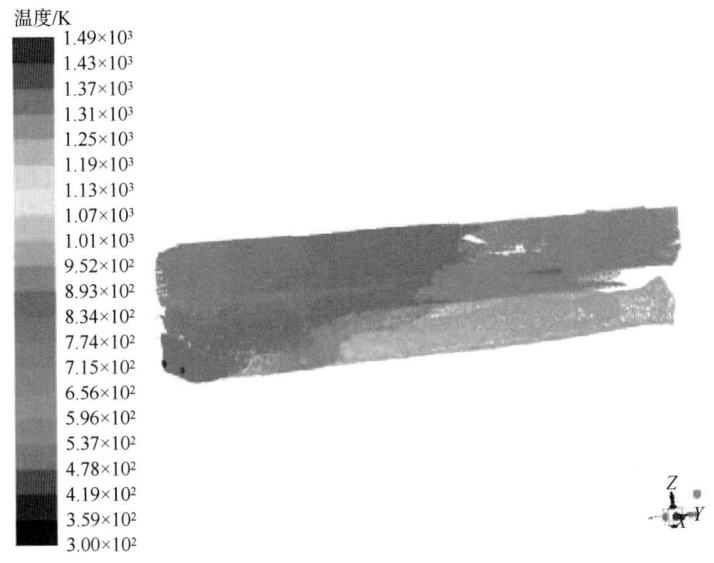

图3-20 温度分布图

经分析,上述数据与实际情况较为符合。

3) 固定腔式燃料燃烧加热方式性能指标

(1) 加热温度450~650℃,出料温度300~400℃;

(2) 燃烧系统配置功率为3000kW;

(3) 设备处理量与每吨物料消耗的燃气量满足图3-21的双曲线规律,出料石油烃类(TPH)≤0.5%;

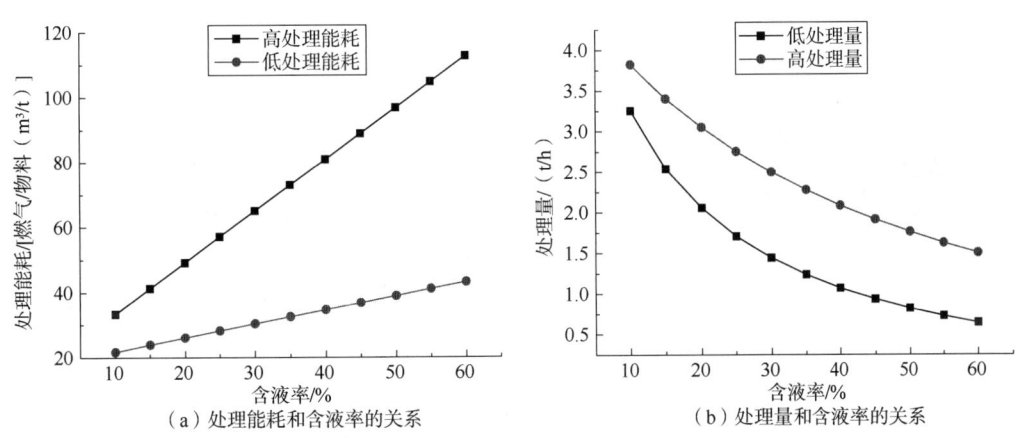

图3-21 处理能耗、处理量和含液率关系图

经核算,对于含液率不超过25%的油基钻井废弃物,所需能耗小于45L/t。

(4) 不凝气作为补充燃料使用,可进一步降低系统能耗;

(5) 尾气满足大气污染物排放行业标准,二噁英排放浓度低于0.05ng TEQ/m^3。

4) 固定腔式燃料燃烧加热方式的先进性与创新性

（1）采用固定腔螺旋推进式设备形式，利用常规的燃油/燃气燃烧器直接加热炉体，燃烧腔与热脱附腔进行间壁传热，设备运行可靠稳定，维保成本低；

（2）直接利用一次能源燃烧热值，换热温差大、热效率高；

（3）燃烧系统热出力与热源分布可根据物料含液率情况灵活调节，并能确保运行稳定；

（4）烟气余热可通过助燃空气间接回用于燃烧系统，有利于节能降耗，减少处理成本；

（5）炉体采用独特密封结构，适应较大热变形工况，设备安全性高，VOC释放量符合环保标准，确保现场人员安全健康。

5) 分析结果

通过对固定腔式燃料燃烧与其他加热方式进行分析比较，得出固定腔式燃料燃烧加热方式在热源的可获得性、维保成本、目前技术的成熟度、处理能耗等方面均明显优于其他加热方式，因此该热脱附设备采用固定腔式燃料燃烧加热方式。

2. 热场分布模拟分析

1) 仿真计算基础

利用Fluent仿真软件对热脱附主加热设备的热场分布进行模拟分析，模拟仿真计算的基础如下：

（1）加热炉配置工业型燃油烧嘴，燃料为轻质回收油，采用压缩空气雾化方式燃烧，分体结构，集中供风及供油。

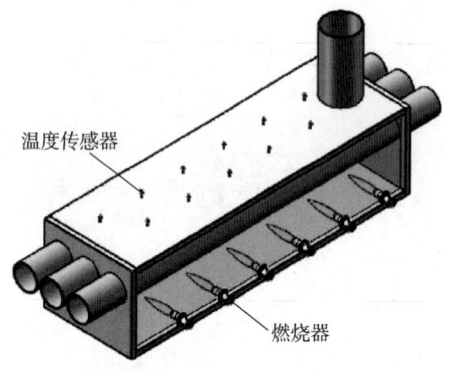

图3-22　主加热设备模拟仿真三维模型

（2）采用SI-25L型烧嘴，分腔体两侧间隔布置，每侧6台，共12台；每台热出力145~290kW，12台出力1740~3480kW；参考火焰直径120~180mm，长度700~1250mm。

（3）采用双段火力调节，系统通过各温区（设置6~12个测温点）温度对各烧嘴进行双段火力切换及间隔停机控制，实现负荷调节。模拟仿真过程参考图3-22的结构图进行计算。

基于上述方案设计图及技术说明，绘制三维模型，如图3-23所示。

模拟仿真计算过程设置如下：

（1）采用简化设计的燃气烧嘴进行计算，供应商仅提供了燃油烧嘴的外形参数，无法建立该型烧嘴内部详细结构进行燃油雾化燃烧的仿真计算，代替使用简化的燃气烧嘴也可研究腔内热场情况，具有一定的参考作用；

（2）不考虑热解腔壳体两侧换热，仅研究设备零负荷时由各局部火焰复合作用形成的辐射热场。

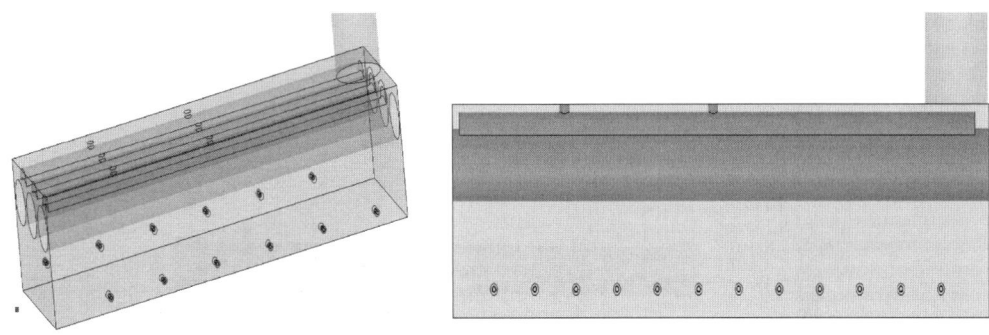

图 3-23 主加热设备模拟仿真三维模型

2) 仿真计算结果

（1）假设所有烧嘴均开大火，计算出的辐射温度图形结果如图 3-24 所示。

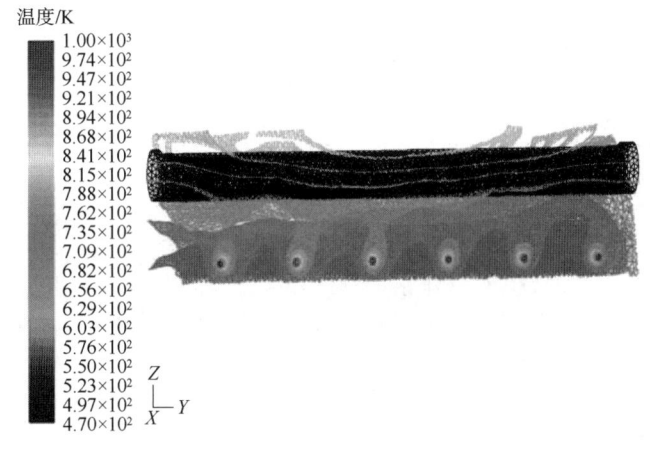

图 3-24 大火时辐射温度分布

计算出火焰形态如图 3-25 所示。

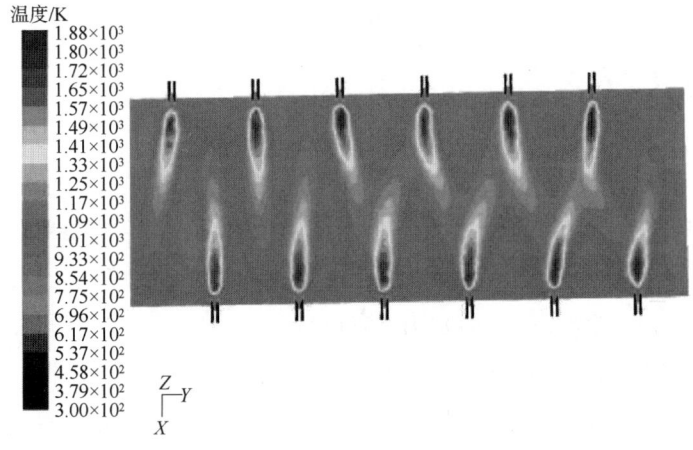

图 3-25 大火时火焰形态

（2）假设所有烧嘴均开小火，计算出的辐射温度图形结果如图3-26所示。

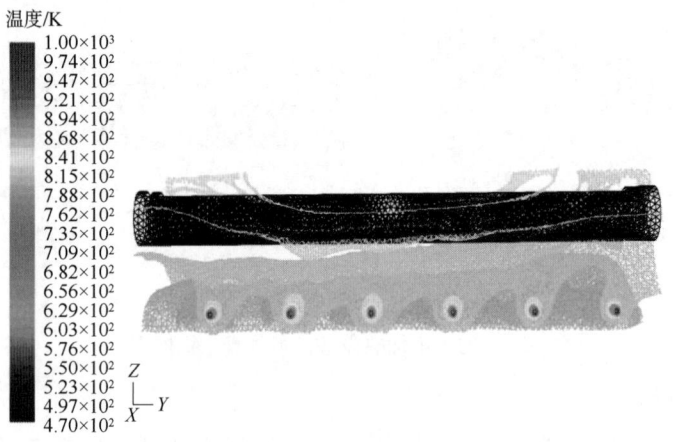

图3-26 小火时辐射温度分布

计算出火焰形态如图3-27所示。

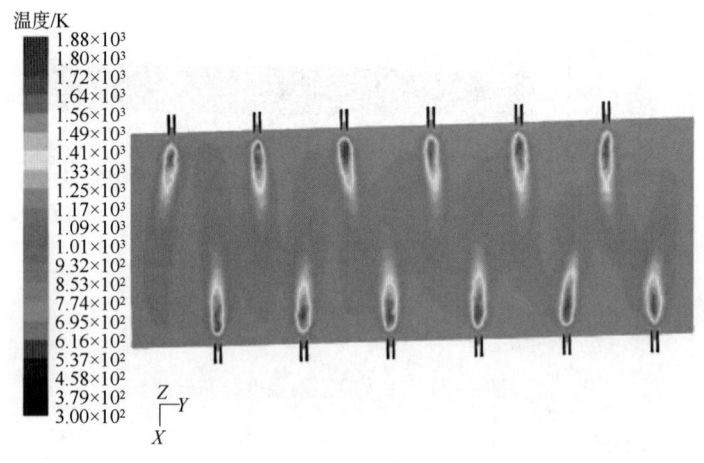

图3-27 小火时火焰形态

3）分析结果

（1）由计算得到的腔内辐射温度分布图可知，采用多烧嘴布置代替原热解设备的三段式燃烧器布置形式，使燃烧腔内的温度分布均匀性得到明显改善。

（2）所有烧嘴均开大火时，计算出主绞龙壳体所处温度基本为894K（621℃），其尾端温度略升高为911K（638℃）；所有烧嘴均开小火时，计算出主绞龙壳体所处温度基本为841K（568℃），同样尾端温度较高为854K（581℃）。

（3）由于设备实际载料运行时伴随物料含液率及换热系数的降低，将一定程度上影响主绞龙壳体温度的均匀性，导致沿物料推进方向温度梯度增大，建议可将最后一组烧嘴关闭或调小火，或将进料端设置在烟气出口端使物料逆流换热，从而提高主绞龙壳体温度的均匀性。

4）加热面积的模拟分析

在温度较高的加热腔中，炉膛内热交换以辐射换热为主。在炉膛内的炉壁、炉气和炉管三者之间，辐射热流往复地进行着反射、吸收和穿透过程，炉膛内炉管管排所吸收的热量80%~90%来自火焰与烟气的直接辐射。角系数是计算辐射换热的重要参数，而吸收系数是由角系数导出的一个相关因子，它不仅反映了表面之间的直接投射辐射，还同时综合考虑了其他表面的反射因素对辐射换热的影响，因此采用吸收系数计算燃烧腔内主绞龙壳体表面的辐射换热能力是相对有效和准确的。

考虑物料填充率的变化，设计翅片覆盖弧度为120°（对应填充率20%），如图3-28所示。翅片的厚度通常与主管道的壁厚相同，即为20mm，如果太厚，相当于增加了壳体整体壁厚，导热热阻也将增加；翅片厚度如果太薄，翅片自身的横向导热会增强，而向主壳体的径向导热将减弱。增加翅片的主绞龙模型如图3-29所示。

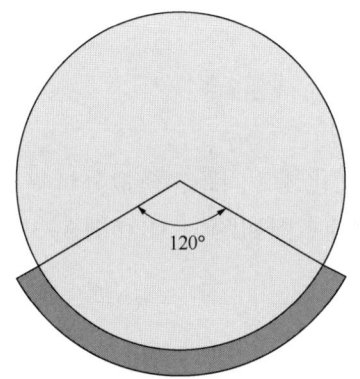

图3-28 翅片设计图

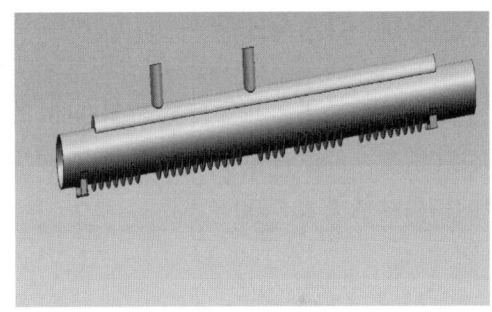

图3-29 增加翅片的主绞龙模型图

先设计翅片间距以200mm为基准，翅片高度从40~100mm变化，分别计算主绞龙壳体的辐射吸收系数，模拟出的结果参数见表3-20。

表3-20 定间距变翅高的模拟结果统计表

翅高/mm	间距/mm	辐射吸收系数/m^{-1}
—	—	0.396124
40	200	0.3922297
50	200	0.3942071
60	200	0.4137346
70	200	0.418016
80	200	0.420766
100	200	0.4283182

模拟计算结果如图 3-30 所示，计算结果表明随着翅高的逐渐升高，辐射吸收系数整体呈上升趋势。鉴于设备结构限制，能够增加的翅高最大为 100mm，此时的辐射系数比没有翅片时增加了 8.1%，从而间接提高了设备的加热效率。

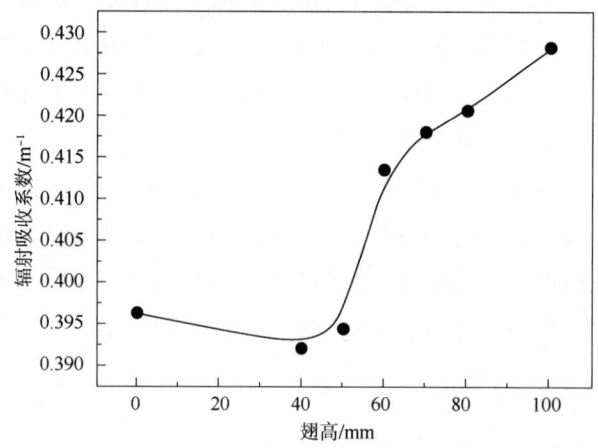

图 3-30　翅高对辐射吸收系数的影响

　　依据上述计算结果，在保持翅高 100mm 的条件下优化翅片间距，模拟分析辐射吸收系数的变化情况。经软件模拟分析得出的辐射吸收系数分布图如图 3-31 和图 3-32 所示，模拟出的结果参数见表 3-21。

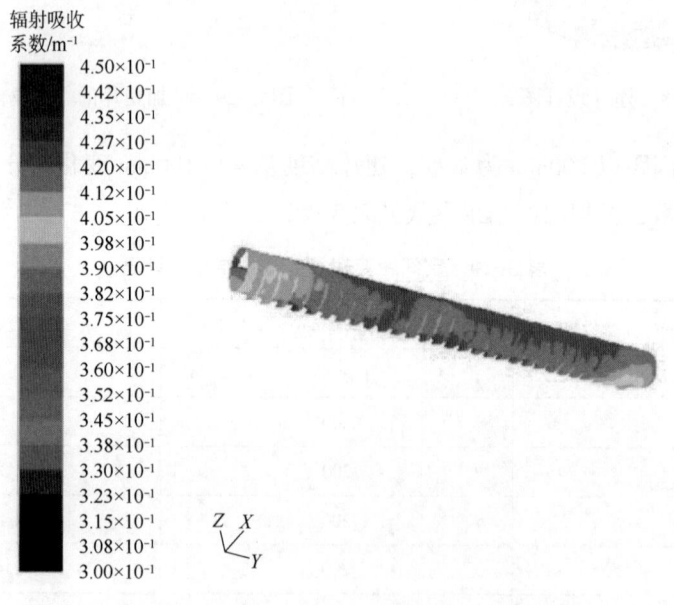

图 3-31　间距 300mm 时辐射吸收系数分布图

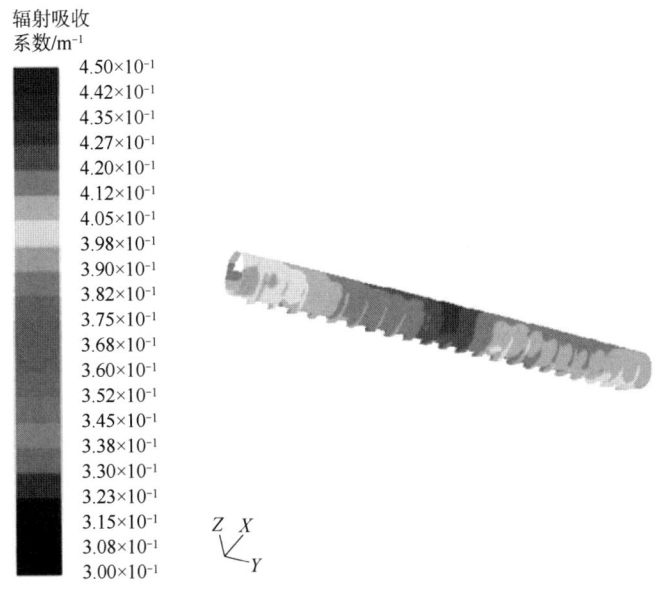

图 3-32　间距 400mm 时辐射吸收系数分布图

表 3-21　定翅高变间距的模拟结果统计表

翅高/mm	间距/mm	辐射吸收系数/m^{-1}
100	200	0.4283182
100	300	0.4197922
100	400	0.4146865

模拟计算结果如图 3-33 所示，计算结果表明随着翅片间距的增大，辐射吸收系数逐渐下降，鉴于设备结构限制，选择 200mm 的间距作为翅片设计参数。

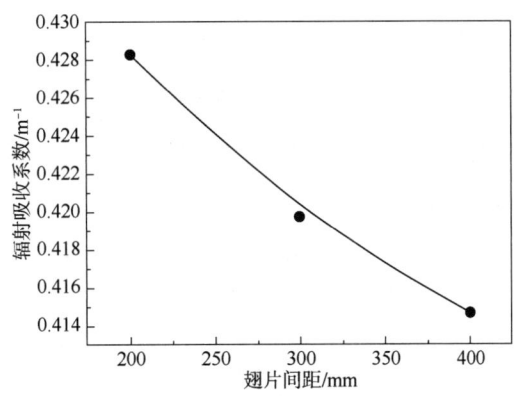

图 3-33　翅片间距对辐射吸收系数的影响

根据以上计算结果分析及设备内部实际空间规划，翅片高度取 100mm、间距取 200mm 是利于腔内辐射换热的最佳设计方案，可将烟气侧的辐射换热能力提高 8%。

3. 助燃空气温度的影响

1) 仿真计算基础

目前热脱附设备的外排烟气温度高于600℃，部分能量被浪费，为了提高设备的加热效率，降低能耗，本部分利用模拟软件研究了高温烟气的余热回收途径，以及利用外排烟气给助燃空气换热提高设备加热效率的可行性。假设设备运行工况为12台燃烧器全部采用大火运行，则燃气、助燃空气及高温烟气的流量计算结果见表3-22。

表3-22 燃烧器运行参数表

运行参数	计算值	运行参数	计算值
总燃气流量/(m³/h)	328	高温烟气流量/(m³/h)	3647
总助燃空气流量/(m³/h)	4232		

基于换热后助燃空气使用温度和压降的限制，对烟囱换热器进行了两种方案的设计，烟囱换热器的设计方案如图3-34所示。

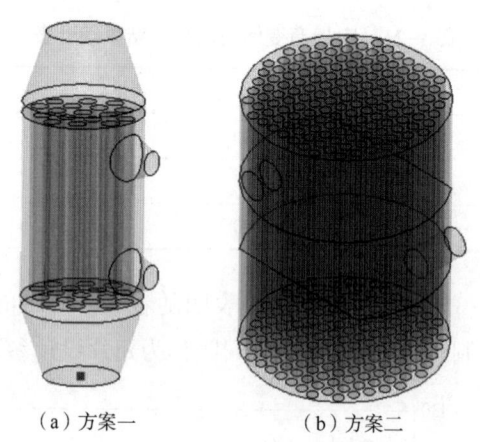

(a) 方案一　　(b) 方案二

图3-34 烟囱换热器的设计方案

将全部助燃空气通入两种方案的烟囱换热器中与高温烟气进行换热时，分别计算得出烟气及空气温度变化和两侧压降，计算结果见表3-23。

表3-23 不同烟囱结构的计算结果对比

项目名称	方案一		方案二	
	烟气侧	空气侧	烟气侧	空气侧
路径	管程	壳程	管程	壳程
管路流通面积/m²	0.346	0.0342	0.344	0.0198
进口温度/℃	600	27	600	27

续表

项目名称	方案一		方案二	
	烟气侧	空气侧	烟气侧	空气侧
出口温度/℃	540	92	443	231
压降/Pa	42	1053	15	9245
换热面积/m²	13.6		40	
换热量/kW	85		264	

2）仿真计算结果

从计算结果中可以看出依据方案一设计的烟囱换热器能够回收的热量约85kW，而依据方案二设计的烟囱换热器能够回收的热量约264kW，回收的热量由助燃空气携带返回燃烧腔中，从而提高装置的加热效率。

从上述结果中可以看出方案二能够回收更多的热量，对装置加热效率的提高量也更大，但在烟囱换热器实际设计方案的选择过程中，还需综合考虑助燃风机的负载能力和耐温性。方案二中空气侧压降为9245Pa，无法满足所选助燃风机的负载要求，而且方案二中助燃空气的出口温度达到231℃，超过了燃烧器的耐温限度，综上两点原因，故选择方案一继续进行建模分析，烟囱换热器的三维模型和网格模型如图3-35所示。

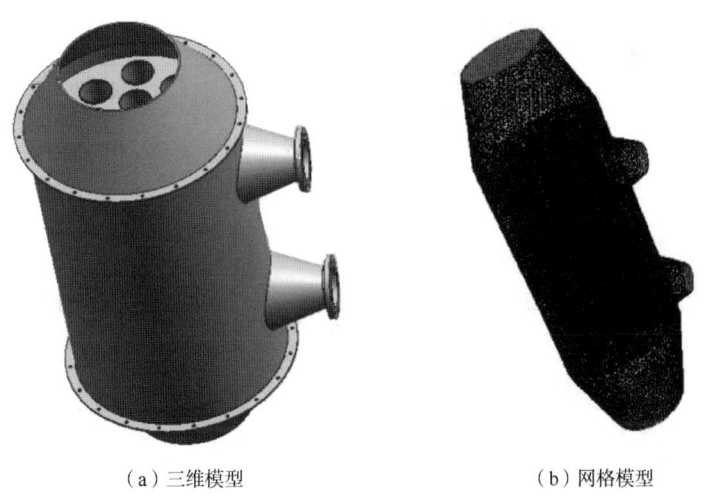

（a）三维模型　　　　（b）网格模型

图3-35　烟囱换热器的三维模型图和网格模型

将1000~4250m³/h不同量的助燃空气通入烟囱换热器中，与高温烟气进行换热，利用Fluent软件模拟计算出相关结果如图3-36所示，模拟出的结果参数见表3-24。

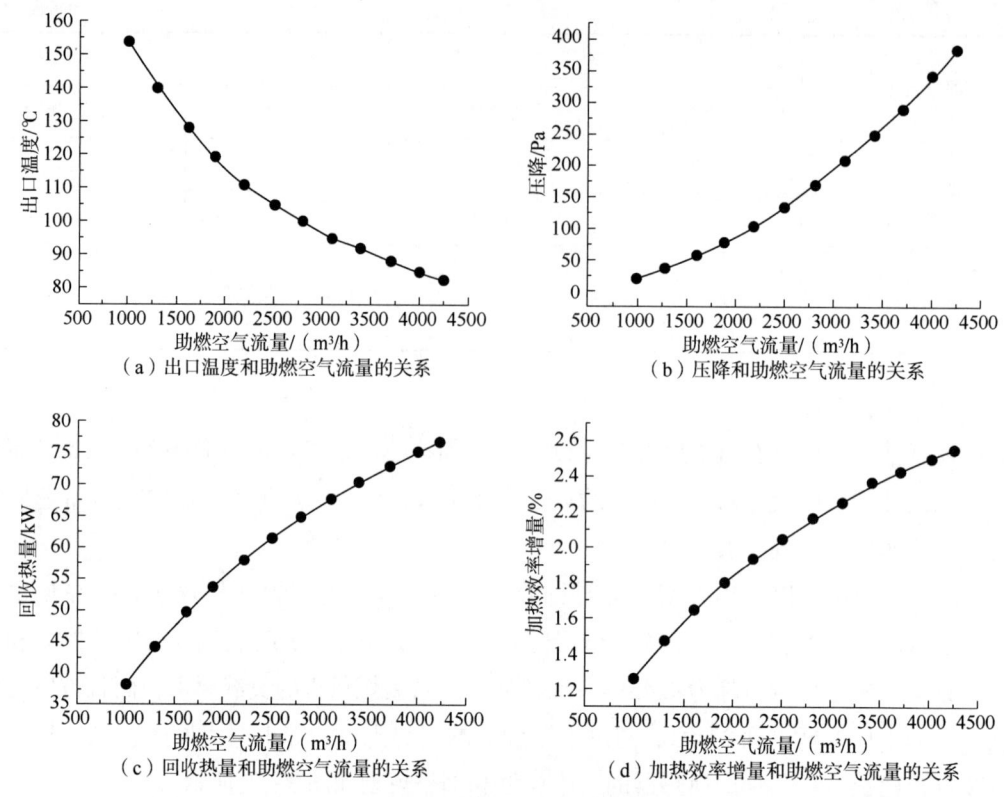

图 3-36 回收能量和效率增量图

表 3-24 模拟计算结果汇总表

空气流量/(m³/h)	出口温度/℃	压降/Pa	回收热量/kW	加热效率增量/%
1000	154	22	38.2	1.27
1300	140	37	44.0	1.47
1600	128	56	49.4	1.65
1900	119	78	53.7	1.79
2200	111	105	57.9	1.93
2500	105	135	61.4	2.05
2800	100	169	64.7	2.16
3100	95	207	67.7	2.26
3400	92	248	70.4	2.35
3700	88	293	72.9	2.43
4000	85	343	75.2	2.51
4232	83	383	76.8	2.56

3）分析结果

模拟计算结果表明，随着助燃空气通入量的提高，气体出口的温度逐渐下降，但回收的热量逐渐提高，装置的加热效率也在逐渐提高，加热效率的最大增量能够达到2.56%。空气侧的压降随着助燃空气通入量的提高而增大，因此在对助燃空气进行换热的过程，需要适当提高供风机的动力。

4. 馏分系统中各单元压降模拟分析

1）仿真计算基础

针对热脱附设备的馏分处理系统进行流程压降计算，包括热解腔、提取管、油喷淋罐、除雾器、水喷淋罐和三级气液分离器等设备。

前期已经对该套设备的工艺参数进行了模拟计算，详细结果见表3-25。

表3-25 馏分处理系统主要设备的工艺参数

参数	热解腔	提取管	一级喷淋罐	二级喷淋罐	气液分离器
馏分进口温度/℃	—	250	250	120	75
馏分进口流量/(m³/h)	—	1232	1232	888	56
馏分出口温度/℃	250	250	120	75	60

2）仿真计算结果

对整个馏分系统进行建模及网格划分，包括热解腔、提取管、油喷淋罐、除雾器、水喷淋罐和三级气液分离器等设备。仿真计算结束后，调出馏分系统出口处（第三级气液分离器出口）的负压值，可得出计算结果为-1364Pa。

3）分析结果

（1）由上述计算结果可知，热解馏分系统正常运行时需克服流程阻力1364Pa。

（2）上述计算中未考虑除雾器、气液分离器中的丝网过滤层阻力，经前期咨询得知相应过滤层的阻力为200~300Pa，所以预估馏分系统的总压降仍不超过2000Pa。

（3）目前现场使用的均是高压风机，风机风量800m³/h，进口最高真空度-37kPa，而在实际设备运行中风机的操作压力一般在-1000Pa左右；另外，高压风机的叶轮与风股间隙小，适于输送较洁净的气体；考虑到馏分系统所需负压的操作值及计算值，建议系统中后期使用中压风机，比较适于输送易燃易爆的气体、水蒸气和颗粒粉尘等介质，较不容易发生堵塞。

三、油基钻井废弃物热脱附处理技术工艺和设备设计制造

1. 油基钻井废弃物热脱附处理技术工艺设计

页岩气钻井油基废弃物橇装化热脱附设备的工艺在设计过程中借鉴国内外同行业先进

技术、汲取实际运行经验，同时依据中国钻井油基废弃物的基本属性、室内实验及仿真模拟制定，具有很强的实用性和技术先进性，其工艺流程如图3-37所示。

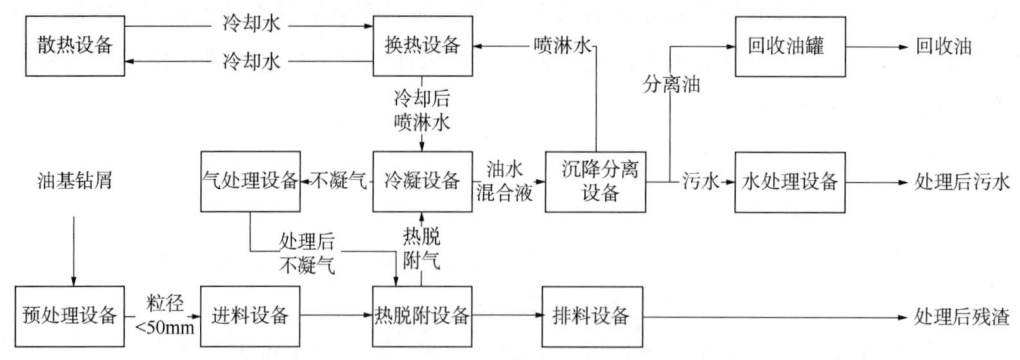

图 3-37 油基钻井废弃物热脱附处理工艺流程示意图

热脱附处理工艺采用连续进料、间接加热的方式，通过燃料燃烧产生的高温烟气对物料腔进行非接触式的间接加热，使油基钻井废弃物在无氧的密闭物料腔内逐渐升温，废弃物中的油相、水相随着温度的升高而发生气化，实现废弃物的固液分离。分离出的固相达标收集，气化分离出的油水混合气在风机的作用下进入馏分气体冷凝处理橇内进行接触式的冷凝收集，冷凝下来的液相在密闭的油水分离橇内通过高效的分离结构进行快速分离，分离出的油相进行单独存储。分离出的水相经散热器的降温处理后进行系统回用，多余的水相输送到指定的地点进行单独存储。从冷凝处理橇中分离出的不凝气体经过3级净化处理后返回热脱附橇的加热腔内进行高温氧化处理，实现达标排放。

1）供料橇

进料橇的主要功能是将废弃物定量输送到热脱附橇，同时需要对物料进行平均分配，从而保证各个腔体内的物料的受热状态基本一致。根据油基钻井废弃物的基本属性，通过工程机械将其转移到供料橇上的缓存料仓内，然后通过倾斜螺旋进行输送，然后通过自主研发的特殊均分机构输送到热脱附橇的各物料腔中进行加热处理。整个供料橇既可以由中央控制室的一键操作启停，可以节省大量的人力操作，也可以根据实际工况进行本地操作。

2）热脱附橇

油基钻井废弃物通过供料橇输送到热脱附橇内的各物料腔中，进行密闭间接加热，在加热过程中实时监测腔体内的氧气含量，废弃物中的油相和水相在物料腔内受热发生气化，实现废弃物的固液分离。分离出的固相依次经过主推进机构、出料收集机构等输送到指定地点进行存储，分离出的油水混合气在风机的作用下进入蒸汽回收橇进行冷凝收集。为了保证热脱附橇的安全运行，橇内设置紧急灭火系统和氮气保护系统。橇内的加热温度可以通过中央控制室进行独立设置，自动调整运行。此外，该橇配备高温余热回收利用系统等，从而降低整套设备的能源消耗。

3）蒸汽回收橇

蒸汽回收橇主要用于收集热脱附橇内分离出的油水混合气，利用高效的接触式换热实现混合气的快速冷凝，最大限度地提高混合气的回收率。此外，该橇针对不凝气设计了3级净化处理单元，最大限度地降低不凝气中的水分含量，提高热脱附橇内针对不凝气的高温氧化处理系统的工作效率。该橇设置了大量的温度、压力监控点，同时配备紧急泄压阀，当系统压力达到设定值后，系统会自动启动泄压阀，多项工艺设计为设备的稳定运行提供保障。

4）油水分离橇

油水分离橇主要用于分离蒸汽回收橇收集的油水混合液，通过自主研发的高效分离结构实现油水两相的快速分离。分离出的油相单独存储，分离出的水相进行系统回用，多余的水相输送到指定存储地。

5）冷却水橇

冷却水橇主要用于对系统回用的水相进行散热处理，降温后的水相用于蒸汽回收橇内的系统循环使用。整橇既可实现中央控制室的远程操控，又可以实现本地操作。

6）中央控制橇

中央控制橇内包括配电室和操控室，配电室内电器件全部采用进口品牌，提高了系统的稳定性，操控室内采用具有独立知识产权的操控软件，该软件是根据设备运行要求自主设计的，整套工艺有超过200多个监控点，能够对整套设备进行实时监控，保证设备的稳定运行。同时，该软件能够实时存储设备运行参数，便于后期的统计分析。

7）制氮机组

制氮机组主要是为整套系统提供氮气源，用来控制物料腔内的氧气含量，确保设备的安全稳定运行。此外，制氮机组还能为整套系统提供气动源，满足作业现场对气动的要求。

为了保证设备的安全稳定运行，该设备在工艺设计过程中采取了多项安全保护措施，主要包括：（1）腔体内配备实时含氧量监测系统，从而保证无氧或乏氧的加热环境；（2）系统配备急速（秒内）灭火系统，安全可靠；（3）系统配备自动泄压阀装置，全方位保障生产过程的安全可靠性；（4）对于操作频繁的阀门，采用气动电磁控制，实现自动控制；（5）整套工艺配备超过200多个检测点，实时监测设备的稳定运行，同时配备紧急报警和制动措施，保证设备故障时的稳定运行。

四、油基钻井废弃物热脱附处理技术设备设计

橇装热脱附设备主要采用橇装化设计，能够实现快速装卸及转移，通过间接加热的方式，对含油固废进行加热，将其中的油、水等组分气化，排出的混合气经喷淋冷凝后进入分离装置，分离回收的油可作为燃料利用，分离后的水可以循环使用，产生的不凝气体经

高温氧化系统处理。整个系统最终排放的只有处理后的固相和烟气,固相中含油率符合排放标准,烟气的排放符合大气污染物排放标准。

1. 设备基础参数

(1) 设计处理量:4t/h。

(2) 燃烧器形式:天然气。

(3) 采用模块化橇装结构,运输、安装方便。

(4) 危险区域:部分用电设备处于危险区域Ⅱ区。

(5) 发动机防爆要求:防爆区域发动机防爆要求 Exd(e)ⅡB T4。

(6) 电气设备防护等级:IP55。

(7) 仪器仪表防护等级:IP56。

(8) 绝缘等级:F。

(9) 防腐等级:WF1&2。

(10) 电制:三相四线,TN-S 系统,380V/220V/50Hz。

(11) 海拔:2000m 以下。

(12) 环境温度:-10~30℃。

(13) 相对湿度:≤85%。

2. 关键部件清单

橇装热脱附成套设备的关键部件清单见表 3-26。

表 3-26 橇装热脱附成套设备的关键部件清单

序号	部件名称	序号	部件名称
1	进料系统	6	倾斜螺旋
2	进料气锁	7	出料气锁
3	燃烧器组件	8	出料喷淋螺旋
4	主绞龙组件	9	制氮机组
5	出料收集螺旋		

3. 成套设备的三维模型图

热相分离设备主要包括供料橇、热脱附橇、蒸汽回收橇、油水分离橇、冷却水橇、排料橇和中央控制橇等,成套装置的三维模型如图 3-38 所示。

1) 供料橇

供料橇作为含油固废的接收和输送设备,主要是将物料输送至热相分离橇的料斗,三维模型如图 3-39 所示。

第三章　页岩气开采油基钻井废弃物处理技术及装备

图 3-38　橇装热脱附成套设备三维模型图

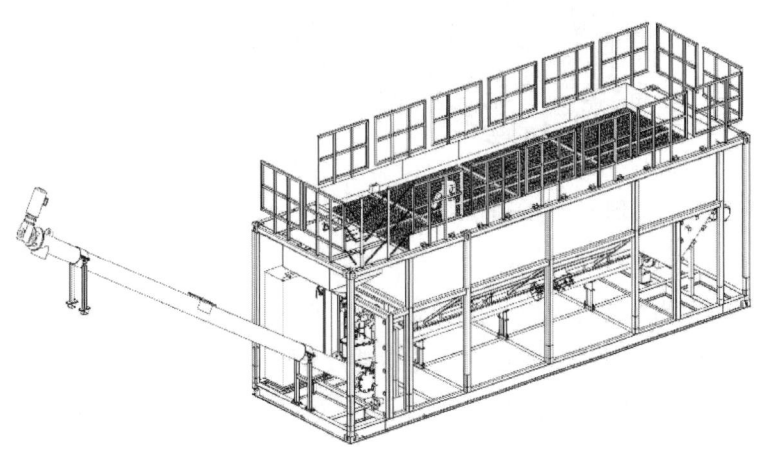

图 3-39　供料橇三维模型图

2) 热脱附橇与蒸汽回收橇

热脱附橇主要由加热炉体、氮气换热系统、燃烧系统、不凝气管汇、燃烧室和灭火系统等组成，采用燃料燃烧产生的高温烟气对炉体加热，间接加热物料，使物料中的水、油等组分汽化。

蒸汽回收橇通过高压风机将加热炉产生的混合气抽入喷淋罐中，经循环冷却后的喷淋水通过喷嘴雾化来冲洗、冷却混合气中的重相组分，产生的不凝气进入气液分离系统，主要除去不凝气中的油、水分及灰尘。喷淋后产生的混合液相排入油水分离橇进行沉降分离。经气液分离系统分离后的不凝气返回热脱附橇进行彻底无害化处理。烟囱换热系统为热脱附橇燃烧系统提供热风，减小能耗，提高燃烧效率。

热脱附橇和蒸汽回收橇的三维模型图如图 3-40 所示。

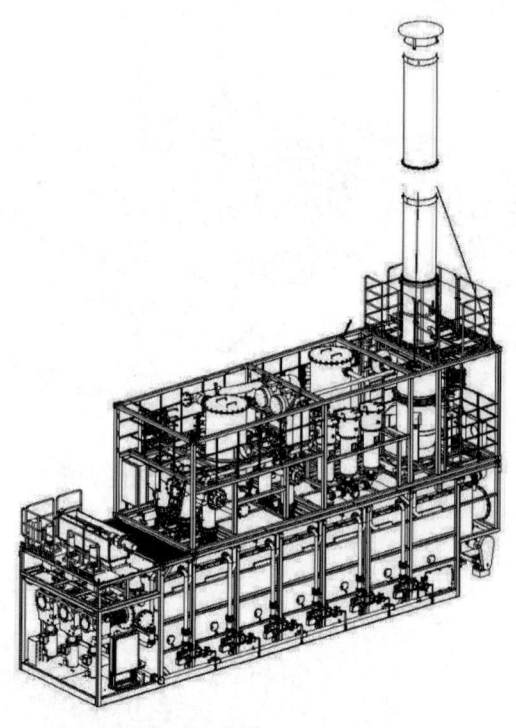

图 3-40 热脱附橇和蒸汽回收橇的三维模型图

3）油水分离橇

油水分离橇主要由沉降分离罐、循环水系统、循环油系统、排水系统、排油系统、排泥系统及各类附件组成，该橇块将油水混合物进行沉降分离，回收油可以用于销售，也可以作为燃料燃烧；回收水经沉降后泵送至冷却水橇，冷却后循环使用，三维模型如图 3-41 所示。

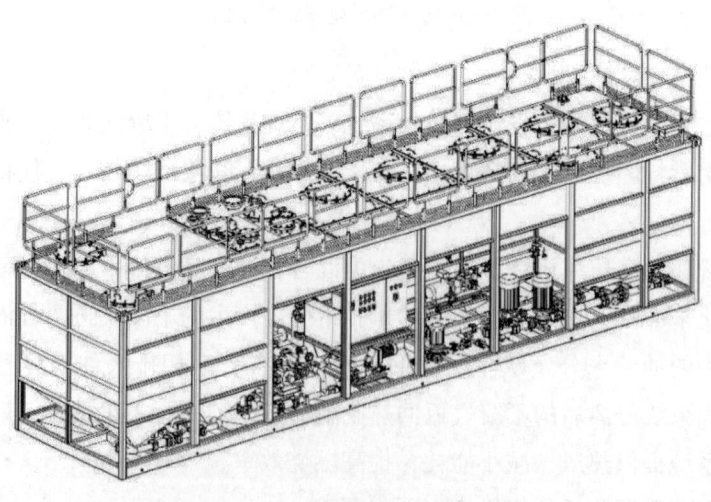

图 3-41 沉降分离橇的三维模型图

4）冷却水橇

冷却水橇将回收水进行降温，降温后的水用于对热相分离橇产生的混合气进行喷淋冷却，三维模型如图3-42所示。

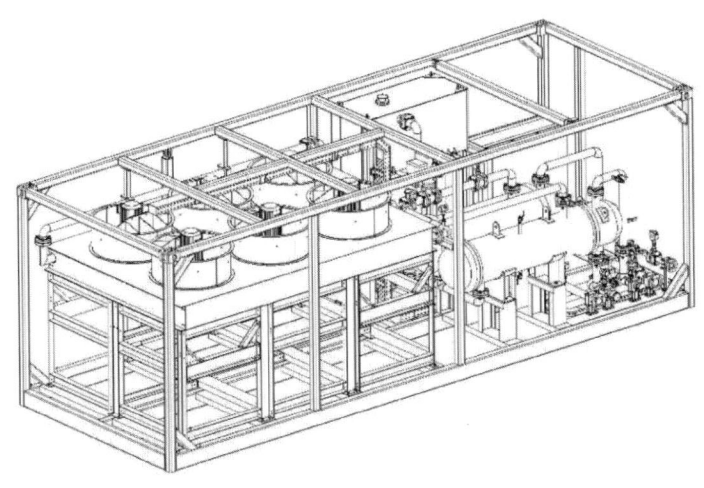

图3-42　冷却水橇的三维模型图

5）中央控制橇

中央控制橇是整个作业系统的控制终端，集成所有设备的远程操作、设备运行参数的实时监控、作业数据的归档、厂区安防系统等功能，另外中控室内为设备内关键部件提供了配电功能。橇体内部除相关控制设施外，还设有桌椅、空调等生活设施，为作业人员提供了一个舒适的控制平台，三维模型如图3-43所示。

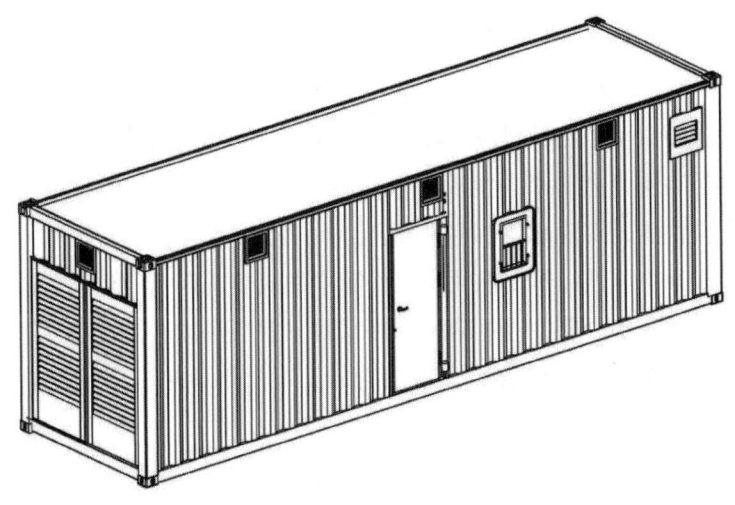

图3-43　中央控制橇的三维模型图

第五节　油基钻井废弃物多功能一体化处理技术及装置

一、装置橇块组成方案

基于强化化学热洗的钻井废弃物多功能一体化橇装处理设备由 6 个橇体构成，分别是收集筛分橇、供水加药橇、缓冲收油橇、化学热洗橇、固液分离橇和控制机组橇(图 3-43)。

1. 收集筛分橇

收集筛分橇主要用于钻井过程中产生的含油钻井废弃物的预处理。该橇主要由进料漏斗、螺旋输送机、滚筒筛、振动筛、2 个浆液缓冲罐、离心泵、压力表、液位计、流量计和测温仪等组成。预处理过程有多种组合方式，可根据现场需求，对收集筛分流程自由调整：若原料暂存于岩屑箱、堆场等地，可由挖掘机将钻屑送入组合进料斗，再经螺旋输送器运输至滚筒筛筛分，筛除大颗粒固体杂质后，筛分后岩屑钻井液自流至振动筛，特制振动筛通过高频振动筛筛选钻井液，同时打开热水管，用热水进行筛网在线清洗，进一步筛除细小固体杂质，筛分后岩屑钻井液进入浆液缓冲罐 1 号和浆液缓冲罐 2 号暂存。浆液缓冲罐内钻井液经离心泵输送至下一橇体。

2. 供水加药橇

供水加药橇主要由加药罐组和清水罐组成，作用是溶药、配药和暂存化学热洗药剂。加药罐一共 4 个，1 号和 2 号加药罐溶解化学热洗药剂 1，一备一用；根据现场需求，3 号加药罐溶解化学热洗药剂 2；4 号加药罐溶解絮凝剂供固液分离橇使用。

3. 化学热洗橇

化学热洗橇主要由 4 个化学热洗罐和 1 个污油回收罐组成，作用是通过化学热洗，将钻井液中的石油类物质分离出来，实现石油和污泥的分离。化学热洗罐内设置加热盘管，通过外部热源介质供热，实现罐体加热和保温。钻井液进入化学热洗罐，通过搅拌加热，达到热洗温度并充分均质化；然后向化学热洗罐中加入热洗药剂，继续搅拌一定时间，静置一段时间使污油和泥水分层，通过罐中部补水回收上层污油，罐中部水抽出去向药剂循环罐循环利用，下层沉淀泥水转移至压滤缓存罐。4 个化学热洗罐可实现并联或串联运行，根据工况调整罐内钻井液停留时间。

4. 缓冲收油橇

缓冲收油橇主要由药剂循环罐、油水分离器、全自动砂滤系统、清水罐组和回收油罐组成。药剂循环罐的功能是暂存热洗罐中部含药剂的分层水，并将分层水用于热洗罐补水和预处理系统岩屑清洗用水，实现含药剂水的循环利用。油水分离罐通过溶气气浮原理实现油水分离,污油经刮板回收至回收油罐;气浮收油后的水经全自动砂滤系统过滤后进入清水罐暂存,可去向预处理系统循环使用。

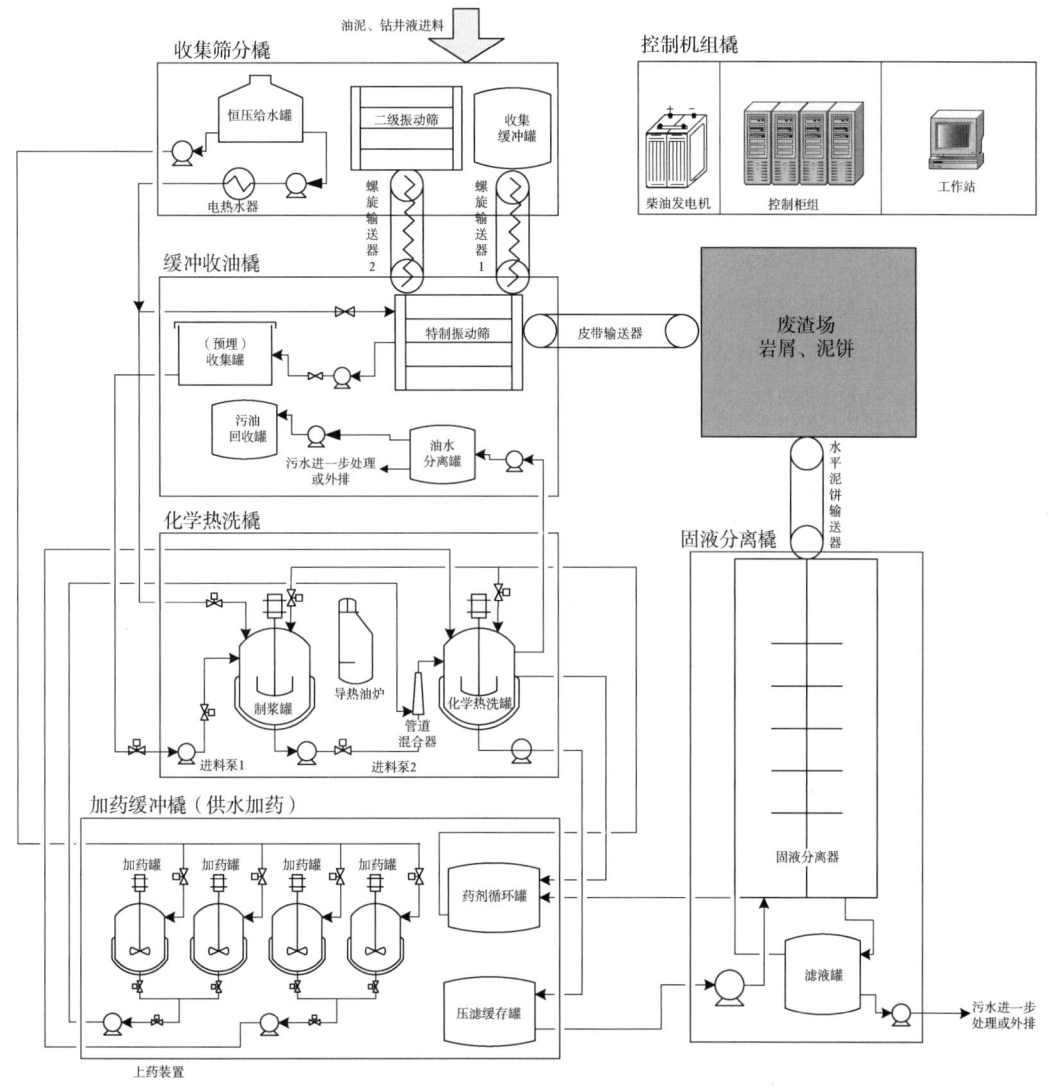

图 3-44 基于强化化学热洗的钻井废弃物多功能一体化橇装处理设备橇块示意图

5. 固液分离橇

固液分离橇主要包括高压进料泵、板框压滤机、水平滤饼输送器和滤液储罐,作用是实现固液分离。压滤缓存罐的待处理钻井液通过高压进料泵输送至板框压滤机内,压滤机经进料、压榨、吹风、卸饼等工序,实现固液分离,将滤饼通过水平滤饼输送器外运,滤液收集至滤液储罐临时存放,待下一步处理或者达标外排。

6. 控制机组橇

控制机组橇由发电机、控制柜组和工作站(办公区)组成,作用是为装置提供电力和集中控制,方便现操作。装置沿程配备在线温度、压力、流量检测仪表,统一在中控室PLC

显示和控制。

二、主要设备清单

基于强化化学热洗的钻井废弃物多功能一体化橇装处理设备的主要设备见表3-27。

表3-27 主要设备清单

序号	主要设备材料	数量	单位	规格型号
收集筛分系统				
1	水平螺旋输送器1	1	台	9m
2	螺旋输送器支架1	1	套	1300mm×440mm×430mm
3	水平螺旋输送器2	1	台	6m
4	螺旋输送器支架2	1	套	900mm×440mm×430mm
5	专用振动筛	1	套	HG-D
6	振动筛支架	1	套	2500mm×1600mm×500mm
7	滚筒筛	1	台	
8	专用钻井液枪	2	个	ϕ50mm
9	搅拌器	2	台	NJ-7.5
10	收集缓冲罐	1	套	10m³
11	浮油回收器	1	套	YD-1000型
供水加药系统				
12	加药罐	4	套	2m³
13	加药防腐流量计	4	个	DN100mm
14	特殊定制防腐加药泵	4	个	YB250
15	专用药品罐搅拌器	4	台	1.5m³×4
16	管道混合器	2	套	DN100mm
17	连接胶管	5	根	ϕ76m×10m
化学热洗系统				
18	化学热洗罐(伴热搅拌)	1	套	5m³
19	制浆罐(伴热搅拌)	1	套	5m³
20	进料泵	2	台	4130m，JYB60-25
21	排泥泵	4	台	
22	补水泵			
缓冲收油系统				
24	药剂循环罐			10m³
25	油水分离罐	1	套	3m³

续表

序号	主要设备材料	数量	单位	规格型号
26	收油泵	2	台	4130m，JYB60-25
27	收油管汇	10	m	DN100mm
28	回收油罐	1	套	1.5m^3
29	全自动砂滤装置	1	套	
固液分离系统				
30	压滤缓冲罐	1	套	10m^3
31	专用高压管汇	4	m	ϕ100m×(3~4)m
32	专用高压进料泵	1	台	40m^3/h，扬程60m
33	板框压滤机	1	台	CZAZGP型180/1250-U
34	滤饼水平输送器	1	台	9m
35	污水泵	2	台	ϕ50mm
36	废液储罐	1	个	4m^3
控制系统				
37	柴油发电机	1	台	320kW
38	液位计	15	个	防爆
39	防爆照明灯	12	个	LED100W
40	不锈钢、电动阀门	15	个	DN100mm等
41	温度计	6	个	防爆
42	流量计	6	个	防爆
43	压力表	1	套	防爆
44	消防设备	1	套	
45	可燃气体报警器	1	套	
46	碳钢、不锈钢阀门	35	个	DN100mm等
47	移动式现场办公间及相关配套材料	1	套	防爆
48	配套控制系统	1	套	防爆
材料、橇体加工				
49	橇体材料	1	套	不锈钢
50	橇装装置连接管汇	1	套	无缝钢管
51	橇体间管汇连接加工	1	套	定制加工
52	电缆	600	m	铠装
53	控制机组橇加工	1	套	定制加工
54	固液分离橇加工	1	套	定制加工

续表

序号	主要设备材料	数量	单位	规格型号
55	缓冲收油橇加工	1	套	定制加工
56	供水加药橇加工	1	套	定制加工
57	化学热洗橇加工	1	套	定制加工
58	收集筛分橇加工	1	套	定制加工

三、橇装装置研制

1. 收集筛分橇

1）收集筛分橇工艺流程设计

收集筛分橇的工艺流程设计如图3-45所示。

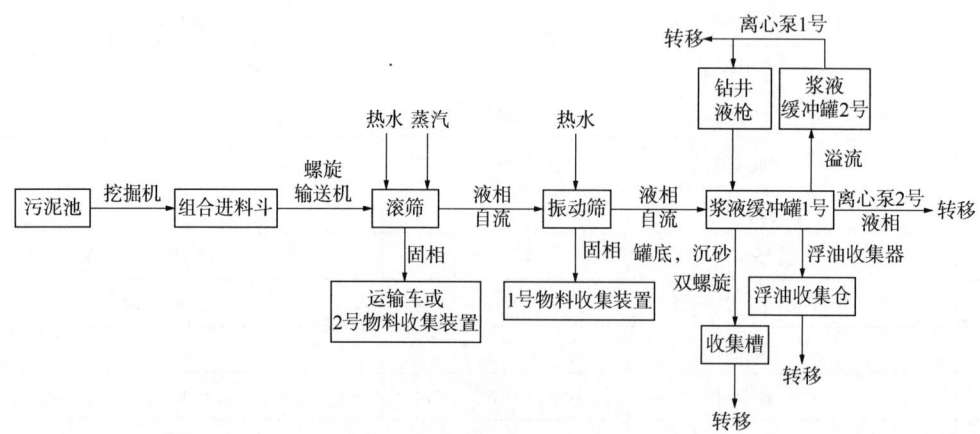

图3-45 收集筛分橇工艺流程图

工艺流程设计说明：

（1）用挖掘机或其他方式对需要处理的油污泥分次装运组合进料斗中，通过管状螺旋输送机输送至滚筒筛进行一级处理。

（2）滚筒筛筛分将大于5mm的固相颗粒排出设备外进入2号物料收集装置或运输车，小于5mm的颗粒液相进入下级振动筛处理。

（3）小于5mm的颗粒含油液相通过滚筒筛的引流槽进入下级高离心力值振动筛，经过振动筛的精细分离后，固相颗粒排出设备由1号物料收集装置，小于0.1mm的含油液相进入底部振动筛底罐（浆液缓冲罐1号）。滚筒筛的进料端和引流槽分别配置防油泥、飞溅挡板。

振动筛在筛分过程中，筛面设有热水喷淋管，采用运动轨迹反向冲洗功能实现筛面固相物冲洗降低含油率的效果，喷淋管安装有电磁流量计及调节装置，可以改变喷淋流量范围，实现最大流量内对筛面含油固相物反冲洗效果。

(4)浆液缓冲罐1号做隔仓设计,使液面漂浮的浮油通过收集器转移至收集仓,适量时转移至后续处理设备。

(5)浆液缓冲罐1号和浆液缓冲罐2号直接采用连接管贯通,可以提高容积利用率,低密度的清洗水在浆液缓冲罐2号收集,作为其他用途暂存仓。

2)设备安装简图

收集筛分橇作业3D安装简图如图3-46所示。

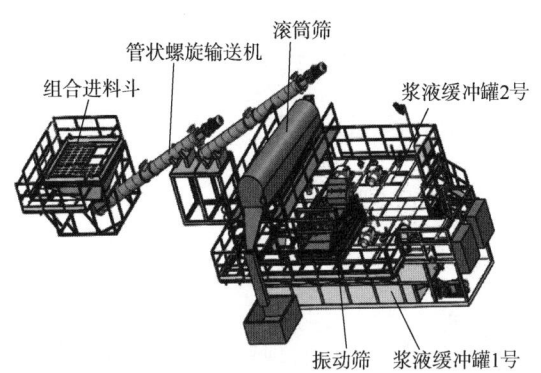

图3-46 收集筛分橇作业3D安装简图

2. 供水加药橇

1)供水加药橇工艺流程设计

供水加药橇的工艺流程如图3-47所示。

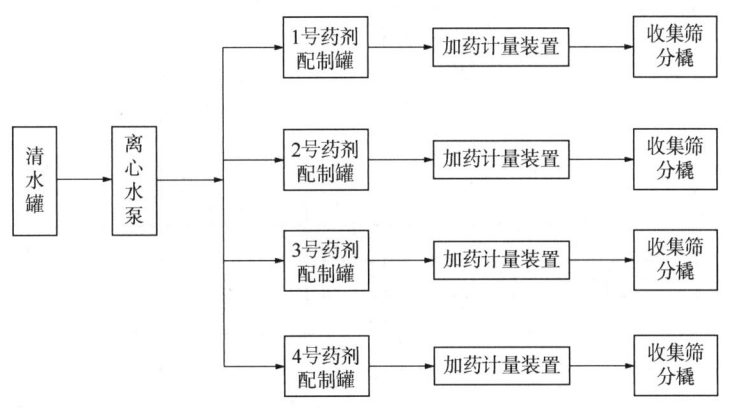

图3-47 供水加药橇工艺流程图

(1)现场清水进入清水罐,清水罐上装有电磁阀,清水罐安装有磁翻板液位计,通过磁翻板液位开关可控制电磁阀的启闭。

(2)开启离心水泵吸入口的阀门,操控离心水泵排出管路的电磁阀,控制水分别进入4个药剂配制罐。

(3)把药品倒入药剂配制罐,启动搅拌器,进行药剂配制。

（4）根据所需加药类型，启动相应的计量泵和电磁阀，实现加药。

2）设备安装简图

供水加药橇的3D安装简图如图3-48所示。

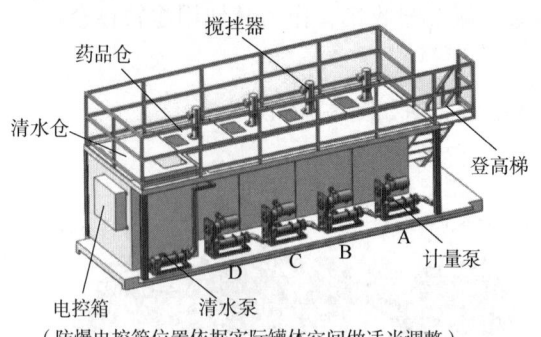

图3-48　供水加药橇3D安装简图

3. 化学热洗橇

化学热洗橇共设置4个热洗罐，可以实现钻屑钻井液化学热洗流程4罐并联或者双罐串并联流程。

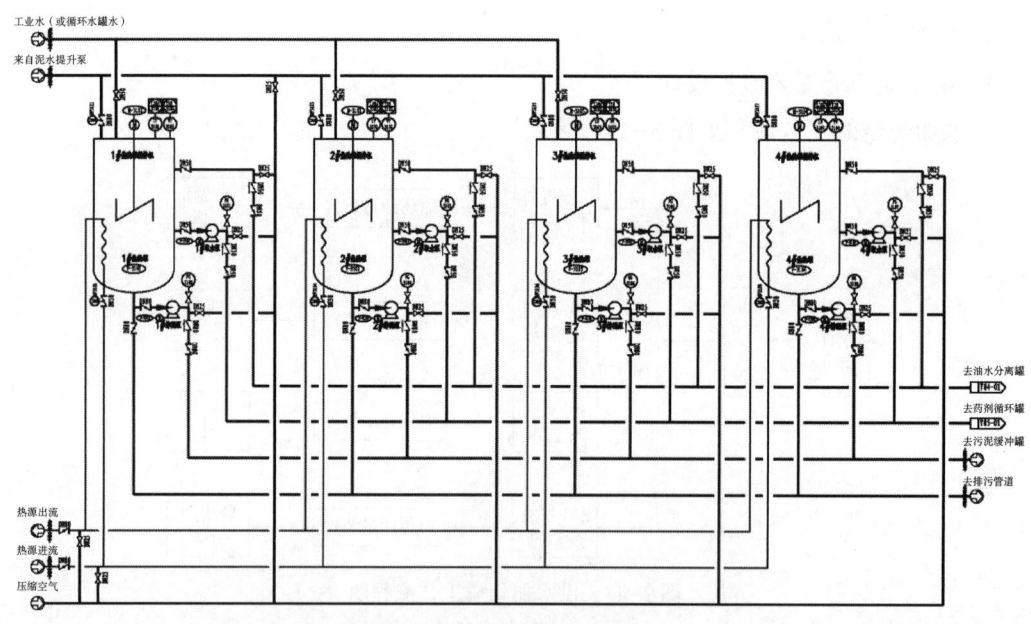

图3-49　化学热洗橇工艺流程图

1）4罐并联运行

经预处理后的液体由离心泵（位于收集筛分橇）提升至4台热洗罐中，4个热洗罐由液位计检测液位高低，低液位的罐体进泥阀打开，可以进浆液，由此实现4罐并联功能；罐内搅拌电动机进液时开启，同时按进液比例添加药剂，辅以加热，待液位上升至高液位，关闭进泥阀。待罐内浆液与药剂搅拌均匀，反应完成，停止搅拌，静置一定时间，待油—水—泥在重力作用下自然分层。然后打开补水阀，打开排油阀，启动补水泵，向热洗罐中间部位补水，将表面浮油托举至收油堰，开启刮油板搅拌器，回收浮油，收油完毕后关闭补水泵，关闭补水阀，关闭排油阀。打开罐中部排水阀，启动取水泵，将热洗罐内中部水层抽出，待液位达到溺水界面处，关闭排水阀，关闭取水泵。打开热洗罐底部排水阀，启动排泥泵，油泥排至压滤缓存罐。

2）双罐串并联运行

双罐串并联运行，为1号罐、2号罐并联，3号罐、4号罐并联后串联，1号罐、2号罐排泥进3号罐、4号罐。其他工作流程与4罐并联运行相同。

4. 缓冲收油橇

缓冲收油橇的工艺流程设计如图3-50所示。

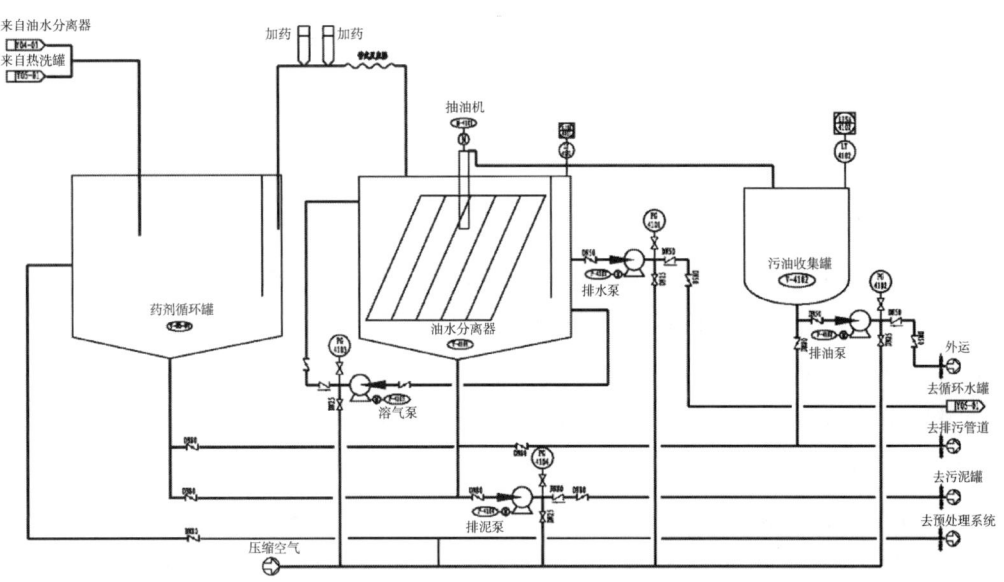

图3-50 缓冲收油橇工艺流程图

缓冲收油橇主要由一座立式全自动过滤器及配套过滤泵反洗泵、清水储罐及配套装置、一座气浮油水分离装置及配套药剂循环罐、污油回收配套系统、仪器仪表及阀门组成。

化学热洗橇排出的含油污水，首先进入药剂循环罐内，在药剂循环罐内经过均质后，通过气浮进水泵打入气浮装置，通过气浮作用将污水中残留的石油类物质及少量悬浮物分离，分离后的污油进入污油回收罐。气浮出水通过自动过滤器过滤后，排入清水罐。自动过滤器采用滤后水反洗。清水罐内的清水可以通过补水泵排入预处理系统。

缓冲收油橇主要作用为将热洗后产生的含油污水进行油水分离，同时满足预处理系统的预加药及药剂利用的需求。

5. 固液分离橇

基于强化化学热洗的钻井废弃物多功能一体化橇装处理设备研发的固液分离部分采用板框压滤技术，固液分离橇包括但不局限于以下系统设备：专用高压进料泵、专用高压进料管汇、液压系统、压滤机机架、压滤机本体、隔膜滤板及配板、滤布、液压系统、拉板系统、空气吹扫系统(空压机、工艺气罐等)、压榨水罐、压榨水泵、滤饼运输系统、废液储罐、污水泵、防爆电源柜、防爆控制柜、防爆PLC控制柜和成橇平台扶梯护栏等。固液分离橇的功能是实现对热洗后的钻井液的固液分离，过滤过程分为压板、进料、压榨、反吹、拉板卸料和压滤液排放等工序。

6. 控制机组橇

1）控制结构说明

自控系统由人机界面、PLC、防爆电柜和低压电气元件等组成，人机界面与PLC采用RS232连接。人机界面与PLC采用以485通信方式与其他系统进行通信，各个控制区域第三方成套设备均通过485通信，提供485通信电缆、通信接头、有源电阻终端等附件。控制系统可实现自动监测和部分操作，完成相关工艺参数的采集、显示、控制、报警与安全联锁等。

2）自动控制

自动控制系统主要由PLC程控器、电线电缆、控制柜、接线盒和各种电气元件等组成；PLC选用西门子产品，PLC的接线通过接线端子与外部仪表相连，每路包括开关、保险附件；PLC自控盘以高可靠性的可编程控制器——PLC为核心，PLC自控盘大小执行有关规定。机柜提供I/O备用组件，机柜有备用空间及相应的接线端子备用量。PLC自控盘满足环境要求，电源状态、系统运行状态、系统故障报警都有指示灯显示；系统具备简便快捷的修改程序功能，能够实现与用户上位机的中心控制以RS485通信。

3）控制系统

控制系统对收集筛分橇、供水加药橇、缓冲收油橇、化学热洗橇和固液分离橇进行整体控制，可实时显示远传数据，实现自动运行和手动运行，满足集中控制的要求。

控制系统控制收集筛分橇、供水加药橇、缓冲收油橇、化学热洗橇、固液分离橇内的所有电气设备，包括泵、各种电磁阀等各类电动设备，可以满足污泥进料泵变频器、加药泵、出泥泵、出水泵供给发动机变频器的启动、停车、调速和故障联锁保护，过滤泵及反洗泵的启动、停车和故障联锁保护，以及差转速自动控制、进泥流量自动控制、药剂循环罐与清水罐和泵联锁控制等。

控制系统具有彩色液晶触摸屏人机界面，具有手动/自动两种工作方式，自动工作时所有电气设备的运行全部按程序运行；手动工作时，所有电气设备都可以在触摸屏上独立操作。

四、装置加工制造

橇装装置加工过程中,中国石油项目组人员与外协厂家开展10余次技术交流,就设备加工制造过程中遇到的技术问题进行商讨,同时提出进一步的优化设计要求。中国石油项目组人员分别赴扬州、宜兴、沧州的设备加工厂20余次,监督设备加工,及时发现问题,提出修改建议,保证了橇装设备完成研制(图3-51)。橇装设备的橇体尺寸和质量统计见表3-28。

(a)收集筛分橇

(b)供水加药橇

(c)化学热洗橇

(d)缓冲收油橇

(e)固液分离橇

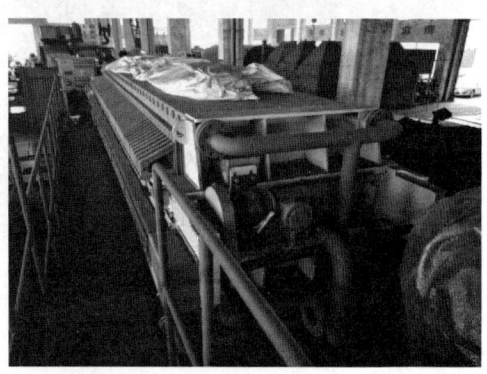

(f)固液分离橇

图3-51 设备加工过程检查

表 3-28 橇体尺寸和质量统计表

序号	橇体	外形尺寸	净重/t	运行质量/t
1	进料斗(螺旋)	2.3m(宽)×10m(长)	4.7	8.7
2	收集筛分橇	浆液缓冲罐1号 8m(长)×2.45m(宽)×2.7m(高)	9	24
		浆液缓冲罐2号 6m(长)×2.45m(宽)×2.7m(高)	9	21.6
		两罐合体尺寸 8m(长)×7.0m(宽)×2.7m(高)		
3	供水加药橇	8m(长)×2.4m(宽)×3m(高)	6	21.5
4	化学热洗橇	12.5m(长)×3m(宽)×4.65m(安装高度)	7	26
5	缓冲收油橇	12m(长)×3m(宽)×3.4m(安装高度)	8.5	43
6	压滤罐橇	3m(长)×2.45m(宽)×6m(高)	6	26
7	固液分离橇(离心机)	9m(长)×2.5m(宽)×3m(高)	7	12
8	控制机组橇	8m(长)×2.4m(宽)×2.6m(高)	8	8

五、装置组装调试运行

1. 现场试运行情况

基于强化化学热洗的钻井废弃物多功能一体化处理装置于 2020 年 5—7 月开展现场调试运行，验证装置技术指标(图 3-52)。

图 3-52 装置现场调试运行

2. 试验效果

2020 年 6—7 月，根据现场试验记录台账可知，试验期间基于强化化学热洗的钻井废弃物多功能一体化处理装置,累计处理水基钻屑约1000m³,处理含油钻屑约530m³。设备水基钻屑处理能力达到8~10m³/h,含油钻屑处理能力达到5m³/h,达到技术指标设计要求。

试验后,分别采集含油钻屑处理前样品、处理后残渣,送第三方实验进行检测。检测结果显示,含油钻屑处理后残渣含油量小于1%。

第六节 油基岩屑锤磨式热解析处理技术

一、锤磨式含油钻屑热解析处理技术研究

在热解析过程中给含油钻屑加热,使得温度高于钻屑中挥发性化合物的沸点,足够蒸气压的产生使得挥发性化合物从含油钻屑中分离出来,挥发性化合物通过附属的冷凝设备可以进行回收和分离。含油钻屑中主要的挥发性化合物是基油及钻井液中的水,不管是回收基油或者是在相同过程中达到回收固相中残油的要求,热解析法已经被证明具有环境及商业可行性。

1. 含油钻屑组分分析及挥发物沸点确定

1) 含油钻屑组分分析

对含油钻屑含油量、含水量以及固相岩屑、固相岩屑中重金属、含油钻屑中多环芳首烃含量和苯系物含量进行检测,来分析含油钻屑成分。含油钻屑组分检测的结果见表3-29。含油钻屑主要由合成剂、水、岩屑及少量添加剂组成,依据室内检测和现场测试情况,岩粒径主要分布在5mm以下,钻屑含油量为15.6%~40.1%,含水量为8.2%~15.0%,固相岩屑及其他为50%~80%。

表3-29 含油钻屑组分检测

序号	井号	含油量/%	含水量/%	固含量/%
1	QL-1	16.3	8.7	75.0
2	QL-3	15.6	8.2	76.2
3	JH-2	18.0	10.2	71.8
4	ZT-5	40.1	12.0	47.9
5	ZT-4	20.5	15.0	64.5

固相岩屑中重金属含量检测结果见表3-30,含油钻屑中多环芳香烃含量检测结果见表3-31,含油钻屑中苯系物含量检测结果见表3-32。

表3-30 重金属含量检测结果

样品号	Be/(mg/kg)	V/(mg/kg)	Cr/(mg/kg)	Mn/(mg/kg)	Co/(mg/kg)	Ni/(mg/kg)	Cu/(mg/kg)	Zn/(mg/kg)	As/(mg/kg)	Se/(mg/kg)	Ag/(mg/kg)	Cd/(mg/kg)	Sb/(mg/kg)	Ba/(mg/kg)	Hg/(mg/kg)	Tl/(mg/kg)	Pb/(mg/kg)
SBM01	0.58	21.62	22.84	210.08	4.44	16.92	23.8	181	3.48	0.4	0.01	0.73	0.008	10041	0.88	0.18	409.01
SBM02	0.53	20.20	27.84	172.43	3.97	17.21	26.3	180	4.87	0.4	0.23	0.73	0.031	9451	0.65	0.16	422.96
SBM03	0.91	30.99	29.73	305.75	5.29	22.03	22.5	142	4.17	0.5	0.15	0.65	0.160	10709	0.58	0.33	328.55
SBM04	0.62	22.91	19.30	410.55	5.73	18.15	19.6	105	13.58	0.4	0.01	0.37	0.005	6522	0.46	0.19	203.59
SBM05	0.53	19.80	21.43	290.80	4.09	14.58	18.0	130	4.32	0.4	0.01	0.48	0.022	7180	0.80	0.19	284.98
SBM06	0.52	20.15	19.32	167.09	4.56	15.34	17.0	141	4.82	0.4	0.01	0.43	0.0008L	8458	0.30	0.16	310.28
SBM07	0.69	31.32	24.21	83.18	2.84	15.39	23.6	143	1.66	0.4	0.83	0.44	0.007	12971	0.64	0.22	323.41
SBM08	0.69	33.80	28.24	156.46	6.41	21.94	26.0	164	5.34	0.4	0.01	0.56	0.012	9797	0.81	0.26	308.17
SBM09	0.65	37.35	28.57	129.44	4.19	16.76	26.6	193	5.10	0.5	0.01	0.68	0.007	7473	0.91	0.28	334.33

注:"L"指方法检出限,如"2.0L"指方法检出限为2.0μg/L,实际样品检测值低于2.0μg/L。

表3-31 多环芳香烃含量检测结果

样品号	萘/(μg/kg)	苊/(μg/kg)	芴/(μg/kg)	二氢苊/(μg/kg)	菲/(μg/kg)	蒽/(μg/kg)	荧蒽/(μg/kg)	芘/(μg/kg)	苯并[a]蒽/(μg/kg)	苯并[b]荧蒽/(μg/kg)	苯并[k]荧蒽/(μg/kg)	苯并[a]芘/(μg/kg)	苯并[ghi]芘/(μg/kg)	二苯并[a,h]蒽/(μg/kg)	茚并[1,2,3-cd]芘/(μg/kg)	多环芳香烃总量/(μg/kg)
SBM01	119.4	129.9	249	3806	4.6	3.3	333	5946	19.6	52.4	152.2	287.9	47.5	42.9	10.0	11205
SBM02	11.7	51.1	90	142	4.9	6.0	4L	1306	41.8	4.8	25.5	28.2	56.5	109.5	3.6	1882
SBM03	49.3	79.3	1165	1187	250.8	9.6	250	1938	96.6	19.2	70.3	50.2	7.1	21.2	6.0	5201
SBM04	62.0	70.5	1291	978	227.2	55.7	96	1731	66.3	16.8	63.1	23.1	34.7	16.8	0.3L	4733
SBM05	24.5	49.7	20L	1908	159.4	18.7	63	1123	70.8	69.0	107.7	92.2	31.5	46.7	10.3	3775
SBM06	22.4	39.1	1336	2193	211.3	0.4L	8	1198	61.5	48.1	22.4	19.0	33.5	38.0	8.1	5238
SBM07	24.1	250.1	2544	116	150.2	37.9	1608	1121	58.4	83.1	18.7	35.3	35.5	38.9	8.1	6129
SBM08	23.2	64.0	1905	67	217.6	2.4	25	1284	71.5	58.8	18.4	18.4	53.7	54.5	6.7	3870
SBM09	32.2	48.8	5346	48	412.1	14.5	2182	2056	124.6	196.2	29.1	58.1	138.1	252.3	50.7	10989

注:"L"指方法检出限,如"2.0L"指方法检出限为2.0μg/L,实际样品检测值低于2.0μg/L。

表 3-32 苯系物含量检测结果

样品号	苯/(μg/kg)	甲苯/(μg/kg)	乙苯/(μg/kg)	二甲苯/(μg/kg)
SBM01	54.1	832.6	427.4	6080.8
SBM02	19.1	26787.5	362.6	4763.3
SBM03	34.7	608.3	321.9	4705.0
SBM04	40.8	763.0	375.9	6301.4
SBM05	72.1	603.0	323.5	5216.7
SBM06	175.3	1313.4	517.3	7378.1
SBM07	56.8	638.7	403.7	5726.7
SBM08	233.6	1642.4	428.7	7612.3
SBM09	1497.1	4228.4	733.1	10286.1

注：(1) "L"指方法检出限，如"2.0L"指方法检出限为2.0μg/L，实际样品检测值低于2.0μg/L；

(2) 二甲苯含邻二甲苯、间二甲苯和对二甲苯。

2) 挥发物沸点测定

纯物质在一定外压下，当加热到某一温度时，其饱和蒸气压等于外界压力，此温度称为沸点。在外压一定时，沸点是一个定值。合成剂是复杂的混合物，它的蒸气压不仅受温度、压力影响，而且还随气化率变化而变化。在一定外压下，合成剂的沸点随气化率增大而不断升高，所以合成剂的沸点不是一个温度点，而是一个温度范围。

油品质量标准和储运过程的质量控制指标中，采用简单的馏程测定法（GB 255—1977《石油产品馏程测定法》），此法又称为恩氏蒸馏，即室内对合成剂沸程的测定选用蒸馏烧瓶法，蒸馏实验的装置简图如图 3-53 所示。当100mL试油在规定仪器中按照规定馏出速度加热蒸馏时，最先气化蒸馏出来的是一些沸点低的烃类分子，流出第一滴冷凝液时的气相温度称为初馏点。烃类分子按其沸点由低到高的顺序逐渐被蒸出，气相温度也必然逐渐增高，馏出物的体积依次达到10%点、20%点……90%点的相应气相温度，分别称为10%点、20%点……90%点，蒸馏到最后所达到的干点(汽油)或终馏点(煤油、柴油)。初馏点到干点(终馏点)的这一温度范围称为馏程或沸程。

通过馏程测定法对合成基油蒸馏温度、废弃油基钻井液蒸馏温度、含油钻屑油蒸馏温度的对比分析可以得到合成基油的蒸馏温度范围：初馏点206℃，挥发5%组分温度为210℃，挥发90%组分温度为308℃，终馏点为318℃；废弃油基钻井液蒸馏温度范围：初馏点约200℃，挥发5%组分温度约为220℃，挥发90%组分温度约为313℃，终馏点约为330℃；含油钻屑油蒸馏温度范围：初馏点约175℃，挥发5%组分温度约为185℃，挥发90%组分温度约为318℃，终馏点约为325℃。

3) 基础油性能指标

基础油的性能指标见表 3-33。

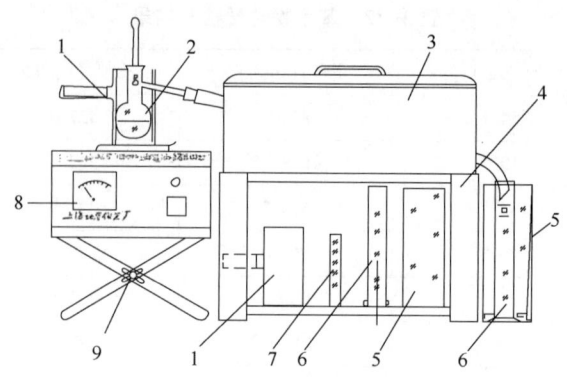

图 3-53 蒸馏实验装置简图

1—烧瓶罩；2—蒸馏烧瓶；3—冷凝箱；4—支架；5—高型烧杯；
6—100mL量筒及压铁；7—10mL量筒；8—加热调温器；9—角架

表 3-33 基础油性能指标

序号	名称	指标	执行标准
1	蒸馏温度范围/℃	始沸点206℃，90%回收点308℃，终沸点318℃	ASTM D86
2	40℃蒸气压/MPa	<0.1	—
3	15℃密度/(kg/m³)	778	ASTM D1298
4	40℃运动黏度/(mm²/s)	2.6	ASTM D445
5	蒸气密度(空气=1)/(kg/m³)	>5	—
6	硫化物/(mg/L)	<3	ASTM D3120
7	芳香烃/%(质量分数)	<0.1	SMS 2728
8	流动点/℃	-21	ASTM D97
9	浊点/℃	-14	ASTM D2500
10	闪点/℃	89	ASTM D93
11	苯胺点/℃	95	ASTM D611
12	自燃点/℃	216	ASTM E659
13	燃点/℃	114	ASTM D92
14	水中溶解性	不溶	—

2. 热解析处理技术原理

摩擦式热解析分离器是含油钻屑处理过程的主要装置，其功能是通过含油钻屑中含有的约70%钻屑固形物与装置设计的旋转叶片组在旋转状态下的相互碰撞和接触摩擦，以及钻屑在旋转叶片搅动下的高速抛射产生的自身碰撞和相互摩擦产生的热能，将温度升高至各类挥发烃类的挥发温度，挥发温度在260～330℃之间。含油钻屑中油与水两相物质蒸发，从而完成了固液分离过程，固相在自主研发的卸料装置的作用下排出分离机。产生的油水混合蒸气在出口负压的带动下进入后续的冷凝分离设备进行回收再利用。

3. 热解析处理工艺流程

具有流动性的含油钻屑经过自动进料系统输送到热解析分离器内，经过研磨棒与岩屑颗粒的剧烈摩擦，原料通过强烈振动产生摩擦应力从而产生热能。高机械切削力和实时热生成量的组合创造了一个能够提升水和碳氢化合物的挥发性的环境，这是一个极其高效的湍流混合的结果，它降低了油分子周围油性蒸气层的厚度。在近似均相的混合层中，水蒸气的压力是热解析处理工作压力的主要组成部分。对典型含油钻屑来说，其水蒸气压力大于75%。这促进了油的有效蒸气蒸馏，使它的蒸发温度远低于其在大气中的蒸发点，从而消除了基础油热降解的风险，油水混合蒸气从气体出口进入后续冷凝系统中。岩屑则经过出料口排除，进行进一步处理。

4. 锤磨式含油钻屑热解析处理装置样机

为验证锤磨式含油钻屑热解析处理技术的可行性并确定主要处理参数，研制出处理量为80kg/h的含油钻屑热解析处理装置样机，并进行调试，确定了锤磨式含油钻屑热解析处理技术的主要处理参数，为工业化处理装置的研制奠定了基础(图3-54)。

图3-54 锤磨式含油钻屑热解析处理装置样机

1）样机主要系统及组成

含油钻屑热处理技术装置样机主要由预处理装置、热解析处理装置、油水冷凝回收系统、控制系统、动力系统及热交换系统六部分组成。

(1) 预处理装置。

预处理装置主要由装卸装置、储存装置及含油钻屑预处理系统组成，其主要作用是对含油钻屑进行储存和预处理，以达到含油钻屑进入热解析处理单元的要求，保证含油钻屑的处理结果。

(2) 热解析处理装置。

热解析处理装置是整个含油钻屑热处理技术的核心组成部分，含油钻屑的处理由该装置完成。含油钻屑在热解析处理单元完成基础油和水的相变闪蒸过程，油和水形成油气进入下一油气冷凝分离系统，闪蒸后的固相物主要是研磨后的钻屑，其通过分离机下部的出料口进入螺旋输送器，输送至安全地点统一运输处理。该过程需保证进料的均匀性，以免影响含油钻屑的后续处理结果，并保证在进料过程中无氧气进入研磨腔，保证处理过程的安全。此过程还需时刻控制研磨腔内的处理温度，将处理温度控制在合理范围，达到处理量与处理结果的有机统一。

(3) 油水冷凝回收系统。

油水冷凝回收系统主要由旋风分离器、油冷凝器、水冷凝器、油水分离器及油水存储装置组成，主要用于油水及固相的分离回收。

油气自研磨机气相出口进入旋风分离器中，以此来除掉油气中含有的少量沙尘。沙尘在旋风分离器的料斗中达到一定的储量后，通过料斗下的阀门排出，沙尘进入螺旋输送器中输送至安全地点统一运输处理。除尘后的油气进入第一级冷却除尘罐，这里气相中剩下的细小固体颗粒被连续的混有冷凝下来的油和之前捕集下来的细小固体的油基钻井液的混合物捕集下来，起到了进一步除尘的作用，并且在除尘罐中的液位达到一定高度后，存液将被输送到钻井液预热罐中用来调和预处理的钻井液，进行再次处理。油气自除尘罐的下部管口进入一级冷却塔。本冷却塔为填料塔，塔釜设冷凝器，以循环水为冷媒。通过控制塔的反应温度将油气中的重组分冷却下来，轻组分的油气从一塔的顶部管口进入第二级冷却塔。冷凝下来的重组分油在塔釜达到一定液位后，通过泵输送到储运外送系统暂时储存。进入第二级冷却塔的油气和水汽在更低的温度下在二塔内被冷却下来。二级冷却塔为填料塔，塔釜设冷凝器，以循环水为冷媒。冷凝下来的水和油的混合物进入油水分离罐中。根据重度的不同在油水分离罐分离，油相通过输送泵输送到储运外送系统暂时储存，水相通过输送泵也输送到储运外送系统暂时储存。油气中的不凝气通过不凝气冷凝器除去气体中最后的水分后，由风机将气体输送至安全的位置进行处理排放。不凝气冷凝器中冷却下来的水也进入油水分离罐内，一起输送到储运外送系统的水罐中储存。

(4) 控制系统。

自动控制系统主要由采集监控系统(控制机柜、电源、CPU、显示器和温度变送器等)、低压电器柜、防爆电器柜及现场仪表组成。

控制系统通过 PLC 控制，分为控制面板和手动两种控制方式。通过有效合理的工艺控制方案，基本可以实现整套含油钻屑装置的现场无人值守状态。通过 PLC 控制回路的设计和信息远传系统，使整套装置的运行控制都可以在控制室内实现，具有很高的自控化程度。

含油钻屑热解析处理装备控制系统具有对含油钻屑处理过程中进出料速度、温度、压力及液位等各个节点自动控制的功能，实现含油钻屑热解析处理装备的自动控制。

(5) 动力、热交换系统。

动力系统为整套装置提供动力，采用工业用电为处理装置提供动力。热交换系统为油水固的冷凝回收提供冷凝介质，采用循环冷却水对整个系统进行冷却降温，并用产生的热量对钻屑预处理罐进行预热，达到节约能耗的目的。

2) 主要处理参数实验研究

锤磨式含油钻屑热解析处理技术的主要处理参数见表 3-34。

表 3-34 主要处理参数实验研究

项目	挥发温度/℃	处理时间/min	处理后钻屑含油量/%	备注
含油钻屑	220	10	7.3	处理前含油钻屑含油量为 15.0%、含水量 7.0%、固含量为 78.0%
含油钻屑	250	10	4.5	
含油钻屑	280	10	1.8	
含油钻屑	300	10	0.37	
含油钻屑	320	10	0.15	
含油钻屑	330	10	0.08	

由表 3-34 可以看出，在不同温度、相同时间的条件下，处理后含油钻屑的含油量有明显的差别。随着温度的升高，含油量逐渐降低，在 300℃条件下加热 10min 处理后，含油钻屑含油量为 0.37%，在 330℃条件下加热 10min 处理后，含油钻屑含油量为 0.08%，处理后钻屑含油量均达到规定要求。因此确定含油钻屑的处理条件为 300~330℃条件下热解处理停留 10min 左右。

二、锤磨式含油钻屑热解析处理装置研制及配套系统

锤磨式含油钻屑热解析处理装置主要由预处理装置、热解析处理装置、冷凝回收系统、控制系统、动力系统及热交换系统组成，本节主要内容为装置的研制及配套系统。

1. 预处理装置研制

预处理装置主要由收料槽、输送器、回流罐、控制器、振动筛及换热搅拌罐组成。换热搅拌罐包含一个给料缓冲罐，体积为 $6m^3$，满负荷情况下可以提供 5~6h 含油钻屑处理缓冲能力。给料罐包含一个 U 形槽，内部配有搅拌器可以避免含油钻屑的沉淀。搅拌器正常情况下采用间隔运转的方式运转，由 PLC 自动控制。

含油钻屑中含有大颗粒钻屑及其他杂物，较大的物体有可能损害处理设备，钻屑在进预处理罐之前必须经过过滤处理。过滤后再经过上料装置输送到预处理罐进行搅拌及预热处理，以达到进入热解析处理单元的条件。

1）料仓

料仓的作用是对含油钻屑进行初步处理，通过搅拌作用增加含油钻屑的流动性，满足物料进料要求，通过其下端的振动筛去除钻屑中的杂物及较大颗粒的岩屑。该装置兼具缓冲罐用途，满足特殊条件下装置运行需要（图 3-55）。

2）进料装置

含油钻屑由预处理罐进入热解析处理单元还需配套相应的自动进料系统，当钻屑达到自动进料系统所要求的流动性时，通过进料泵输入热解析分离器内，保证进料时无额外的

氧气进入热解析分离器，保证处理过程的安全。通过技术调研及试验，选定柱塞泵为含油钻屑自动进料装置，通过优化设计，设计出小排量定量柱塞泵，进料泵在 0.3~2m³ 范围内精确调整进料，满足装置处理过程中对进料的精确要求。

3）预处理罐

预处理罐体积为 6m³，具有储存、搅拌和加热功能，热解析处理前对含油钻屑进一步进行处理。预处理罐采集循环水热量对钻屑进行加热，可将钻屑加热至 60℃ 左右，增加钻屑流动性，节约装置的处理能耗，满足主机处理要求（图 3-56）。

图 3-55 料仓

图 3-56 预处理罐

2. 热解析处理主机研制

含油钻屑热解析分离器是整套装置的核心部件，是处理含油钻屑的场所，其主要由腔体、研磨棒、出气腔、卸料装置及动密封装置组成。该装置主要依据项目要求及含油钻屑组分分析结果进行分离器参数设计和研制。

热解析分离器腔体尺寸主要由处理量决定，除此之外的主要参数还有处理温度及材料强度。

1）热解析处理主机腔体设计和研制

热解析分离器是含油钻屑处理装备中的核心设备，其主要由腔体、研磨棒及动密封装置等部分组成。腔体的尺寸主要由含油钻屑的处理量决定；研磨棒的形状、数量及分布则决定了含油钻屑的处理效果；动密封的可靠性决定了含油钻屑热处理过程是否能顺利进行。

以摩擦为基础的热解析技术的工作温度在 260~330℃ 之间，油水经过冷凝回收，干燥的固相进行排放。热解析技术降低了钻屑的残油量，并对油和其他物质进行回收。

含油钻屑主要由三部分物质组成：水、油及岩屑。典型的固相含量是 70%~85%，液相中油水含量的比值为 2∶1 左右。粉末主要是钻井液中（重晶石和膨润土）及井眼中的岩屑。因此，为了达到一定的蒸气压除掉固相中的油，必须加热钻屑，使其温度远远高于油的闪点。通过增加钻屑在处理装置中的停留时间及增大钻屑暴露面积来提高反应温度，但是过长的停留时间和过高的反应温度会造成油的分解。

以上的种种情况决定了热解析分离器各部分的设计原则，即处理过程的安全性、处理量的实用性及处理结果的可靠性。

在热解析处理过程中，通过研磨棒与固体颗粒的剧烈摩擦产生的热量使得挥发物挥发，以达到降解污染物的目的。研磨棒的高速旋转产生了极大的剪切力，使得固体颗粒与热解析分离器腔体产生剧烈的碰撞，会对腔体产生严重的磨损。因此，热解析分离器腔体采用高硬质合金材料进行制造。

热解析分离器工作时温度可达330℃，为了安全和防止热量流失，在热解析分离器的外壁加装了保温隔热套，实验证明其具有良好的隔坡效果。热解析分离器总体效果图如图3-57所示。

图 3-57　热解析处理主机腔体效果图

2）主机研磨棒设计和研制

热解析分离器腔体和研磨棒的关系就是定子和转子的关系，效果的达成靠研磨棒的高速剪切摩擦，因此研磨棒材料、形状、数量及分布都会对含油钻屑的处理产生影响。

（1）研磨棒材料。

研磨棒材料采用硬质合金进行加工，并在研磨棒的顶端镶嵌了高硬度的耐磨材料，以增强研磨效果和延长研磨棒的使用寿命。

（2）研磨棒形状及数量。

经过多次室内实验，确定的研磨棒的形状如图3-58所示。该形状的研磨棒具有较高的研磨效率。

（3）研磨棒布局。

当研磨棒厚度与两个研磨棒之间的间隙相等时，其具有最高的机械研磨效率，且研磨棒的顶端应与腔壁距离为1cm。研磨棒的分布方式如图3-59所示。

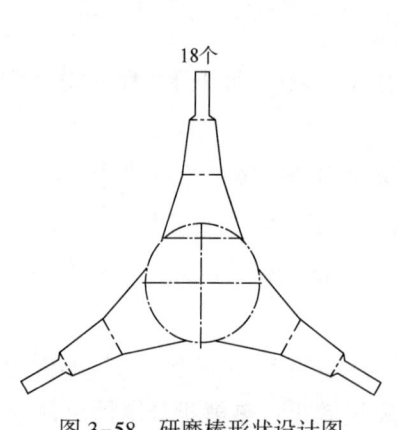
图 3-58 研磨棒形状设计图

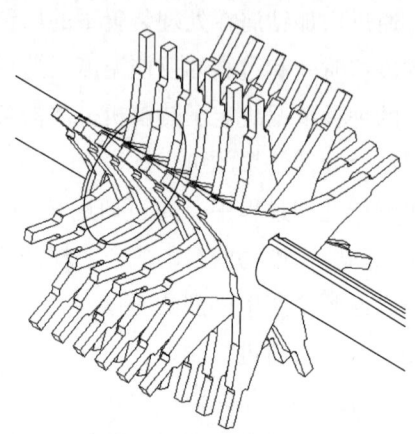
图 3-59 研磨棒布局图

研磨棒以固定速度旋转时，线速度超过 30m/s，因此所有输送到热解析分离器的含油钻屑都会沿着圆柱形腔体形成一个环状层。电动机带动研磨棒高速搅拌，钻屑中较大的颗粒被磨碎成精细的粉尘。由摩擦和碰撞产生的热量用来蒸发岩屑中的油气和水分。含油钻屑的持续泵入使热解析分离器中的温度保持在所需设定温度。当没有含油钻屑进入腔体时，温度会持续上升，到一定温度，主马达会自动关机。设定的温度要保证钻屑中的水分和油气有效蒸发掉的同时应当尽量降低能耗、提高效率。

3）主机密封设计和研制

含油钻屑热解析处理装置腔体是进行含油钻屑处理的场所，保持腔体的密封性是保证含油钻屑正常处理的必要条件，因此腔体两端的密封就显得很重要。特别是在高温高转速条件下，对密封性能的要求更高，针对该情况，主要从密封材料及密封形式两个方面进行选择。

（1）密封材料。

选择具有良好耐温性及润滑性的石墨材料作为动密封的密封填料，其形状可随填充空间的变化而变化，具有很好的密封效果。在运行过程中密封填料会有一定的损耗，可随时对填料进行补充，保证处理装置的密封性能。

（2）密封形式。

通过多次试验，考察了不同密封方式的密封效果，最终确定采用机械填料密封作为热解析分离器的密封方式，耐高温动密封设计图如图 3-60 所示。

4）配套处理单元

热解析处理装置是含油钻屑处理装置的核心装置，主要由腔体和研磨棒组成，还包含动密封、卸料口及出气口等。在腔体、研磨棒的基础上，完成热解析处理装置的组装，装置如图 3-61 所示。

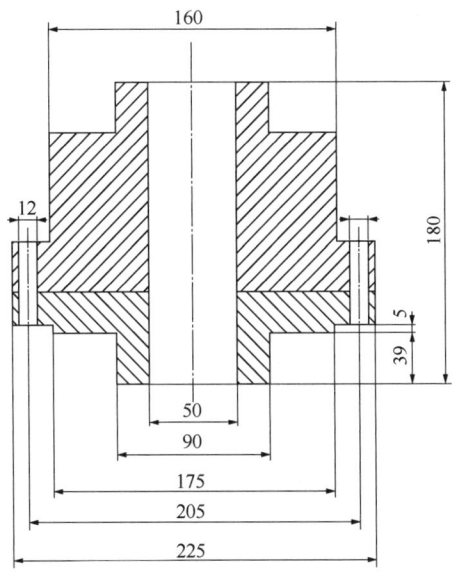

图 3-60　耐高温动密封设计图(单位：mm)

图 3-61　热解析处理主机

3. 冷凝回收系统研制及配套

冷凝回收系统主要由旋风分离器、除尘器、油冷凝器、水冷凝器、油水分离器及油水存储装置组成，主要用于粉尘去除、油水及固相的分离回收。

1) 旋风分离器

尽管研磨过程有强大的离心作用，颗粒较细的固体颗粒还是会被油气和水蒸气截留。油气和水蒸气截留的固体颗粒通过特殊排气口排出，大部分固体颗粒经过旋风分离器时被分离。气体以高切向速度(15~20m/s)进入旋风分离器，固体颗粒冲击旋风分离器壁，随着摩擦力的增大，最后减速降落。这些落到旋风分离器底部的固体通过旋风分离器阀门排放到出料螺旋，和研磨机卸料装置卸出的钻屑一起输送到储存装置。

旋风分离器的实物图如图 3-62 所示。

图 3-62　旋风分离器实物图

2) 除尘器

油气通过旋风分离器之后,还有部分细颗粒的固体存在,洗油除尘器对油气和水蒸气进行连续冲洗,气相中剩余的细小固体颗粒被截留成为一个油垢,包含凝析油和之前截留的细小固体。油泥状物质通过洗油除尘器下部输送装置回流到预处理罐进行再次处理。

油气通过洗油除尘器时,蒸气温度下降 50~100℃,蒸气中 5%~15% 的油会被冷凝下来,但随后油垢会被重新处理,本系统中油分没有净亏损。没有冷凝的油气通过出气口进入油冷凝分离塔进行回收。

3) 油气冷凝分离装置

油气大部分被冷凝在油冷凝器中。油气进入油冷凝器中会有部分油被冷凝下来,通过喷淋装置将冷凝下来的油喷淋到尚未冷凝的油蒸气中,使得大部分的油得以冷凝回收。油冷凝器的工作温度被控制在 105~115℃,这样既可以使大部分油得到冷凝,又保证水蒸气不会被冷凝。

蒸汽冷凝器的工作原理与油冷凝器相同,蒸汽冷凝器的工作温度远低于水的沸点,从而使得大部分水蒸气都凝结在冷凝器中。

4) 油水分离罐

经过油、水蒸气冷凝器后,大部分油和水被冷凝下来,但还有极少数油、水蒸气未得到冷凝,最后进入油水分离器(图 3-63)进行冷凝分离处理。

图 3-63 油水分离器实物图

5) 不凝气排放装置

经过上述流程后,所有可以冷凝的蒸气都得到冷凝,气体中部分不凝气通过不凝气排放装置进行安全排放。

4. 控制系统设计

控制系统通过 PLC 控制,分为控制面板和手动两种控制方式。通过有效合理的工艺控制方案,基本可以实现整套含油钻屑装置的现场无人值守状态。通过 PLC 控制回路的设计和信息远传系统使整套装置的运行控制都可以在控制室内实现,具有很高自控化程度。

1) 自动控制系统组成部分

自动控制系统主要由采集监控系统(控制机柜、电源、CPU、显示器、温度变送器等)、低压电器柜、防爆电器柜及现场仪表组成。

含油钻屑热解析处理装备控制系统需具有对含油钻屑处理过程中进出料速度、温度、压力及液位等各个节点自动控制的功能,实现含油钻屑热解析处理装备的自动控制。

(1) 自动控制系统有手动控制功能,可随时切换到手动控制;
(2) 自动控制系统具有数据存储、传输功能;
(3) 自动控制系统具有故障诊断,气体检测、报警及安全防护等功能;
(4) 控制系统及设备具有防爆功能。

2) 自动控制系统控制流程

自动控制系统主要分为物料控制系统、循环水控制系统及物料储存控制系统,其中包括温度、压力、液位、泵、阀及联动装置等。

(1) 物料控制系统。

油基钻井液钻屑等首先进入预混罐内进行加热,在物料加热到满足流体输送的温度时,停止加热,此时温度探头-102反映此时物料的温度,LIA102反映此时的管内物料高度,并将此信号送至控制中心监测。物料通过容积式泵-102进入F-101内,同时当V-101的物料不能满足LIA102的要求时,可以通过管道从外界(钻井液池)向F-101内补充钻井液,FIQ101记录补充的量,量的多少由FV101来控制。所有的控制动作都是在控制室里实现的。

含油钻屑进入F-101,通过150kW左右功率的输入,将物料加热到230~240℃左右,温度探头-101~103反映此温度信息。钻井液在F-101内实现分离,固体由X-101输送到界区外,气体进入C-101进行进一步的气固分离过程,温度探头-104/压力探头-101/压力探头-103反映气相的温度和压力,信号进入控制中心,为状态检测。LIA101监测C-101内的固相物质的含量,信号状态送入控制中心。

进一步气固分离的气体进入V-104进行洗涤,温度探头-105~106为此段管道的温度监测,示数为120℃左右为宜,信号状态送入控制中心。压力探头-102为压力监测,信号状态送入控制中心。气体在V-104进行洗涤,洗涤液为底部开车前先加入V-104内的水和油的混合物。LIA103为V-104底部的液位显示报警,液位为下部罐体的60%~70%为宜,高于70%液位时,XV-103自动打开,通过泵-103将混合液输送到界区外处理,低于60%液位时,XV-103自动关闭,P-103停泵。PG-122为P-103泵出口的就地压力指示。泵-104AB为洗涤液循环泵,PG-123ab为泵出口就地压力表指示,温度探头-108/压力探头-108为远传温度、压力信号送入控制中心。

洗涤过后的气体进入T-101进行冷却,冷却液为开车前先加入塔底的水和油的混合物,控制温度为100℃。压力探头-107/108为塔内塔顶和塔底的压力信号指示,送入控制中心，为监测数据。温度探头-114/115为塔顶和塔底的温度信号指示，探头-114温度正常控制值为100℃左右，探头-115为80℃左右，当两个值有一个低于设定值时，XV-104打开，泵-109启动将一部分液体送到储罐区，本动作是通过自动联锁控制实现的。另外，当LIA-104液位高度高于设定值时，XV-104打开，泵-109启动将一部分液体送到储罐区，以降低塔底的液位高度，LIA-104液位高度设定值为60%。T-101的洗涤液循环是通过泵-105AB来实现的，PG-124ab为此泵的就地压力指示。PG-126为P-109的就地压力指示。压力探头-106为塔T-101顶部压力远传信号指示，压力信号送入控制中心。

经过T-101的冷却洗涤后，气体内大部分油气已经被冷却下来，没有冷却下来的气体进入T-102进一步冷却。T-102冷却液为开车前先加入塔底的水，控制温度为40℃。PI-110/111为塔内塔顶和塔底的压力信号指示，压力信号送入控制中心，为监测数据。温度探头-117/118为塔顶和塔底的温度信号指示，117温度正常控制值为40℃左右，115为常温，当两个值有一个低于设定值时，XV-105打开，将一部分液体送到V-102内，本动作是通过自动联锁控制实现的。另外，当LIA-105液位高度高于设定值时，XV-105打开，将一部分液体送到V-102以降低塔底的液位高度，LIA-105液位高度设定值为60%。T-102的洗涤液循环是通过泵-106AB来实现的，PG-125ab为此泵的就地压力指示。压力探头-109为塔T-102顶部压力远传信号指示，压力信号送入控制中心。

经过T-102的气体为不凝气体，通过E-103的最后一步冷却后，通过X-102排放到高空或者做其他妥善处理。TI-123为温度监测仪表，信号指示送入控制中心。

V-102为油水分离罐，从T-102来的油和水的混合物在V-102内静置分离，LIA109/110为该罐的液位监测，并设有高低报警，当LIA109液位超高时，泵-107联锁打开，将液体输送到罐区，液位降到正常值时自动停泵。当LIA110液位超高时，泵-108联锁打开，将液体输送到罐区，液位降到正常值时自动停泵。温度探头-119/120/121为温度监测仪表，送入控制中心，为监测数据。PG-127、128为泵-107/108的就地压力指示。

（2）循环水控制系统。

本套装置的循环水系统比较简单，循环水取自厂区的一次水，采用闭式循环的方式从后向前依次经过E-103/102/101，然后会到循环水罐V-103内，温度探头-124/122为E-103进出口温度指示，此温度不需要精确控制，为温度监测仪表，送入控制中心，为监测数据。温度探头-116为E-102出口温度指示，控制温度在40℃左右，当高于此温度时，联锁TV-116打开，这样循环水的温度会下降，当下降到40℃左右时，联锁TV-116关闭。温度探头-110为E-101出口温度指示，控制温度在80℃左右，当高于此温度时，联锁TV-110打开，这样循环水的温度会下降，当下降到80℃左右时，联锁TV-110关闭。TV-107为控制中心控制开度阀门，控制整个系统循环水的量，根据现场工艺数据变化实施调整，温度探头-107/113为温度信号指示，送入控制中心，为监测数据。

(3) 储存控制系统。

V-103 为循环水罐，TI-125 为罐温度指示，送入控制中心，为监测数据。LIA106 为 V-103 液位指示报警，当液位高于 75% 时，联锁 P-110AB 启动，将循环水打入界区外或者打到 V-105 内暂存外送。

V-105 为回收水罐，温度探头-126 为罐温度指示，送入控制中心，为监测数据。LIA107 为 V-105 液位指示报警，当液位高于 75% 时，联锁 P-111 启动，将水打到界区外或者暂存外送。

V-106 为油储存罐，温度探头-127 为罐温度指示，送入控制中心，为监测数据。LIA108 为 V-106 液位指示报警，当液位高于 75% 时，联锁 P-112 启动，将油送到界区外或者暂存外送。

PG-129AB 为 P-110AB 泵的出口就地压力指示，PG-130 为 P-111 泵的出口就地压力指示，PG-131 为 P-112 泵的出口就地压力指示。

5. 设备单元集成配套及系统总装

完成预处理装置、热解析处理单元、油气冷凝回收装置及控制系统设计研制后，需对各设备单元进行集成配套，设备总体图如图 3-64 所示。通过系统研发及集成配套出锤磨式含油钻屑热解析处理装置，装置处理量达到 2000kg/h。

图 3-64 设备总体图

第七节 油基钻井废弃物微生物处理技术

一、油基岩屑成分分析及环境影响评价

1. 油基岩屑成分分析

通过 X 射线衍射（XRD）试验分析油基岩屑的矿物成分，油基岩屑物相组成主要包括

重晶石、碳酸盐和硅酸盐类矿物。重晶石主要成分是 $BaSO_4$，为钻井液的添加剂，提高钻井液的性能，碳酸盐、硅酸盐类矿物主要来源于碎屑岩。

通过 X 射线荧光光谱仪（XRF）试验分析油基岩屑的化学成分，油基岩屑的化学成分中有大量的 $BaSO_4$，主要化学成分是 BaO、SO_3，这主要来源于在钻井过程中使用的油基钻井液，而油基钻井液中大量的 $BaSO_4$ 用以改善钻井液性能。同时，化学成分中有 SiO_2、Al_2O_3、CaO、Fe_2O_3、MgO，与页岩的化学成分相同，这些成分来自页岩屑。

2. 油基岩屑环境影响评价

油基岩屑在资源化利用之前须对其进行预处理，预处理后的油基岩屑重金属和总石油烃浸出浓度低于《陆上石油天然气开采含油污泥资源化综合利用及污染控制技术要求》（SY/T 7301—2016）规定的标准值，不属于重金属、总石油烃浸出毒性的危险废物，明晰了油基岩屑的化学成分和物相组成，为油基岩屑的改性处理提供依据，为后续的研究奠定扎实的基础。

二、油基岩屑改性处理技术研究

通过提高机械化学研磨技术对油基岩屑中油类物质的降解效果，以符合工业生产的要求并最终实现工业化。分析各种添加剂对油基岩屑中油类物质的降解效果的影响，确定最佳化学添加剂的种类及掺比，探讨机械化学法降解处理油基岩屑的降解机制。

采用锤磨式热解析处理技术处理含油率低于 1% 的油基岩屑，向球磨机添加氧化钙、二氧化钛、高锰酸钾，使用机械化学法降解处理油基岩屑，可同步降低油基岩屑的含水率、降解岩屑中的石油类物质。氧化钙为最佳的降解助磨剂，且随着氧化钙含量的增加，降解效果越好。在球磨频率为 40Hz，球料比为 3∶1 的条件下，当氧化剂掺比为 50% 时，油基岩屑的降解效果最好，可使含油率降到 2.05%。

三、油基岩屑在无机稳定基层中的应用研究

无机稳定基层主要修建材料包括水泥、粗集料、细集料，粗集料主要是不同粒径的碎石，细集料则为砂。由于油基岩屑的粒径与细砂较为接近，探究油基岩屑替代部分砂在无机稳定道路基层中的可行性。

不同配比之下的 7d 无侧限抗压强度、90d 劈裂抗拉强度和 90d 抗压回弹模量测试表明，油基岩屑代替部分沙石的沥青混合料的物理力学指标均已达到规范的技术标准，再结合强度、刚度、抗裂和抗冲刷性等各项路用性能检验配合比，得到水泥∶油基岩屑∶碎石∶砂为 5∶31∶52∶12 的最佳配合比。

四、油基岩屑在沥青混凝土面层中的应用研究

沥青混凝土面层修筑的主要材料包括沥青、SBS 改性沥青、矿料和矿粉等。与油基岩屑在无机稳定基层中应用的原理相同，油基岩屑的粒径与矿粉比较接近，探究油基岩屑全

部替代矿粉在沥青混凝土道路面层中的可行性。

1. 岩屑—沥青混凝土配合比设计研究

通过室内实验将油基岩屑全部替代矿粉后，分析混合料的物理力学指标，确定最佳沥青用量4.7%，依据规范和筛分结果确定10~15mm砂：5~10mm碎石：3~5mm碎石：0~3mm砂：矿粉=28：29：10：25：8为沥青混凝土的最佳配合比。油基岩屑比表面积较大并呈现碱性，故可替代矿粉与沥青形成沥青胶浆，用其全部替代矿粉后，沥青混凝土混合料的体积指标和力学参数满足规范要求。

2. 油基岩屑掺入沥青混凝土路用性能研究

在室内实验中用油基岩屑替代矿粉制作马歇尔试件，矿粉的替代量依次为20%、40%、60%、80%、100%，分别测试替代后沥青混合料的高温稳定性、水稳定性和低温抗裂性，得到随着油基岩屑掺量的增加，混合料的水稳定性降低，高温稳定性小幅度减弱，低温抗裂性能降低，但可满足规范要求。

五、水泥改性掺油基岩屑沥青混凝土路用性能研究

1. 水泥改性沥青混合料路用性能研究

水泥改性沥青混合料的室内实验研究将水泥剂量按1%、2%、3%、4%的比例替代细集料掺入沥青混凝土混合料中，通过浸水马歇尔稳定度试验和冻融劈裂试验，研究水泥剂量对混合料的水稳定性的影响，确定水泥的最佳剂量为2%，此时混合料的抗水损害性能最佳，满足道路水稳定性的规范要求。

浸水马歇尔试验和冻融劈裂试验结果分析图如图3-65所示。

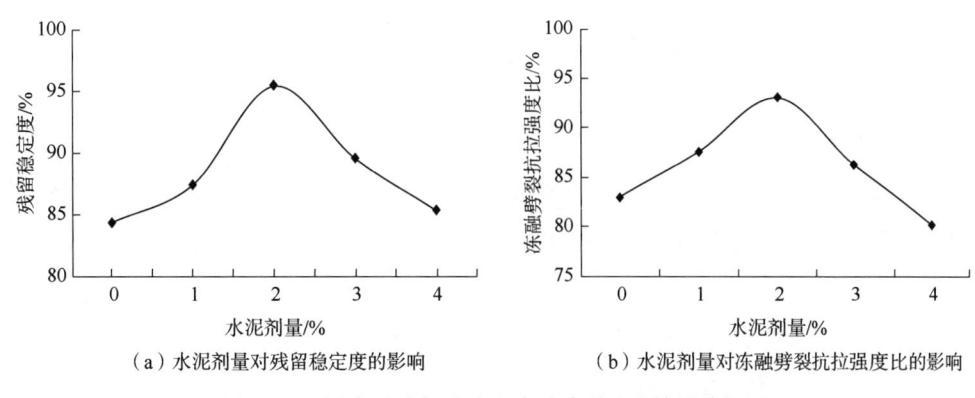

（a）水泥剂量对残留稳定度的影响　　（b）水泥剂量对冻融劈裂抗拉强度比的影响

图3-65　浸水马歇尔试验和冻融劈裂试验结果分析图

2. 水泥改性后配合比优化设计

在掺入适量的水泥对沥青混凝土混合料进行改性的条件下，油基岩屑可代替矿粉作为沥青混合料的填料使用。优化配合比设计，沥青混凝土AC-13混合料推荐最佳配合比设计为10~15mm碎石：5~10mm碎石：3~5mm碎石：0~3mm砂：水泥：油基岩屑的质量比

为28∶29∶10∶23∶2∶8，最终配合比设计方案见表3-35，最佳沥青用量为4.8%。该设计方案通过环境影响分析和路用性能试验，满足路用性能要求，同时达到国家环保规定。

表3-35 掺油基岩屑沥青混凝土最终配合比设计方案

集料规格	10~15mm 碎石	5~10mm 碎石	3~5mm 碎石	0~3mm 碎石	水泥剂量	油基岩屑	最佳沥青用量
掺配比例/%	28	29	10	23	2	8	4.8

3. 宜宾长宁、内江威远两地区油基岩屑性能对比

基于室内实验结果，沥青混合料的物理力学指标均已达到规范的技术标准，对内江威远、宜宾长宁两个地区的油基岩屑在沥青混凝土路面中的应用进行配合比、水泥改性掺油基岩屑沥青混凝土路用性能对比。内江威远地区油基岩屑推荐最佳配合比设计为10~15mm 碎石∶5~10mm 碎石∶3~5mm 碎石∶0~3mm 砂∶水泥∶油基岩屑的质量比为28∶29∶10∶23∶2∶8，最佳沥青用量为4.8%。宜宾长宁推荐最佳配合比设计为10~15mm 碎石∶5~10mm 碎石∶3~5mm 碎石∶0~3mm 砂∶水泥∶油基岩屑的质量比为28∶30∶10∶22∶2∶8，最佳沥青用量为4.8%。

通过浸水马歇尔稳定度试验、冻融劈裂试验、车辙试验和弯曲试验，对比得到用内江威远、宜宾长宁两地区油基岩屑全部替代矿粉后，通过2%的水泥改性的沥青混凝土混合料，可很好地满足规范的水稳定性、高温稳定性和低温抗裂性等各项路用性能要求，内江威远地区的油基岩屑用于沥青混凝土混合料的路用性能略微优于掺宜宾长宁地区油基岩屑的沥青混凝土混合料。

六、油基岩屑在路基填料中的应用研究

1. 路基填料基本性质研究

通过击实试验、CBR 试验、三轴压缩试验和无侧限抗压强度试验等，测试路基填料的各项基本参数，获得其基本物理力学性质指标。

1) 击实试验

井场填料击实曲线如图3-66所示，由图3-66可看出，路基填料最佳含水率为11.00%，最大干密度为2.01g/cm^3。

2) CBR 试验

井场填料 p—L 曲线如图3-67所示，通过计算贯入量 $L=2.5$mm 时，CBR 值为6.7%；贯入量 $L=5.0$mm 时，CBR 值为6.9%。CBR2.5<CBR5.0，需要重新进行试验。第二次试验仍为 CBR2.5<CBR5.0，因此选用贯入量为5.0mm 时的 CBR 值为该土的 CBR 值，土样的 CBR 值为6.9%，浸水后的膨胀量为3.0%，吸水量为143g。

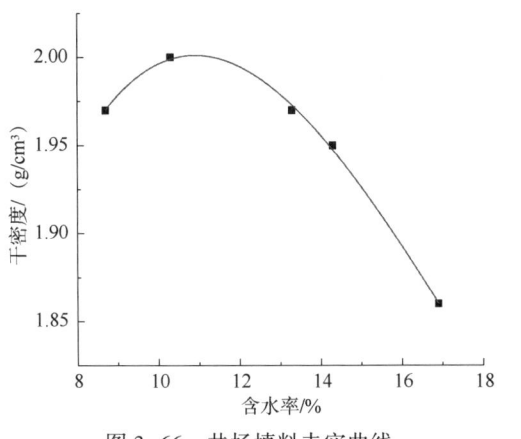

图 3-66　井场填料击实曲线　　　　图 3-67　井场填料 p—L 曲线

CBR 试验过程如图 3-68 所示。

（a）击实

（b）浸水膨胀

（c）CBR 测试

图 3-68　CBR 试验过程

3）三轴压缩试验

井场填料三轴试验如图 3-69 所示。

（a）制件仪器

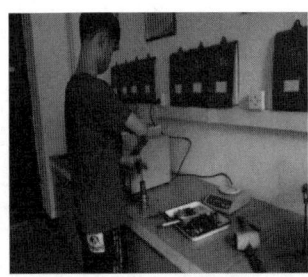
（b）试件成型

（c）试件放置

（d）试件加载

（e）三轴三瓣模

（f）三轴成型试件

图 3-69　井场填料三轴试验

（1）三轴压缩试验的应力应变曲线如图 3-70 所示，相同围压下不同含水率应力应变曲线如图 3-71 所示，不同围压下相同含水率应力应变曲线如图 3-72 所示。

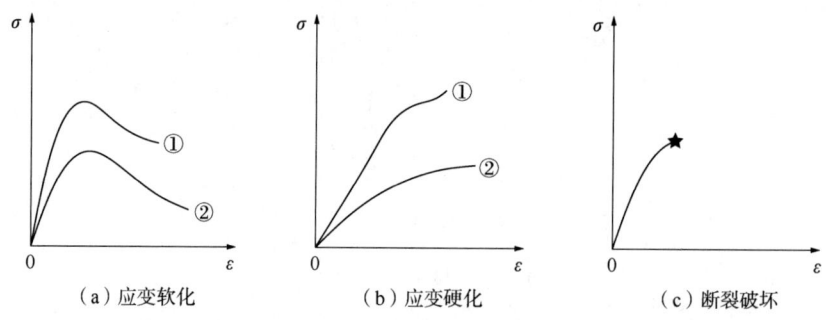

（a）应变软化　　　　（b）应变硬化　　　　（c）断裂破坏

图 3-70　应力应变曲线图

①围压 100kPa；②围压 200kPa；★破坏最大值

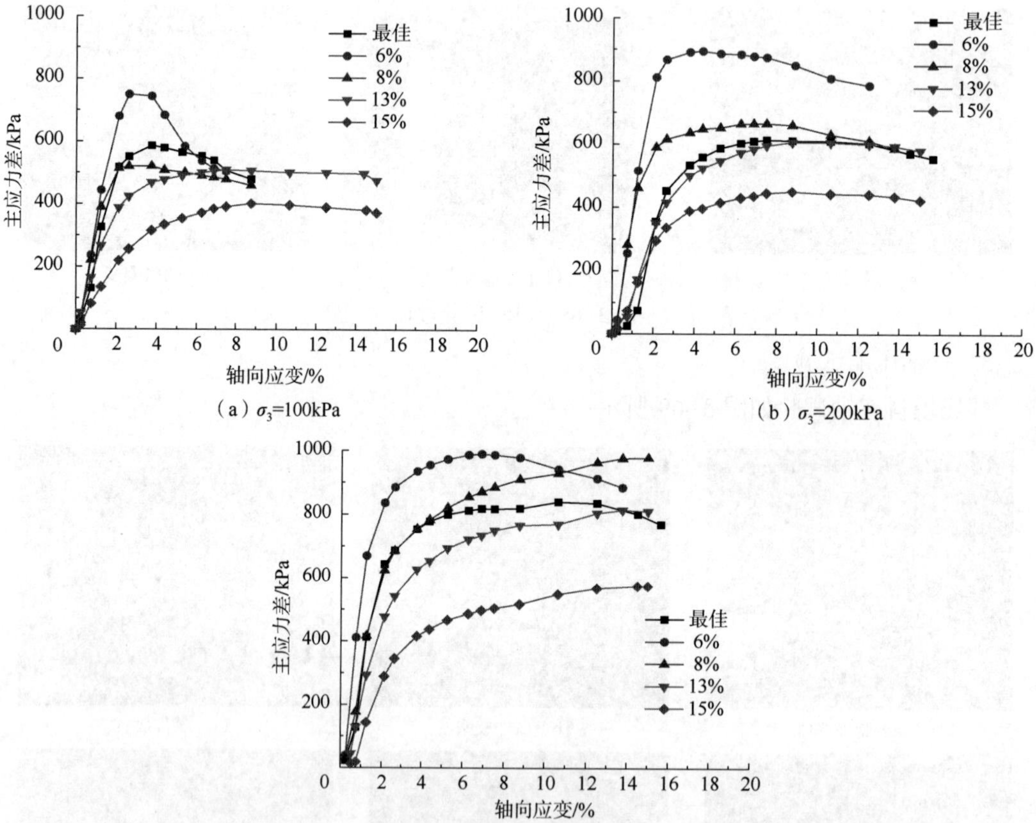

（a）$\sigma_3=100$kPa

（b）$\sigma_3=200$kPa

（c）$\sigma_3=300$kPa

图 3-71　相同围压下不同含水率应力应变曲线

由图 3-70 可知，三轴试验在应变软化状态下出现最大值表示破坏，应变硬化以 15% 的应变表示破坏，断裂破坏则以最后的应力差表示破坏。应变软化常被称为脆性破坏，应变硬化常被称为塑性破坏。

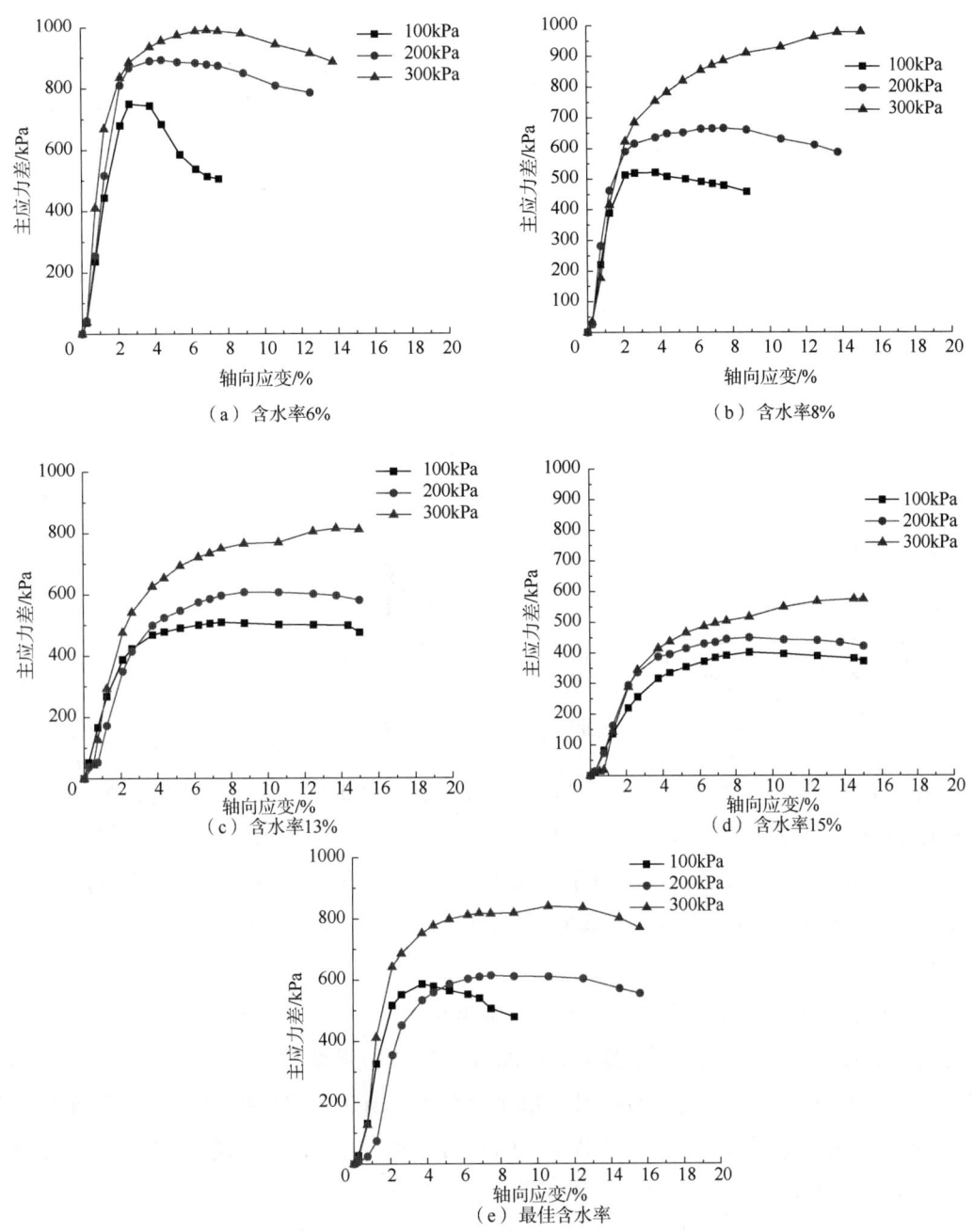

图 3-72 不同围压下相同含水率应力应变曲线

再结合图 3-71 和图 3-72，可以得出不同围压下，6%含水率填料的偏应力变化最大（离散性最大），15%含水率填料的偏应力变化最小（曲线间隔明显最小），其余皆次之。由此可以得出：围压对 6%含水率状态下的主应力差影响最大，对 15%含水率状态下的主应力差的影响最小，最佳含水率下的主应力差影响皆次之。

（2）计算处理后的五组含水率的抗剪强度指标见表 3-36。不同含水率内摩擦角变化曲线如图 3-73 所示，不同含水率黏聚力变化曲线如图 3-74 所示。

表 3-36　井场填料在不同含水率下的抗剪指标

强度指标	含水率/%				
	6	8	最佳	13	15
黏聚力 c/kPa	214.3	69.2	131.5	105	109.1
内摩擦角 φ/(°)	22.1	32.7	24	25.8	17.8

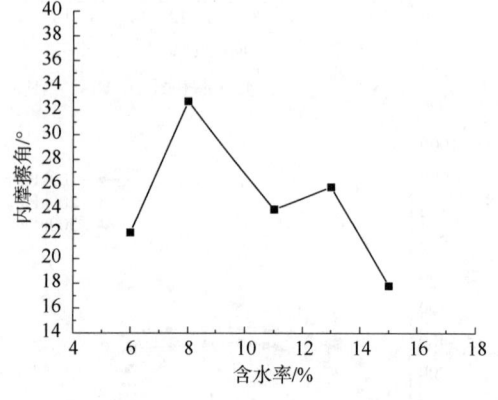

图 3-73　不同含水率内摩擦角变化曲线

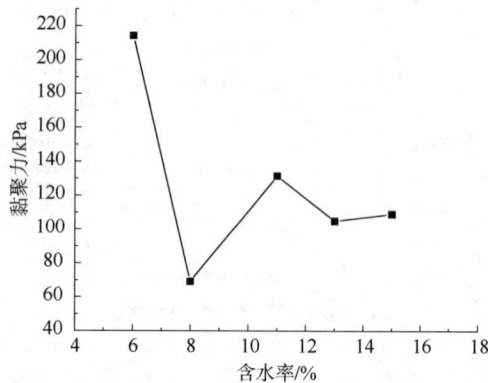

图 3-74　不同含水率黏聚力变化曲线

由图 3-78 和图 3-79 不难发现，当含水率以大约 2%的间隔逐渐增大时，填料的内摩擦角在 17.8°~32.7°之间波动；内摩擦角强度在 62.9~214.3kPa 之间波动。由图 3-97 能够发现，当含水率为 8%时，内摩擦角最大为 32.7°；当含水率为 15%时，内摩擦角最小为 17.8°。由表 3-36 能够发现，当含水率为 8%时，黏聚力最小为 69.2kPa；当含水率为 6%时，黏聚力最大为 214.3kPa。

井场填料在不同围压、含水率下的抗剪强度见表 3-37，不同围压下相同含水率抗剪强度曲线如图 3-75 所示，相同围压下不同含水率抗剪强度柱状图如图 3-76 所示。由图 3-75可以较为明显地发现，不同围压相同含水率下所计算出的抗剪强度是不同的。从图 3-75 可以清晰地看出，不同围压状态下的不同含水率的填料抗剪强度总体变化趋势为：抗剪强度随着含水率的逐步增大而逐渐减小。

表 3-37　井场填料在不同围压、含水率下的抗剪强度

围压/kPa	含水率/%				
	6	8	最佳	13	15
100	349.9	210.3	253.5	222.8	186.3
200	408.6	295.9	301.6	284.5	223.5
300	461.5	406.3	376.0	360.7	269.5

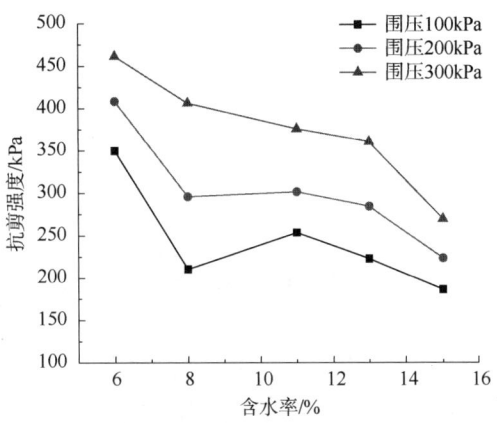

图 3-75 不同围压下相同含水率抗剪强度曲线图

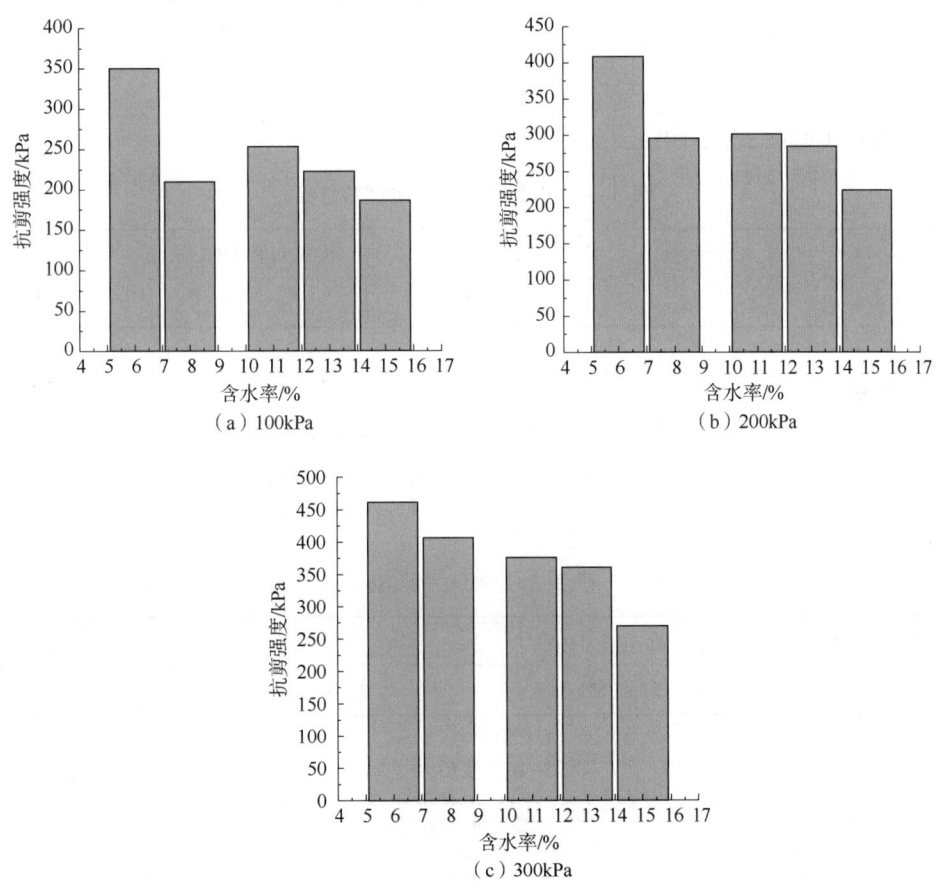

图 3-76 相同围压下不同含水率抗剪强度柱状图

从图 3-76 可以更为直观地看出，在不同的围压下均表现为 6% 含水率填料的抗剪强度最大，15% 含水率填料的抗剪强度最小，其余三组填料的抗剪强度介于这两组之间，总的趋势大致可以看作是抗剪强度伴随含水量增加而逐步减小。其中，在 σ_3 = 100kPa 状态下，8%含水率、最佳含水率、13%含水率下填料的抗剪强度最为离散；在 σ_3 = 200kPa 状态下，抗剪强度离散性最小；σ_3 = 300kPa 状态下，抗剪强度则最为规律地逐次下降。

4）无侧限抗压强度

无侧限试验全过程如图 3-77 所示。

  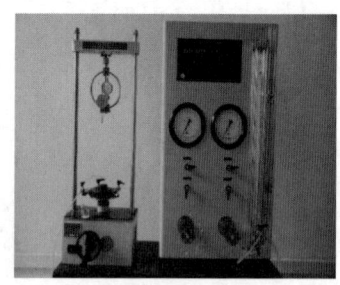

（a）试件放置　　　　　（b）试件加载　　　　　（c）无侧限试验仪

图 3-77　无侧限试验过程

井场填料无侧限试验结果见表 3-38。

表 3-38　井场填料无侧限试验结果

试样 1/kPa	试样 2/kPa	试样 3/kPa	平均值/kPa	变异系数 C.V/%
253.6	256.2	246.2	251.7	1.73

5）总结

路基填料物理力学指标见表 3-39 和表 3-40，其他测试指标分别为：CBR 值为 6.9%，吸水后的膨胀量为 3.0%，吸水量为 143g，最佳含水率配料下的无侧限抗压强度值为 251.7kPa。

表 3-39　物理力学指标

风干含水率 W/%	相对密度 G_s	最佳含水率 W_{opc}/%	最大干密度 ρ_{dmax}/(g/cm³)
12.7	2.72	11.00	2.01

表 3-40　液塑限指标

液限 W_l/%	塑限 W_p/%	塑性指数 I_p/%
31.165	19.827	11.338

2. 新型改性路基填料的路用性能与环境影响研究

选取水泥作为改性剂，探究水泥掺入比分别为 2%、4%、6%时的路用性能与力学性能。通过开展 CBR 试验、无侧限抗压强度试验、化学需氧量试验、长期浸出试验、短期浸出试验等来研究不同配比的新型路基填料的性能。依据试验结果，优选出可应用于实际工程的性能优越的新型改性路基填料配比。

经过系统的室内实验研究后，得到满足道路工程规范要求和环境要求的配合比为油基岩屑∶路基填料=25∶17，水泥用量为总质量的4%，此项研究是后续开展油基岩屑在路基填料中应用的现场试验的重要保障，大量的试验成果，拓宽了油基岩屑资源化利用的应用范围。

第八节　油基钻井废弃物在道路路面工程的应用技术

一、油基钻屑热脱附基本工艺参数试验

热脱附最佳工况条件的确定应依照不同的物料选取适宜的操作参数，实现固废达标处理的同时，尽可能降低处理能耗，调节产物分布情况往期望的方向进行，最大限度抑制或减少二次污染。

处理温度与停留时间是油基钻屑热脱附处理的主要控制参数，本节将根据钻屑热脱附过程残渣含油率以及气、液、固三相产物的分布情况，筛选出处理油基钻屑（干基）最佳工况条件，并对热脱附产物进行性质分析。

1. 动态热脱附温度的影响

在油基钻屑热脱附动态模拟实验中，采用固定变量法，固定钻屑在热脱附炉内停留时间，改变不同的处理温度。首先待炉膛温度升至预设温度，将1kg钻屑干基物料送入高温炉膛，在螺旋搅拌推动下均匀受热，脱附的油气在负压下由载气携带至冷凝器，冷凝收集得到冷凝液，量取体积并称重；钻屑残渣在达到预定时间后，从炉膛推出，冷却至室温后称重；不凝气质量由减量法获得。

通常油基岩屑现场生产处理时间一般不超过60min，因此考察热脱附时间60min、惰性载气氮气流速1L/min、螺旋搅拌速率为6r/min条件下，200~400℃不同热脱附温度对残渣含油率以及产物分布情况的影响，确定了适宜的处理温度。

采用固定变量法，固定钻屑在热脱附炉内停留时间，改变不同的处理温度，通过最终钻屑残渣含油率来评价处理效果，从而确定最佳控制温度。热脱附处理温度对钻屑残渣含油率的影响如图3-83所示，由图3-78可以看出，200℃时残渣含油率高于1.4%，未能达到1%以下的行业标准。随着处理温度的提高，残渣含油率呈现降低趋势，当温度为250℃时，含油率降低至1%以下；若温度超过300℃后，残渣含油率接近0.2%，温度的继续升高对残渣含油率影响不明显。这说明温度的变化显著影响着残渣最终处理效果，温度较低则会导致残渣含油率不达标，温度过高并不能使含油率进一步降

低,相反造成不必要的能耗浪费。因此,控制温度在250℃以上可实现油基钻屑达标处理。

图3-80是不同热脱附处理温度对三相产物分布的影响。由图3-80可以发现,随着处理温度的升高,钻屑残渣产量逐步减少,残渣产率由200℃时的97.5%降低到400℃时的87.6%,这是因为在较长的停留时间以保证传热充分的条件下,钻屑颗粒内部核心温度接近设定温度,更高的温度不仅加速了传热与油分挥发成气,也致使不易挥发的重质组分裂解成气,有机污染组分脱除更为彻底;冷凝液产率在200~350℃范围内随着温度提高而增加,并在350℃时出现最大值为6.3%,当温度到达400℃时,冷凝液产率降低至5.5%,这是因为温度升高有利于油分脱附的同时也增加了分子裂解的可能,导致油气在高温下也容易发生二次裂解,产生较多的不凝气,可凝组分减少,因此400℃时冷凝液产量降低,不凝气产率急剧升高至6.9%,而在200~350℃低温条件下不凝气产率增加缓慢。

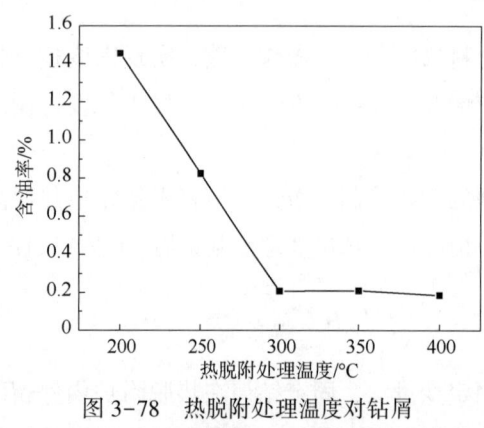

图3-78 热脱附处理温度对钻屑残渣含油率的影响

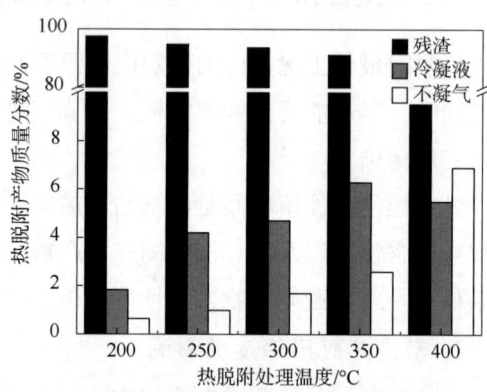

图3-79 热脱附处理温度对产物分布的影响

综合考虑不同温度下残渣含油率以及产物的分布情况,选取350℃作为最佳处理温度,此时热脱附残渣含油率低于行业标准1%,冷凝液产率最高,同时不凝气产率相对较低,说明了该温度完全可以实现油基钻屑的无害化处理,污染物分离彻底。此时大部分油分以液相冷凝液的形式存在而易于回收,不凝气产量较低,有效地控制对环境的二次污染。

2. 热脱附时间的影响

热脱附停留时间也是影响钻屑处理效果与产物分布的重要因素,钻屑在炉膛内停留时间决定着传热传质效果。在油基钻屑热脱附动态模拟实验中,依旧采用固定变量法,以前节筛选所得最佳处理温度为固定温度,改变停留时间,通过残渣含油率及产物分布情况筛选出最佳停留时间。

考察了在最佳热脱附温度350℃、惰性载气氮气流速1L/min、螺旋搅拌速率为6r/min条件下,停留时间20~60min对钻屑热脱附效果的影响,确定了适宜的停留处理时间。不同热脱附停留时间所对应残渣含油率如图3-80所示。

由图3-80可知,从停留时间对残渣含油率的影响变化可以看出,含油率随着停留时间的延长呈降低趋势,热脱附前40min内含油率急剧降低,并且在30min时含油率低至1%以下,当停留时间达到40min,此时含油率低至0.3%以下;当时间超过40min后,停留时间的增加并没有使残渣含油率明显降低,这可能是因为油基钻屑含有少量的重质组分,其馏出温度较高,该温度条件无法实现其解吸脱除。由此可见,当停留时间为30min时,含油率即可达到行业标准,处理时间的过度延长并不能明显提升脱附效果,相反增加了能耗,降低了生产效率。

图3-81为不同热脱附停留时间下三相产物的分布情况。由图3-81可知,热脱附停留时间由20min增加至60min时,钻屑残渣产率逐步降低,由20min时的最高值95.4%降低至60min时的最低值91.1%。然而冷凝液与不凝气产率却持续增加,当时间达到50min后,冷凝液与不凝气产率增加缓慢,基本分别保持在6.2%和2.5%左右。该结果表明:停留时间的增加可以使钻屑中有机污染物充分解吸挥发,转化为冷凝液与不凝气,进一步降低了钻屑残渣的油类含量,同时受处理温度和残渣含油率制约,到达一定停留时间后,三相产物产率变化细微,存在极限停留时间。

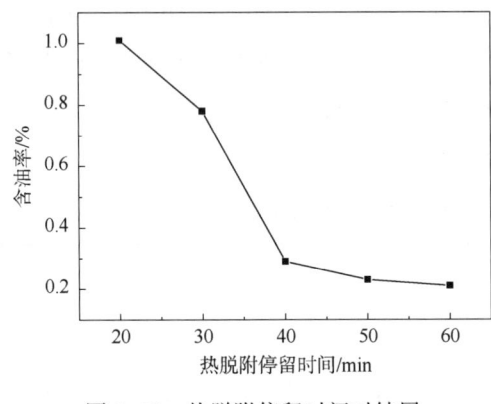

图3-80 热脱附停留时间对钻屑残渣含油率的影响

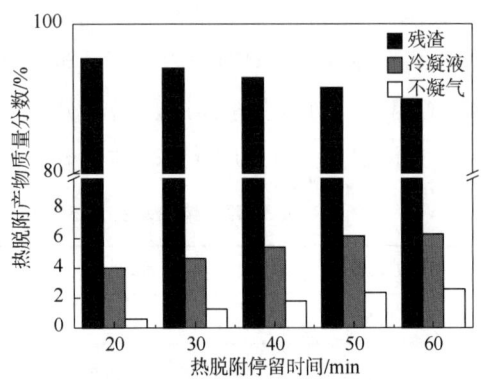

图3-81 热脱附停留时间对产物分布的影响

因此,在固定热脱附温度条件下,过长的停留时间并不会对产物产率带来明显影响,反而提高了能耗与处理成本,有必要选取适宜的时间条件。虽然延长时间可以提高凝液产率,但考虑到残渣含油率以及能耗问题,油基钻屑甩干渣(干基)的最佳热脱附温度为350℃,最佳停留时间为30min。在现场工业化生产过程中,热脱附温度与停留时间的控制尤为重要。

3. 热脱附产物性质分析

油基钻屑热脱附最佳工况350℃-30min的不凝气通过气相色谱仪进行全组分分析,结果见表3-41。排除惰性载气与漏氧量的影响,不凝气是由H_2、CO_2、CH_4和C_2—C_4组分构成,其中CH_4含量最高,油基钻屑热脱附不凝气主要源自有机物在没有氧气存在下进行的热分解,即裂化反应。钻屑中长链有机物碳原子数较多,导致裂化产物更为复杂,但均是由C—C键与C—H键断裂,然后自由基重新组合形成的复杂化合物,最终生成更低级的烷烃、烯烃和氢气,二氧化碳主要来源于少量燃烧反应、烯烃的氧化和羧基的裂解。

表 3-41　最佳工况下(350℃-30min)油基钻屑单独热脱附不凝气全组分含量

组分	CH_4	C_2H_6	C_2H_4	C_3H_8	C_3H_6	C_4H_8	C_5H_{10}	H_2	CO_2	O_2	N_2
体积分数/%	2.46	0.01	0.20	0.01	0.13	0.1	0.04	0.10	1.25	7.71	87.81

油基钻屑热脱附技术可以实现大部分基础油回收,减少二次污染,避免能源浪费,热脱附冷凝液包括水相与油相,其中热脱附回收油潜在利用价值较高。为摸清回收油性质并与基础油比较,将油基钻屑最佳工况下热脱附回收油做如下分析测试:

油基钻屑甩干渣(干基)热脱附最佳处理条件为350℃-30min,钻井液黏度是评价其性质的重要参数,此时冷凝液回收油相黏度为0.0045Pa·s,相比基础油黏度0.0047Pa·s而略有降低,这也是长链大分子烷烃热分解变为低分子量脂肪烃导致的。

最佳工况热脱附回收油模拟蒸馏结果见表3-42,大部分烃类组分馏出温度与基础油相似,均在200~300℃范围内,回收油馏程为135.8~446℃,与钻屑基础油馏程172.6~498.6℃相比,初馏点与终馏点温度分别降低了36.8℃和52.6℃,整体温度降低了30~50℃,这说明热分解反应导致轻质组分比例增加而更易馏出。

表 3-42　柴油基钻屑350℃-30min热脱附回收油模拟蒸馏数据

收率/%	温度/℃	收率/%	温度/℃
0.5	135.8	55	275.6
5	185.8	60	283
10	200	65	290.4
15	210.8	70	298.8
20	223	75	306.4
25	230.6	80	313.4
30	239.6	85	322.6
35	248.4	90	334.4
40	252.6	95	350.2
45	261.8	99.5	446
50	268.4		

采用红外光谱仪(IR)对钻屑最佳工况350℃-30min下热脱附回收油进行的基础红外表征如图3-82所示,与基础油红外谱图对比分析后发现:回收油除了含有大量的脂肪烷烃分子,还在1715cm^{-1}波数处出现了羰基特征吸收峰,根据谱图可以推测回收油中含有酮类化合物,这与周浩[71]在含油钻屑热解实验中所得热解回收油中含氧有机质主要为酮类的结论一致。此现象的原因可能是长链烷烃分子热分解过程形成相对低分子量的烷烃与烯烃,烯烃在高温下被系统内少量氧

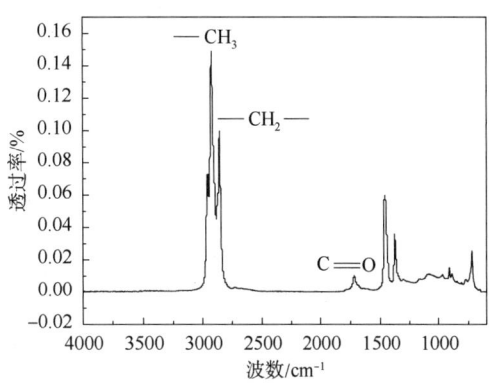

图3-82 柴油基钻屑350℃-30min
热脱附回收油红外谱图

气部分氧化生成脂肪酮,双键碳上氢原子数目不同亦会生成二氧化碳与脂肪酸,而低级脂肪酸易溶于水相,这也导致了冷凝液水相具有更严重的刺鼻性臭味,回收油组分发生变质亦带有较重异味。

热脱附温度是影响热脱附回收油组分组成的重要因素,热脱附所涉及的热分解反应较为复杂,为研究温度对热脱附回收油组分的影响,采用气相色谱—质谱联用(GC-MS)对250℃和400℃回收油组分进行分析比较,结果见图3-83与表3-43。

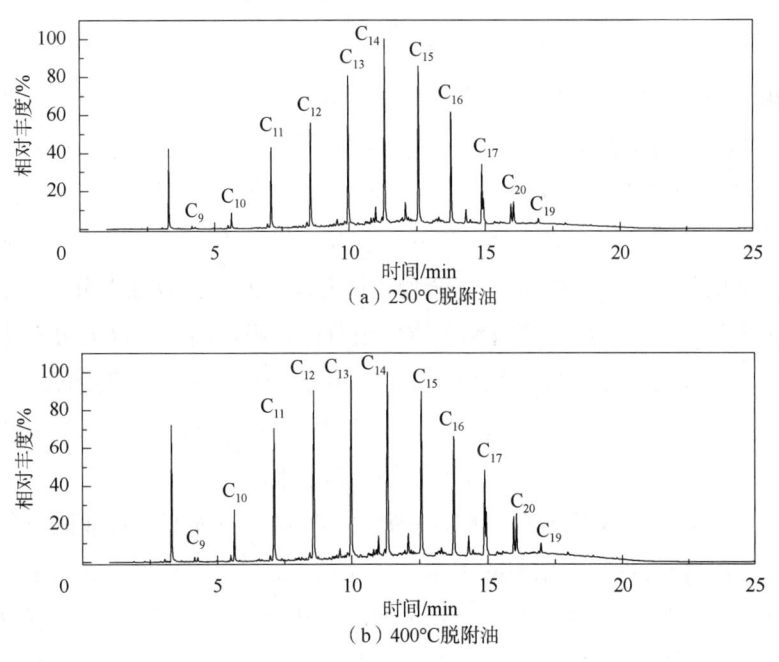

图3-83 温度对热脱附回收油组分的影响

表 3-43 250℃与400℃回收油主要有机物组分

序号	名称	分子式	峰面积比/% 250℃	峰面积比/% 400℃
1	正壬烷	C_9H_{20}	0.18	0.24
2	正癸烷	$C_{10}H_{22}$	0.83	1.77
3	正构十一烷	$C_{11}H_{24}$	5.14	6.82
4	正构十二烷	$C_{12}H_{26}$	10.23	11.42
5	正构十三烷	$C_{13}H_{28}$	11.76	15.26
6	正构十四烷	$C_{14}H_{30}$	19.35	15.34
7	正构十五烷	$C_{15}H_{32}$	19.97	14.93
8	正构十六烷	$C_{16}H_{34}$	14.81	11.61
9	正构十七烷	$C_{17}H_{36}$	7.80	8.25
10	姥鲛烷	$C_{19}H_{40}$	2.21	2.86
11	正构十八烷	$C_{18}H_{38}$	2.71	3.99
12	植烷	$C_{20}H_{42}$	3.61	4.92
13	正构十九烷	$C_{19}H_{40}$	0.72	1.66
14	正构二十烷	$C_{20}H_{42}$	0.35	0.50
15	正构二十一烷	$C_{21}H_{44}$	0.20	0.27
16	正构二十二烷	$C_{22}H_{46}$	0.10	0.15

分析发现，两种温度下回收油碳分子量均主要分布在 C_{11}—C_{20}，其中250℃回收油碳分子量为 C_{14} 和 C_{15} 的有机组分含量较高，这与钻屑提取基础油的组分分布基本相同。然而400℃回收油因热脱附温度的提高而热分解反应加剧，热分解反应遵循自由基反应机理，含量更多的长链大分子裂解生成小分子碎片，较高含量的 C_{14}—C_{16} 组分减量明显，呈现出向低分子量移动的趋势，C_9—C_{13} 烃类化合物含量升高，此时回收油碳分子量为 C_{13}—C_{14} 烃类有机化合物含量较高。温度升高有利于重质组分的解吸，同时因高温分解生成的分子自由基的增加，也造成较大分子自由基相互聚合形成长链脂肪烃的机会增多，提高了 C_{17}—C_{22} 烃类化合物含量。由此可见，高温促进了脂肪烃分子的分解与自由基聚合反应，以及重质组分的深度解吸，使回收油整体分子量分布趋于平均。

油基钻屑热脱附残渣呈黑灰色，无明显刺激性气味，但依旧是工业固体废弃物，由油基钻屑全元素 XRF 分析可知，钻屑除了含有大量的 Ca、Mg、Al、Si 等元素，还存在较高含量的 O 元素，这意味着金属元素多以氧化物的形式存在。油基钻屑热脱附残渣 XRD 分析如图 3-84 所示，钻屑残渣无机组分主要包括 SiO_2、$CaCO_3$、Al_2O_3 和 Fe_2O_3 四种氧化物，其中 SiO_2、$CaCO_3$ 含量明显较高，资源化利用价值较高，可用于铺路、建材和陶粒制备等领域。

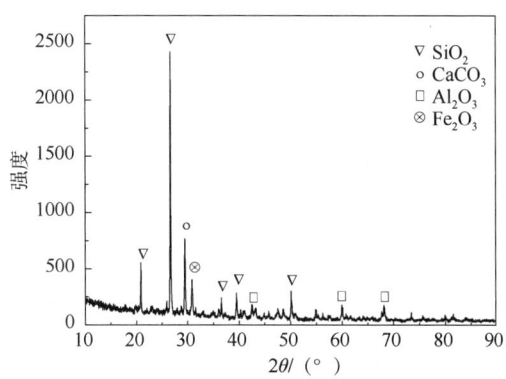

图 3-84 油基钻屑热脱附残渣 XRD 分析

通过比较表 3-44 中钻屑干基与残渣工业分析数据可以发现,最佳工况热脱附后,残渣中水分 M_{ad} 全部挥发去除,挥发分 V_{ad} 与固定碳 FC_{ad} 含量减少,这是由大量有机污染物解吸挥发引起的,进而灰分 A_{ad} 比例有所升高。

表 3-44 油基钻屑干基及其最佳工况下热脱附残渣工业分析

项目	M_{ad}/%(质量分数)	A_{ad}/%(质量分数)	V_{ad}/%(质量分数)	FC_{ad}/%(质量分数)
钻屑干基	1.00	73.83	16.09	9.08
热脱附残渣	0	83.00	14.64	2.36

4. 小结

本小节以含油固废热脱附动态模拟装置为油基钻屑热脱附实验平台,考察了脱附温度和停留时间对热脱附残渣含油率及三相产物分布情况的影响。依照钻屑达标处理与二次污染最小化原则,筛选出油基钻屑最佳处理工况,并对产物进行性质分析。通过油基钻屑与生石灰不同混合比例样品协同热脱附实验,研究了生石灰对钻屑处理效果、产物分布情况、三相产物组分组成以及工况能耗的影响,并对协同热脱附机理进行了探讨,得出以下几点主要结论:

(1)油基钻屑在停留时间 60min 情况下,250℃以上即可实现残渣含油率低于 1%,产物分布情况显示:残渣产率随温度升高而减少,不凝气产率呈增加趋势,凝液产率在 350℃下存在最大值;在脱附温度为 350℃情况下,30min 停留时间可实现残渣达标处理,残渣产率随时间延长逐步降低,而凝液与不凝气产率增加,但存在极限停留时间 50min。综合考虑处理效果、产物分布与能耗,最终确定油基钻屑干基最佳处理工况为 350℃ 热解 30min。

(2)热脱附不凝气来源于烃类有机物的热分解,主要包含 H_2、CO_2 和 C_1—C_4 轻质烃类组分;凝液分为水相与油相,回收油相与基础油相比,含有较多的酮类物质,黏度接近基础油,而馏程范围降低 30~50℃,高温提高了较重组分的脱附效率,同时增加了分解与自由基聚合反应,使回收油碳分子量分布更加平均;脱附残渣中大量的 Ca、Mg、Al、Si 元素,这些金属元素多以氧化物形式存在,其中 SiO_2、$CaCO_3$ 含量较高。

二、基于热脱附的水基—油基钻井废弃物处理与资源化一体化橇装处理装备技术集成总体思路

1. 总体技术路线

针对当前页岩气钻井废弃物处理过程中钻井废弃物液相回用率低、固相无害化处理及资源化利用效率低的问题,以及水基钻井废弃物处理装置与油基钻井废弃物处理装置的部分设备重复配置、总占地面积大等问题,提出基于热脱附的油基水基钻井废弃物处理与资源化一体化橇装装置工艺,以便更加高效地处理钻井全过程中的水基油基钻井废弃物。基于热脱附的水基油基一体处理装置工艺流程框图如图 3-85 所示。

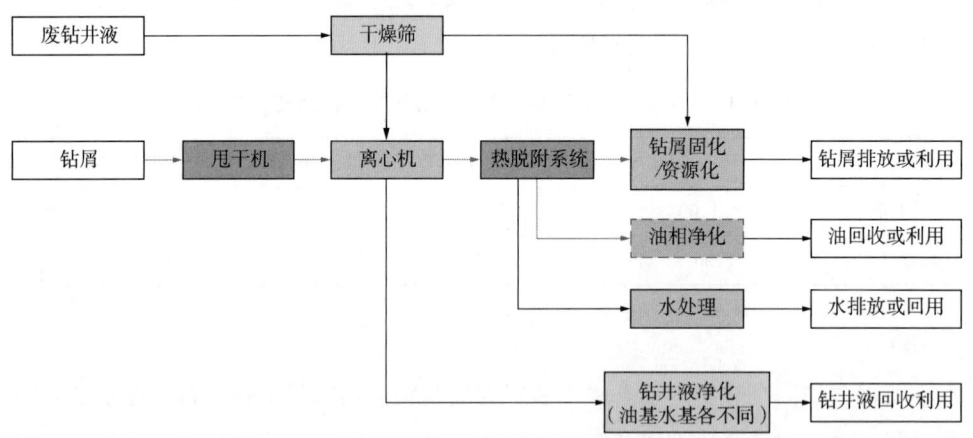

图 3-85 基于热脱附的水基油基一体处理装置工艺流程框图

2. 水基钻井废弃物处理

针对页岩气井水基钻井废弃物,通过不落地随钻液相再生回用系统、物料收集输送系统、固相资源化利用系统,废钻井液再生处理后回用井下,钻屑无害化处理后制备资源化产品回用井场。水基钻井废弃物不加药物理分离处理与资源化装置工艺流程图如图 3-86 所示。

3. 油基钻井废弃物处理

油基钻屑热脱附处理工艺流程框图如图 3-87 所示。钻井液固控系统振动筛排出岩屑,通过螺旋输送机输送,甩干机和变频离心机依次进行二次固液分离,分离得到的固相进入岩屑箱,液相通过钻井泵进入回用钻井液罐。钻井液固控系统除砂除泥器、离心机排出的岩屑直接进入岩屑箱。所有在岩屑箱的油基岩屑,通过专用叉车运送至电磁加热脱附炉。经过热脱附处理后的油气通过热脱附炉配套的冷凝系统进行冷却后,冷凝液进入三相离心

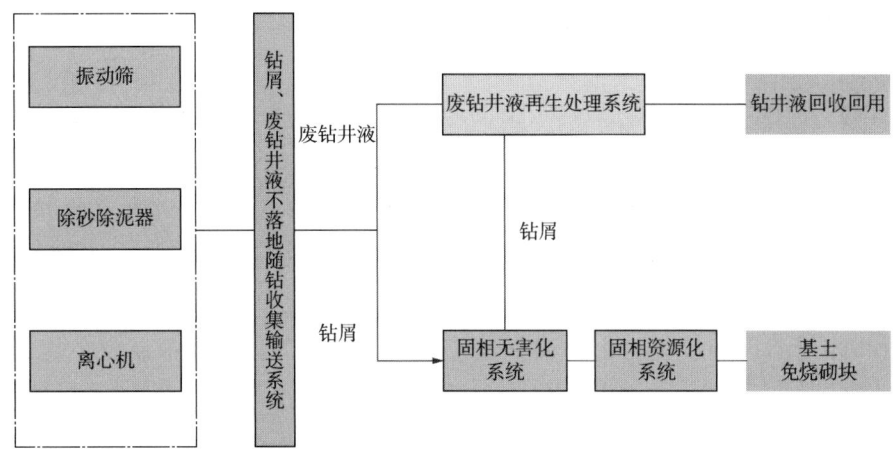

图 3-86　水基钻井废弃物不加药物理分离处理与资源化装置工艺流程图

机分离，固相回到电磁热脱附炉，液相输送至油储罐，可供配置油基钻井液。经过热脱附处理后的热脱附残渣装入岩屑箱运送至集中处理站，制成的免烧砖、免烧砌块或烧结砖等产品，用于新井钻前工程施工等。

油基钻屑主要由黏土矿物质、柴油（或白油）、水和油基钻井液添加剂组成，加热到较高温度下（300~500℃），柴油（或白油）、水和部分钻井液添加剂从黏土矿物质中蒸发脱附出来，分离出富含有机烃、水蒸气和部分粉尘的脱附混合气体，使黏土矿物质（排渣）达到环保处理要求。混合气体经除尘、冷却分离成冷凝液和不凝气。不凝气经废气处理系统处理后达标排放。冷凝液经油水分离处理分成油相和水相两部分，油相回收利用，水相经处理后回用或转运至污水处理站处理。

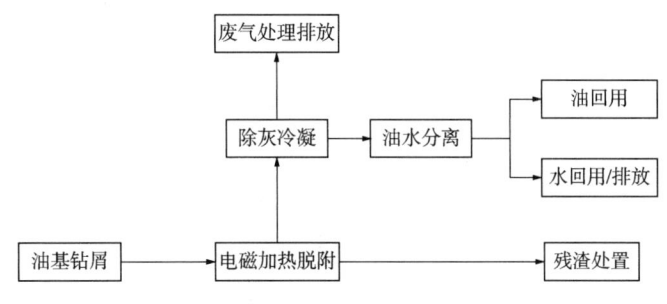

图 3-87　油基钻屑热脱附处理工艺流程框图

三、基于热脱附的水基—油基钻井废弃物处理与资源化一体化橇装处理装备设计

基于热脱附的油基—水基一体处理装置由两大系统组成，即水基钻井废弃物处理部分和油基钻井废弃物处理专用部分。油基钻井废弃物处理专用部分处理后的残渣处置可利用水基钻井废弃物处理部分的固相无害化处理系统。

1. 水基钻井废弃物处理单元设备设计

1) 水基钻井废弃物处理工艺设计

根据国内外技术现状和工艺设计选型设计的研究结果,结合工艺技术自身特点和建设要求,确定的水基钻井废弃物不落地随钻处理流程框图如图 3-88 所示。不落地收集单元拟接受井队固控振动筛排出的钻井废弃物采用滑槽+双螺旋收集橇,接受井队固控除砂除泥器和离心机排出的钻井废弃物采用螺旋收集+普迈泵输送。液相再生回用单元拟采用高离心力振动筛和调速离心机为主要设备及工艺。固相无害化单元拟采用混拌机、钻屑称重漏斗装置和固化剂投加装置为主要设备及工艺。固相资源化单元拟制备免烧砖和铺路基土。

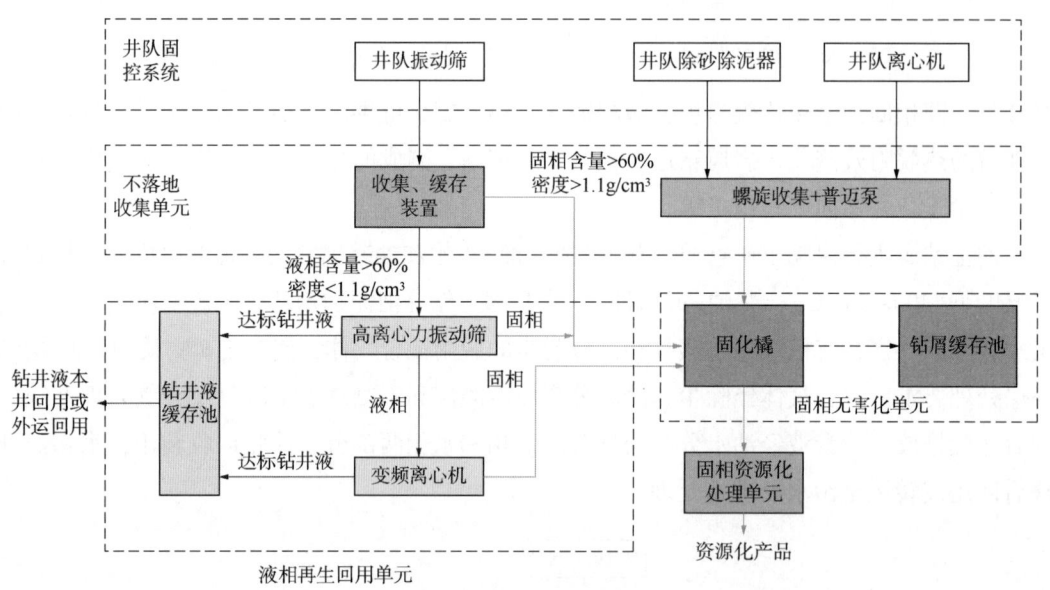

图 3-88 水基钻井废弃物不落地随钻处理流程框图

(1) 不落地收集单元工艺。

水基钻井废弃物不落地收集单元工艺流程图如图 3-89 所示。

钻井振动筛排出的废弃物经过滑槽落入双螺旋收集橇,经缓存沉降分离,上层液体用立式砂泵打至再生单元的干燥筛,下层沉淀物用底部的双螺旋推送至普迈泵,再由普迈泵打至固相无害化单元。钻井除砂除泥器、钻井离心机排出的废弃物经过滑槽落入普迈泵,直接泵送至固相无害化单元。

钻井除砂除泥器、钻井离心机排出的废弃物经过滑槽落入普迈泵,由普迈泵输送至固相无害化单元进行无害化处理。

(2) 液相再生回用单元工艺。

水基钻井废弃物液相再生回用单元工艺流程框图如图 3-90 所示。不落地收集单元的立式砂泵把液体(含液率大于 60%、密度小于 1.1g/cm³)打进高离心力振动筛进行初步分

第三章 页岩气开采油基钻井废弃物处理技术及装备

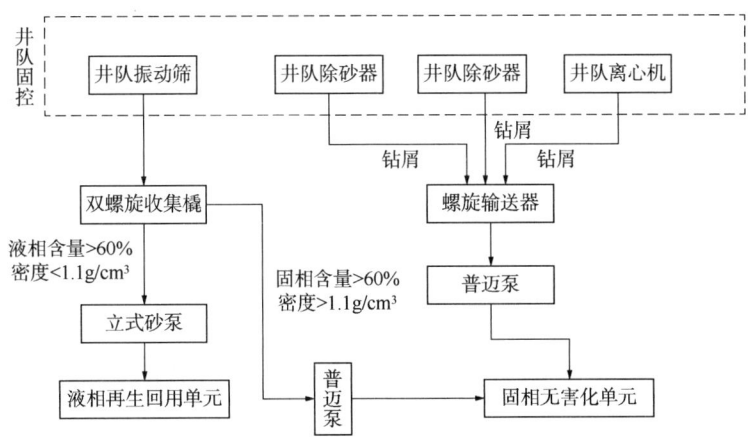

图 3-89 水基钻井废弃物不落地收集单元工艺流程框图

离。高离心力振动筛分离后的达标钻井液（液相）由立式砂泵打进可拆卸钻井液储存罐，未达标液相再由立式砂泵泵入调速离心机继续分离，分离后的达标钻井液由立式砂泵打进可拆卸钻井液储存罐。高离心力振动筛和调速离心机分离出的固相由普迈泵输送进入固相无害化单元。

达标钻井液指标：固相含量<25%、黏度 35~60s、失水量≤5mL，达到钻井队钻井液使用性能要求。

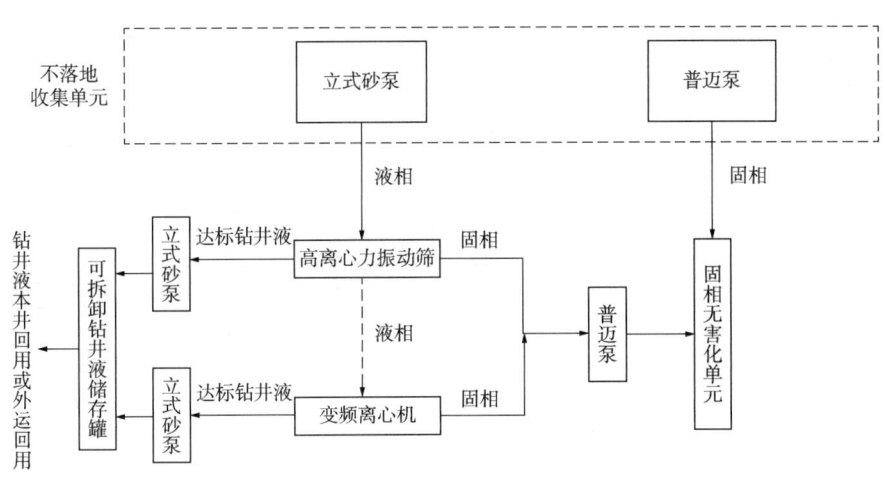

图 3-90 水基钻井废弃物液相再生回用单元工艺流程框图

（3）固相无害化单元工艺。

水基钻井废弃物固相无害化单元工艺流程框图如图 3-91 所示。橇内配有两个固化剂（Ⅰ型和Ⅱ型）储存仓和粉料计量装置，输送过来的岩屑进入计量固相缓冲罐。该橇的主要作用是将岩屑和固化剂按比例和投料顺序分别计量后，投送进固化橇搅拌机里充分搅拌反应,达到环保要求,制备成基土,实现无害化处理,并通过皮带机输送到暂存场地。

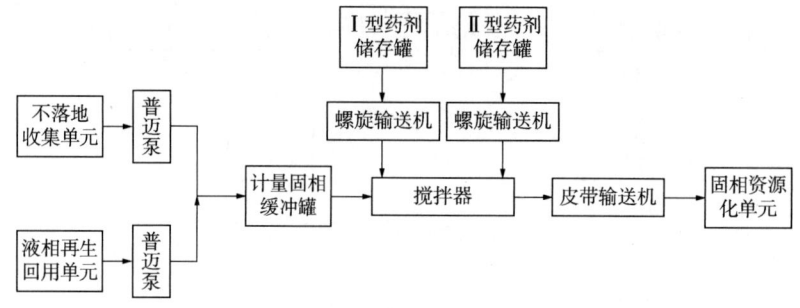

图 3-91　水基钻井废弃物固相无害化单元工艺流程框图

(4)固相资源化处理单元工艺。

水基钻井废弃物固相资源化处理单元工艺流程框图如图 3-92 所示。无害化处理后的基土与制砖辅料一起加入配料机充分混合,再通过砌块砖机制备成免烧砌块。

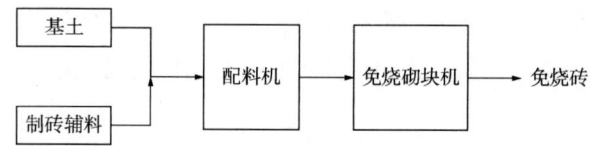

图 3-92　水基钻井废弃物固相资源化处理单元工艺流程框图

2)物料平衡

水基钻井废弃物随钻处理工艺物料平衡见表 3-45 和图 3-93。钻井固控系统设计处理规模(排出固相物料总量)为 20m³/h,钻井废弃物综合含水率 80%,含固率 20%。钻井振动筛排出的钻屑为 14m³/h,钻屑含水率 80%,含固率 20%,通过螺旋输送机输送至混拌输送机。

表 3-45　水基钻井废弃物随钻处理工艺物料平衡表

编号	工艺	物料平衡/(m³/h)		备注
		固相	液相	
	总量:20m³/h			
1	螺旋输送机、固相输送泵(4台,12m³/h)	20.00m³/h (含水率80.0%;含固率20.0%)	4.00	16.00	钻井液固控系统振动筛、除砂器除泥器、固控离心机等出渣,分别通过螺旋输送和普迈泵进固化橇
2	井队固控	固相物料:14m³/h (含水率80.0%;含固率20.0%)	2.8	11.2	含水率80.0%;含固率20.0%

续表

编号	工　艺		物料平衡/(m³/h)		备注
			固相	液相	
3	高离心力干燥筛 (1台，120m³/h)	分离固相：1.8m³/h (含水率80.0%；含固率20.0%)	0.36	1.44	螺旋输送进收集橇
		分离液相：4.2m³/h (含水率87.1%；含固率12.9%)	0.54	3.66	提升输送至脱液离心机
4	脱液离心机 (1台，30m³/h)	分离固相：1.95m³/h (含水率75.0%；含固率25.0%)	0.49	1.46	螺旋输送进混拌输送机
		分离液相：2.25m³/h (含水率97.6%；含固率2.4%)	0.18	2.18	
5	固化剂加药装置 (1台，5m³/h)	固化剂投加	3.55	—	固化剂投加按20%计算
6	混拌输送机 (1台，30m³/h)	高离心力干燥筛进料	1.8		
		脱液离心机进料	1.95		
		井队固控出料	14		
		固化剂投加	3.55		固化剂投加按20%计算
	铺路基土产量21.3m³/h，其中干固体6.39m³/h		21.3		含水率70%，含固率30%
7	制砌块机一台(5m³/h，300块/h)		8		基土量占80%

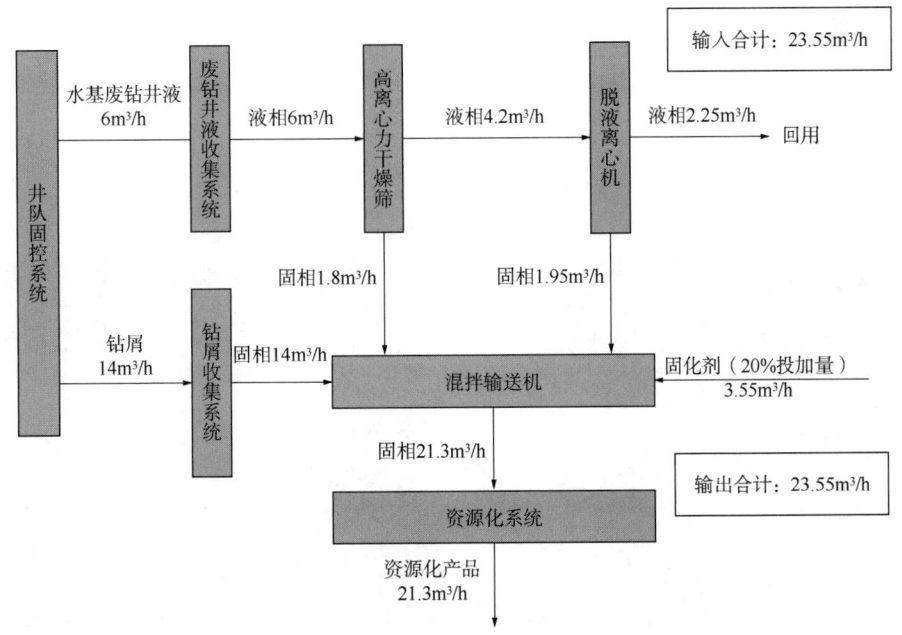

图3-93　水基钻井废弃物处理工艺物料平衡

废钻井液经过单螺杆泵输送至高离心力干燥筛,固相出料(含水率80%,含固率20%)1.8m³/h,液相出料(含水率87.1%,含固率12.9%)4.2m³/h;高离心力干燥筛液相出料重力输送至缓冲罐,再经过单螺杆泵输送至脱液离心机进行固液分离,分离固相出料(含水率75%,含固率25%)1.95m³/h,分离液相出料(含水率97.6%,含固率2.4%)2.25m³/h;高离心力干燥筛、脱液离心机分离出的固相(1.8+1.95=3.75m³/h),通过螺旋输送机输送至混拌输送机。混拌输送机中固相(14+3.75=17.75m³/h)与固化剂进行混合,固化剂投加比例为20%,为3.55m³/h。混拌成型物料总量为21.3m³/h(含水率66.7%,含固率33.3%)。固相资源化成品总量为21.3m³/h。

3)水基钻井废弃物处理装置设计

(1)装置主要性能参数。

① 水基钻屑处理能力达到20m³/h,水基废钻井液处理能力达到10m³/h。

② 进料性质:含固率10%~30%,含水率70%~90%。

③ 再生的水基钻井液性能:固相含量<25%,漏斗黏度35~60s,失水量≤5mL,达到钻井队钻井液使用性能要求,满足废弃钻井液再生回收利用需要。

钻屑资源化产品应达到如下技术标准,满足钻屑资源化利用需要:

① 制备的铺路基土达到 JTG D40—2011《公路水泥混凝土路面设计规范》,含水率≤20%;浸出液达到 GB 8978—1996《国家污水综合排放标准》一级,pH=6~9,色度≤50倍,COD≤100mg/L,石油类≤5mg/L。

② 制备的砌块达到 GB/T 8239—2014《普通混凝土小型砌块》,抗压强度≥10MPa(28d);浸出液达到 GB 8978—1996《国家污水综合排放标准》一级,pH=6~9,色度≤50倍,COD≤100mg/L,石油类≤5mg/L。

(2)水基钻井废弃物处理装置组成。

水基钻井废弃物处理单元设备由5部分组成,水基钻井废弃物不加药物理分离处理与资源化装置如图3-94所示,水基钻井废弃物处理的主要设备见表3-46。

图 3-94 水基钻井废弃物不加药物理分离处理与资源化装置

表 3-46 水基钻井废弃物处理主要设备表

序号	处理单元	名称	规格	单位	数量	备注
1	不落地收集单元	双螺旋收集橇	$V=10m^3$	套	1	
2		双螺旋输送机	$Q=20m^3/h$	台	1	
3		砂泵	$Q=40m^3/h$	台	4	
4		普迈泵	$Q=15m^3/h$	台	5	
5		岩屑暂存应急池	$V=50m^3$	座	2	
6	液相再生单元	高离心力振动筛	$Q=120m^3/h$	台	1	
7		缓冲罐	$V=20m^3$	座	1	2个仓
8		调速离心机	$Q=40m^3/h$	台	1	
9		可拆卸钻井液储存罐	$V=75m^3$	座	2	
10		高杆泵	$Q=100m^3/h$	台	2	
11	固相无害化单元	搅拌机	$Q=30m^3/h$	台	2	
12		计量固相缓冲罐	$V=5m^3$	座	1	
13		药剂储罐	$V=5m^3$	座	2	
14		加药螺旋输送机	$Q=20m^3/h$	台	2	
15		皮带输送机	$Q=20m^3/h$	台	1	
16	固相资源化单元	配料机	$V=6m^3$	套	1	4个仓
17		皮带输送机	$Q=20m^3/h$	台	1	
19		免烧砌块机	$Q=5m^3/h$	套	1	

① 不落地物料收集与输送系统：钻井液储存罐、固井钻井液储罐、螺旋输送机等。

a. 单元功能：钻屑、钻井液体系替换时，外排废钻井液等废弃物不落地分类收集。

b. 单元组成：双螺旋输送机、普迈泵、立式砂泵、岩屑暂存池等组成。

钻井振动筛排出的废弃物经过滑槽落入双螺旋收集橇。双螺旋收集橇上方装有立式砂泵，橇底装有双螺旋，橇的端头装1台普迈泵。落入双螺旋收集橇里的上层液体(含液率大于60%，密度小于1.1g/cm³)用立式砂泵打至液相再生单元的高离心力振动筛；双螺旋收集橇里的下层沉淀物(含液率小于60%，密度大于1.1g/cm³)用底部的双螺旋推送至普迈泵，再由普迈泵输送至固相无害化处理单元。

钻井固控除砂除泥器、离心机排出的废弃物经过滑槽落入普迈泵，然后再输送至固相无害化处理单元。

② 液相再生与回用系统：高离心力干燥筛、脱液离心机、钻井液储罐、配套泵组等。

a. 单元功能：废钻井液中劣质固相去除、再生和回用。

b. 单元组成：高离心力振动筛、调速离心机、可拆卸钻井液暂存池等组成。

收集单元的立式砂泵把液体（含液率大于60%，密度小于1.1g/cm³）输送至高离心力振动筛进行初步分离，分离出的固相进入普迈泵，分离出的液相进入高离心力振动筛下方缓存罐，由立式砂泵泵入可拆卸钻井液暂存池或调速离心机进一步分离去除劣质固相，达到井队回用要求后，回用井场或进入可拆卸钻井液暂存池。

③ 固相无害化处理系统：固化橇、混拌输送机以及配套设备。

a. 单元功能：钻屑、液相再生单元分离的固相，与处理剂反应后，制备成基土。

b. 单元组成：搅拌机、计量固相缓冲罐、药剂暂存罐、皮带输送机等。

固化剂和粉料储存在储存仓，经粉料计量装置输送到固相缓冲罐，与按比例输送来的岩屑一起投送进固化橇搅拌机，经充分搅拌反应，达到无害化处理要求后，再通过皮带机输送到暂存场地。

④ 制备免烧砌块系统：配料机、上板机、砌块砖机等。

a. 单元功能：基土添加辅助材料（米石、水泥）及增强剂后，制备成免烧砖、免烧砌块等资源化产品。

b. 单元组成：配料机、制备机等。

无害化处理后的基土，加入配料机，按照一定比例添加米石、水泥、增强剂等材料，充分混合，并加入一定量的水，然后通过砌块砖机制备成免烧砌块。

c. 检测系统：pH计、COD、石油类、抗压强度测定仪等。

2. 油基钻屑电磁加热式热脱附处理单元设计

1）油基钻屑热脱附处理中试

（1）油基钻屑热脱附处理中试装置。

油基钻屑热脱附处理中试装置主要由热脱附流程、油水分离流程、废气处理流程、循环水冷却流程和氮气保护流程五大流程组成。油基钻屑热脱附处理中试现场试验装置图如图3-95所示。

图3-95 油基钻屑热脱附处理中试现场试验装置图

油基钻屑热脱附处理中试装置是由预处理单元、进料单元、热脱附单元、油气冷凝分离单元、冷凝液处理单元、废气处理单元、冷却及保护单元、仪表控制单元、电气控制单元、橇座钢平台及钢梯等组成的成套设备。成套设备的各单元包括：

① 预处理单元包括倾角螺旋输送机等；
② 进料单元包括料斗、螺旋给料机、插板阀等；
③ 热脱附单元包括热脱附炉、冷却喷淋螺旋、插板阀等，是专置的核算处理单元；
④ 油气冷凝分离单元包括旋风分离器、冷凝器等；
⑤ 冷凝液处理单元包括油水分离罐、管道泵、蝶式离心机等；
⑥ 废气处理单元包括催化氧化装置、活性炭吸附装置、引风机等；
⑦ 冷却及保护单元包括冷水机、制氮装置等；
⑧ 仪表控制单元包括阀门、仪表等；
⑨ 电气控制单元包括电气元件等。

（2）油基钻屑热脱附处理中试设备主要性能参数。

① 处理量100kg/h；
② 工作介质油基钻屑（其中物料含固体70%，油15%，水15%）；
③ 尾气排放要求符合GB 16297—1996《大气污染物综合排放标准》表2二级标准要求；
④ 恶臭污染物排放要求符合GB 14554—1993《恶臭污染物排放标准》表2要求。

制方式PLC+上位机+触摸屏橇装化和模块化人机界面和远程监控。

（3）油基钻屑热脱附处理中试取得的成果。

① 成套装置可实现油基钻屑热脱附处理，可实现连续运行处理，装置处理能力达到150kg/h，回收的油品密度与柴油相当（$0.85g/cm^3$），外排尾气的非甲烷总烃含量稳定在60mg/m^3以下（最低达到18mg/m^3）。
② 热脱附电磁加热可稳定达到450℃以上，停留时间在30min以内，排渣含油率小于1%，脱附气体冷凝后可自然沉降分离成油水。
③ 出料系统、制氮系统、冷水机、不凝气催化氧化处理设备和活性炭吸附处理设备可稳定运行。

2）油基钻屑电磁加热式热脱附处理装置设计

（1）装置设计目标参数。

根据项目需求、油基钻屑处理技术现状和发展趋势，确定油基钻屑电磁加热式热脱附处理装置的基本性能参数如下：

① 处理规模：3t/h。
② 加热方式：电磁加热。
③ 运行功率：≤800kW（380V，50Hz）。

④ 原料性质：含油8%，含水2%，含固体90%（以井队甩干机出料计）。

⑤ 设备排渣：含油率≤1%。

⑥ 回收油品质：含水和固相总量（TW&S）≤1%。

⑦ 排放废气：非甲烷总烃含量小于120mg/m³。

（2）油基钻屑电磁加热式热脱附处理装置工艺流程。

油基钻屑电磁加热式热脱附处理装置通过电磁加热使油基钻屑升温至350~450℃，油基钻屑中的油、水组分受热变为气态脱附气，与固相组分分离。固相组分冷却后排出。脱附气经旋风分离、过滤器两级除尘之后，经过风冷冷凝器凝结分离成油水凝液和不凝气两部分。油水凝液经油水分离罐、碟式离心机进一步分离成油、水，分别收集后转运到集中站进一步处理处置。不凝气经碱洗后与空气混合，经干式过滤、蓄热催化氧化分解成二氧化碳和水，实现达标排放。

（3）油基钻屑电磁加热式热脱附处理装置组成。

油基钻屑电磁加热式热脱附处理单元设备由热脱附单元、辅助处理单元、尾气处理单元、总配电与中央控制橇和预处理单元5部分组成。双螺旋电磁加热脱附炉如图3-96所示，油基钻屑电磁加热式热脱附处理装置组成见表3-47。

图3-96 双螺旋电磁加热脱附炉

表3-47 油基钻屑电磁加热式热脱附处理装置组成

序号	处理单元	部件名称	规格尺寸/（mm×mm×mm）	备注
1	热脱附处理单元	热脱附主橇	11500×3000×61500	分上下两层，用于电磁加热式热脱附及配套的制氮、水冷等
2		冷却斜螺旋	3505×800×3930	
3		冷却水平螺旋	6350×700×1063	
4		冷却水塔橇	3600×3000×3125	与冷水机配套

续表

序号	处理单元	部件名称	规格尺寸/(mm×mm×mm)	备注
5	热脱附辅助处理单元	分离与冷凝辅橇	11500×3000×6000	分上下两层,用于脱附气体的干法除尘、风冷冷凝
6		污水回收橇	6000×2800×3000	用于废水暂存
7		油回收橇	8500×2800×3000	用于回收油暂存
8	尾气处理单元	尾气催化氧化装置	14500×7000×4800	用于不凝气的排放处理
9	总配电与中央控制单元	中央控制间	8400×2800×2760	
10		总配电控制橇	4500×3000×2450	
11	预处理与进料单元	甩干离心橇	9200×2400×2800	油基钻屑预处理
12		倾角输送螺旋	12320×426×820	用于甩干渣输送
13		称重储料仓	5050×2560×3050	原料缓存与称重
14		刮板机	15800×1200×1390	用于给热脱附炉上料

① 热脱附处理单元：主要用于进料、电磁加热式热脱附反应、冷却出料，以及配套的制氮保护、水冷保护等。

② 辅助处理单元：主要用于脱附混合气体的除尘与冷凝、冷凝液油水分离处理、分离出水和出油的暂存等。

浮动收油罐用于空气冷凝器排出的凝液的油水分离，将凝液分离成油、水两相，分别输送至回收油储罐和废水储罐(图3-97)。浮动收油罐内设的油水界面仪与油泵联锁，当罐内油水混合液静置一段时间后，通过界面仪确认罐内液面高度，开启油泵收油，浮动收油器从液体表面收油，罐内液面下降，油首先切出，液位低于初始液位一定值时(可设定)，收油完成，开启搅拌装置，将水和泥混合均匀，启动排水。

图3-97 浮动收油罐

催化氧化装置主要包括水封罐、干式过滤器、反应室、主风机等（图 3-98）。催化氧化单元采用化学反应的方式将可燃的不凝气体进行催化氧化燃烧，实现达标排放。

图 3-98　催化氧化处理装置

催化氧化处理装置工艺流程如图 3-99 所示。不凝气先进入水封罐、干式过滤器后，进入反应室，其中不凝结可燃气体进行催化氧化燃烧，然后由主风机将达标气体通过烟囱排入大气。在干式过滤器后安装有可燃气体检测仪，当可燃气体含量达到 50%，将自动开启催化氧化装置的氮气吹扫阀。

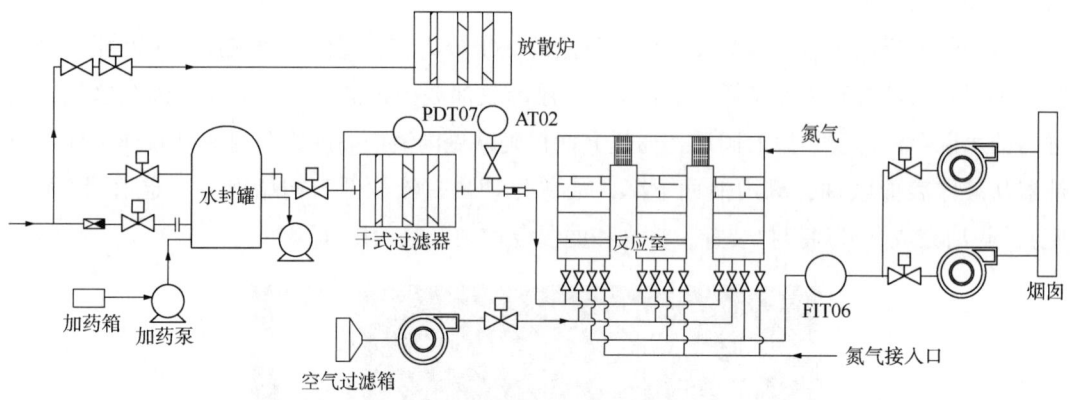

图 3-99　催化氧化处理装置工艺流程

③ 尾气处理单元：主要用于处理脱附气冷凝后的不凝气，实现达标排放，其主要为有机废气蓄热催化燃烧系统。

制氮装置由空气压缩机、冷冻干燥机、3 级精密过滤器、变压吸附塔（PSA）、氮气储罐及配套控制仪表组成。制氮装置系统的流程如图 3-100 所示。

④ 总配电与中央控制单元：用于热附脱处理成套装置的终端控制，主要包括操控系统、数据采集系统和视频监控系统等。

⑤ 预处理与进料单元：用于油基钻屑的甩干离心、缓存称重、上料输送等，主要包括甩干离心机、倾角输送螺旋、称重储料仓和刮板机等。

第三章 页岩气开采油基钻井废弃物处理技术及装备

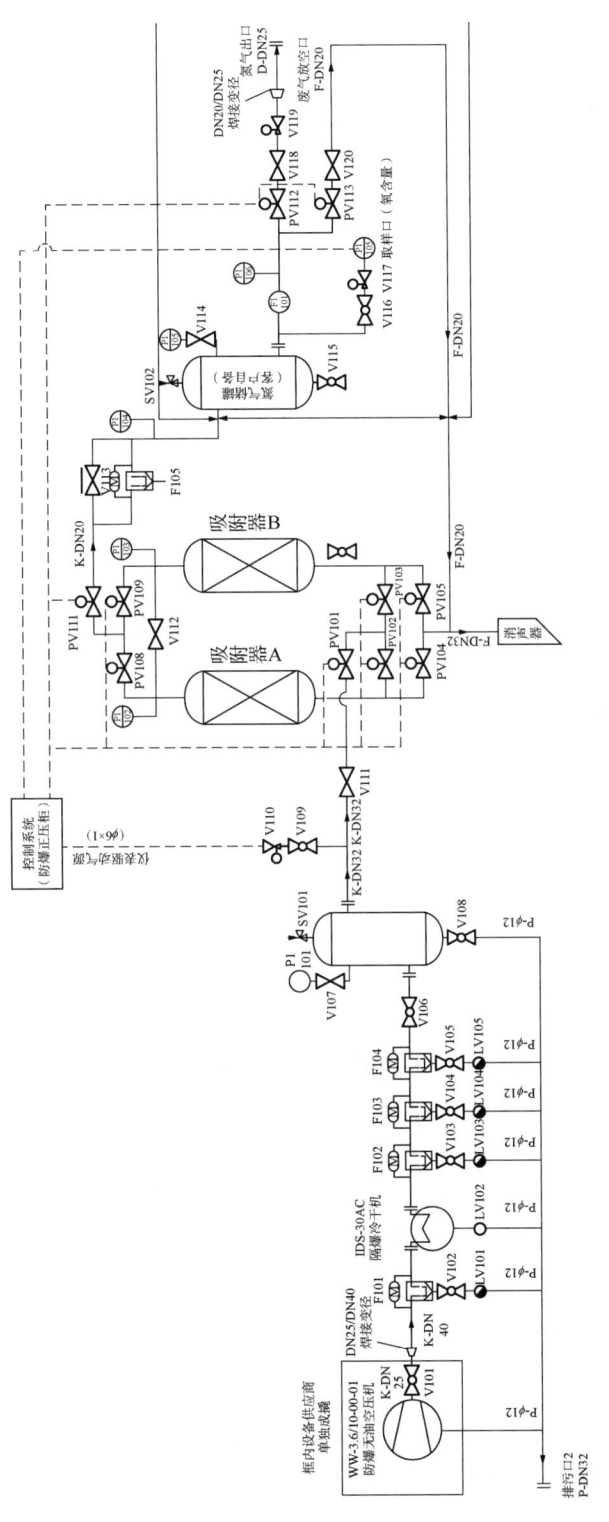

图3-100 制氮装置工艺流程图

第四章 页岩气采出水处理技术

针对国内页岩气开发产生的废液处理量大、回用率低、处理成本高等问题,创新研发了基于超磁分离器的页岩气压裂返排液快速高效回用处理技术及装置;通过优化集成化学混凝沉降、磁重介质分离、氧化杀菌、膜过滤等处理工艺,研发了两套采出水快速回用处理技术及模块化装置,处理后水质溶解性总固体 $<1500\mathrm{mg/L}$,$Fe^{2+}<0.3\mathrm{mg/L}$,$Mn^{2+}<0.1\mathrm{mg/L}$,回配压裂液降阻率大于61%。

第一节 压裂返排液回用处理装置

目前国内开发的页岩气产生的压裂返排液性质不同于其他工业矿业的生产污水和城市生活污水,也不同于国外页岩气压裂返排液。国内页岩气普遍埋藏深,地质条件更为复杂,且所处地理位置多为山区丘陵地带,人口稠密,因此,对压裂返排液的处理基本采用处理回用方式。传统的水处理技术如化学混凝法、化学氧化法、高级氧化技术、电催化氧化、电气浮等,因存在加药量大、处理工艺复杂、效率低、时间长、成本高、占地面积大等问题,现场难以实施。

一、页岩气压裂返排液回用处理装置设计思路

川庆井下公司通过对长宁—威远页岩储层压裂返排液性能的研究,结合压裂工艺、环境要求、法律法规、成本控制等因素,以及装置日处理量 $1000\mathrm{m}^3$ 的处理需求,提出采用絮凝—混凝、固液快速分离、超滤、橇装化、模块化的设计方案。为了达到快速、高效和低成本的处理效果,在固液快速分离单元和超滤单元,分别采用了磁分离技术和聚偏氟乙烯(PVDF)中空纤维膜超滤分离技术。

1. 磁分离技术

近几年磁力分离法已成为一门新兴的水处理技术,磁分离利用废水中杂质颗粒的磁性进行分离,对于水中非磁性或弱磁性的颗粒,利用磁性接种技术可使它们具有磁性。借助外力磁场的作用,将废水中有磁性的悬浮固体分离出来,从而达到净化水的目的。

磁场本身是一种具有特殊能量的场，经磁场处理过的水或水溶液，其光学性质、导电率、介电常数、黏度、化学反应、表面张力、吸附作用、凝聚作用及电化学效应等方面的特性都发生了可测量的变化，并且当撤掉磁场后，这种变化能保持数小时或数天，具有记忆效应。由于这些现象的存在，多年来磁技术一直是研究热点。随着强磁场、高梯度磁分离技术的问世，磁分离技术的应用已经从分离强磁性大颗粒到去除弱磁性及反磁性的细小颗粒，从最初的矿物分选、煤脱硫发展到工业水处理，从磁性与非磁性元素的分离发展到抗磁性流体均相混合物组分间的分离。作为洁净、节能的新兴技术，磁分离将显示出诱人的开发前景。

近十多年国内学者对磁分离技术的应用也进行了较为广泛的研究，特别是在磁分离技术工艺、工艺单元的影响因素如絮凝剂的投加量、搅拌强度、气浮时间、气浮压力、回流比、磁种投加量、磁场强度以及剩磁问题等方面做了大量的研究。与沉降、过滤等常规方法相比较，磁力分离法具有处理能力大、效率高、能量消耗少、设备简单紧凑等一系列优点，已成功应用于高炉煤气洗涤水、炼钢烟尘净化废水、轧钢废水和烧结废水的净化，以及其他工业废水、城市污水比如食品废水处理、含油废水处理、城市污水处理和印染废水处理等。磁分离技术具有以下优点：

（1）磁分离技术处理效率高。该技术处理废水速度快、处理能力大，且不受自然温度的影响，对其他分离方法难以除去的极细悬浮物及低浓度的废水具有很强的分离能力。特别是高梯度磁滤分离器的过滤速度是一般处理用的高速过滤机的10~30倍，相当于沉淀池的100倍。

（2）磁分离设备体积小、结构简单、维护容易、费用低、占地少。如高梯度磁分离设备，容易实现自动化；工作高度可靠，维修量适中；占地少，以普通快滤池为例，磁滤器占地面积仅为其1/6，土建量也很少，可以大大缩短建设周期。因此，磁滤器特别适合中小型水厂及土地资源比较紧张的城镇采用。

（3）利用高梯度磁滤法，可去除那些耐药性和毒性很强的病原微生物、细菌以及一些难降解的有机物等。有研究表明，磁场力可使病原微生物、细菌等细胞内的水和酶钝化或失活，从而使它们被杀灭，通过磁滤达到去除的目的，而且不产生有害的副产品。与用氯或氯制剂消毒相比，该磁分离技术不会使废水中的有机物与氯反应产生三卤甲烷（THMs）和其他卤代烃化合物，这些化合物是多种疾病的致病因子。

（4）运行费用相对较低。对于中小型水厂而言，对比采用磁滤处理装置（过滤部分）与传统工艺（滤池部分），前者比后者运行费用增加（运行时按投加铁粉考虑，回收率按80%计算）0.60元/m³（试验设备按单独定制，造价比批量生产要高得多），但磁滤器对水中有机物的去除效果远高于传统工艺，且能去除藻类，出水水质优于砂滤池出水。磁分离技术工艺流程如图4-1所示，装置如图4-2所示。

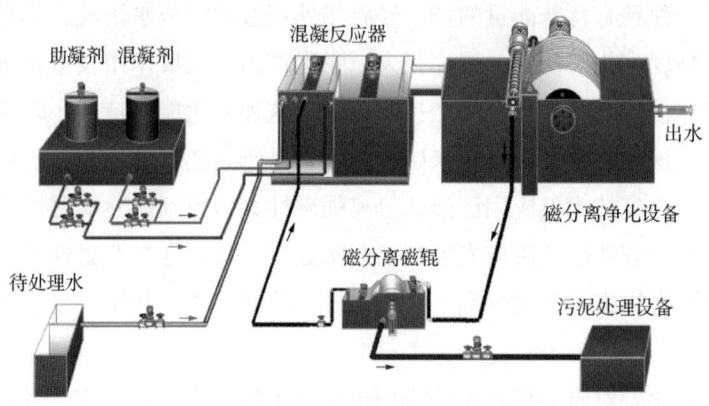

图 4-1 磁分离技术工艺流程示意图

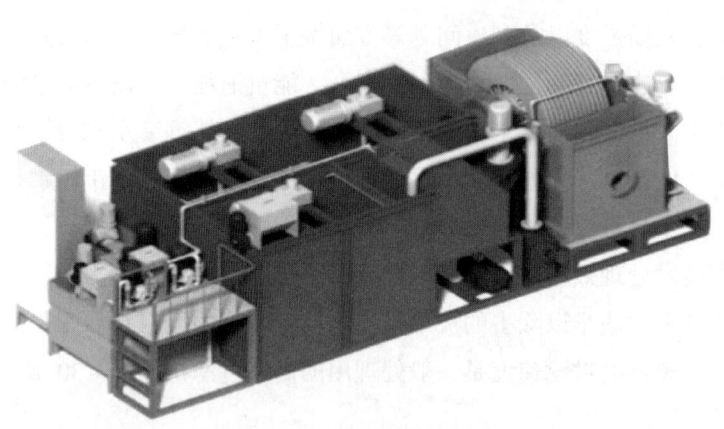

图 4-2 磁分离装置示意图

2. 聚偏氟乙烯(PVDF)中空纤维膜超滤分离技术

膜超滤分离技术作为深度处理的重要单元，可以根据对水质的不同需求进行组合，既可以与磁分离单元组合，满足回用水质的较高要求，也可以和反渗透、蒸发结晶单元组合满足排放水质要求。因此，作为橇装化和模块化的一部分，采用了PVDF结晶型聚合物作为膜超滤分离的主要材料。

膜分离技术作为当代新型高效的分离、浓缩、提纯及净化技术，特别适用于工业对节能、提高生产效率、再利用低品位原材料和消除环境污染的需求，成为实现经济可持续发展战略的重要组成部分[72-74]。PVDF是一种结晶型聚合物，可在较低的温度下溶于某些强极性有机溶剂，易于用相转化法制膜，PVDF分离膜已成功地应用于化工、食品、废水处理、医药和生化等诸多领域[75-79]，引起了人们的关注和进一步研究[80-88]。

由于PVDF的表面能极低，是一种疏水性很强的材料，导致其在分离油/水体系时污染严重，通量衰减很快，制约了其在膜分离领域的应用。PVDF膜污染的主要原因是疏水性的膜表面容易吸附蛋白质、微生物、胶体等有机物质[89]，从而导致膜孔堵塞，渗透通量下降,严重缩短了膜的使用寿命[90]。

为了降低膜污染、延长膜的使用寿命,对 PVDF 膜的亲水化改性已经成为膜科学领域研究的热点之一[91-92]。PVDF 膜亲水改性方法主要分为共混改性、共聚改性、表面接枝改性和表面涂覆改性四大类。水处理用 PVDF 分离膜的改性着重于提高膜的亲水性以及抗污染性等,这些性质决定了膜的分离效率和使用寿命[93]。通过非溶剂相分离法技术制备 PVDF 中空纤维膜,分析 PVDF 固含量、凝固浴温度等因素对 PVDF 膜性能的影响,并采用表面接枝方法,将亲水性的丙烯酰胺引入 PVDF 中空纤维膜表面,提高其亲水性,制备出丙烯酰胺接枝改性的亲水 PVDF 微孔膜。通过对页岩气压裂返排液进行过滤实验,改性后膜的亲水性、吸附和通量衰减等性能达到压裂返排液的处理效果。PVDF 分离膜在水力压裂返排液处理中,可作为过滤单元与磁分离单元并用,能够有效去除返排液中悬浮物、总铁、细菌等有害物质,以实现返排液回用或达到深度处理的目的。

二、页岩气压裂返排液回用处理装置设计与加工

实验分析表明,影响页岩气压裂返排液回用因素主要有悬浮颗粒物、细菌等。依据能源行业标准《页岩气 储层改造 第 3 部分:压裂返排液回收和处理方法》(NB/T 14002.3—2022)、中国石油集团企业标准《碎屑岩油藏注水水质指标及分析方法》(SY/T 5329—2022),确定了处理前后的水质回用指标,见表 4-1。确定返排液回用指标后,根据高效、快速、低成本的原则选择水质处理方法及设备,最终确定采用化学絮凝、快速固液分离、精细过滤和杀菌四大处理系统进行回用处理,整体处理工艺流程如图 4-3 所示。

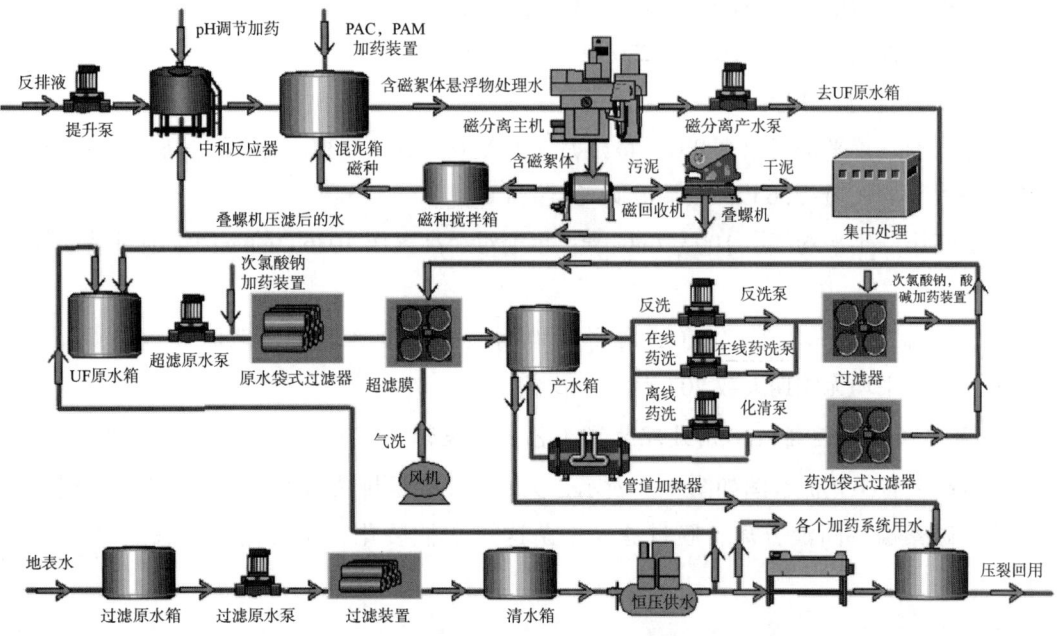

图 4-3 页岩气压裂返排液回用处理工艺流程图

表 4-1 页岩气压裂返排液回用处理装置处理前后水质指标

序号	项目	进水指标	出水指标
1	pH 值	6~9	6~8
2	含油量①/(mg/L)	≤400	≤50
3	悬浮物固体含量①/(mg/L)	≤2000	≤30
4	悬浮物粒径中值①/(μm)	—	≤5
5	化学需氧量(COD)②/(mg/L)	≤1000	≤500
6	硫酸盐还原菌(SRB)/(个/mL)	≤1×10^4	≤25
7	腐生菌(TGB)/(个/mL)	≤1×10^4	≤100
8	铁细菌(FB)/(个/mL)	≤1×10^4	≤100
9	总铁/(mg/L)	≤50	≤10
10	浊度/NTU	—	≤10

① SY/T 5329—2022《碎屑岩油藏注水水质指标及分析方法》。
② 非溶解性有机物。

1. 页岩气压裂返排液回用处理装置适用条件

1)地面条件

返排液回用处理装置占地不低于 200m^2，地面采用水泥硬化，地面承重大于 1000kg/m^2。

2)供电条件

(1)低压动力电源：AC380V±5%，50Hz，3 相。

(2)低压控制和照明电源：AC220V±5%，50Hz。

3)厂址气候水文情况

(1)气温。年平均气温 9.8℃，最热月 7 月平均气温 23.3℃，极端最高气温 38.6℃，最冷月 1 月平均气温-5.6℃，极端最低气温-24℃。

(2)气压。年平均气压 1002.7mbar❶；年绝对最高气压 1036.3mbar；年绝对最低气压 977.7mbar。

(3)地温。年平均值 17.1℃；月平均地面最高温度 33.4℃；地面极端最低温度-23.4℃；历年平均无霜期天数 207 天。

2. 页岩气压裂返排液回用处理装置工艺流程设计

磁分离装置工艺流程图如图 4-4 所示，页岩气压裂返排液回用处理装置的工艺流程按照中和—磁絮凝—固液分离、膜过滤、杀菌这三个橇装化、模块化设计思路进行如下设计。

---

❶ 1mbar=100Pa。

第四章 页岩气采出水处理技术

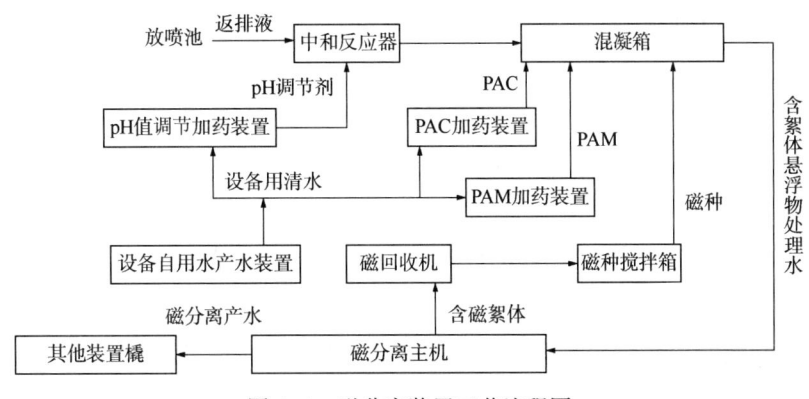

图4-4 磁分离装置工艺流程图

1) 加载絮凝磁分离橇系统流程

废水通过泵提升至1级反应器进水口，加入pH值调节剂（酸或碱）。反应器必须设置导流格，废水与药剂混合后通过导流格进入反应器底部，出水口位于1级反应器上部，废水从底部向上流动，经过搅拌叶充分搅拌，避免了短流和混合不充分的现象。

废水从1级反应器上部的连接管流入2级混凝反应器导流格，加入混凝剂（PAC）和磁助剂，进入2级反应器，进行搅拌反应。

废水从2级反应器上部的连接管流入3级絮凝反应器导流格，加入絮凝剂（PAM），进入3级反应器，进行搅拌反应，形成絮凝团。含有磁助剂的絮凝团进入永磁磁盘分离机底部向上流动，絮凝团通过磁盘吸出，通过刮泥板将磁盘上的污泥刮下。刮泥板采用活动式，弹簧的弹力将刮板与磁盘尽量地贴合，避免刮泥不尽的现象。污泥从泥斗排出，废水从清水口排出。

2) 超滤装置橇系统流程

废水经过前期处理后进入超滤原水箱，通过原水泵进入至袋式过滤器，过滤袋过滤精度为100μm，可去除部分固体颗粒杂质，确保其产水浊度小于50NTU，再进入集成超滤系统。

超滤装置工艺流程图如图4-5所示，超滤系统技术是以中空纤维超/微滤膜组件为中心处理单元，配以特殊设计的管路、阀门、自清洗单元、加药单元和自控单元等，形成闭路连续操作系统，原水在一定压力下透过微滤/超滤膜进行过滤，达到物理分离净化的目的。超滤系统的技术核心是高性能抗污染膜组件以及与之相配合的独特膜清洗技术。

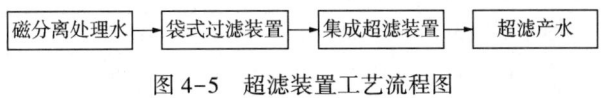

图4-5 超滤装置工艺流程图

核心过滤元件聚偏氟乙烯（PVDF）中空纤维微滤膜，具有单位体积装填密度高、水通量大、抗污染能力强、对化学清洗药剂耐受力强、运行寿命长和能耗极低等特点，过滤精度为0.1μm，能去除绝大部分固体颗粒物、细菌和藻类物质，同时还可去除部分胶体、大分子有机物，确保产水浊度稳定小于5NTU。

超滤膜过滤单元还应符合以下要求：

(1) PLC 控制系统，连续自动运行；

(2) 在线反洗、气水双洗方法，膜通量稳定，清洗水量更低；

(3) 占地小、结构紧凑，模块化设计适用于不同处理规模；

(4) 超低压运行，省电节能；

(5) 可采用常用工业化学药剂进行系统清洗，节省运行成本。

3) 消毒装置橇系统流程

经过超滤系统处理后，废水中的细菌被有效截留，但由于处理后的出水会较长时间存放至现场水罐中以备后期回用于压裂液配制用水，考虑现场环境以及存储罐本身的环境条件，易使处理后的水在存放期间滋生细菌，不满足压裂液回用水条件，因此在超滤系统出水后增加次氯酸钠消毒单元，进行进一步的消毒抑菌，确保水质满足其回用要求。杀菌装置工艺流程图如图 4-6 所示。

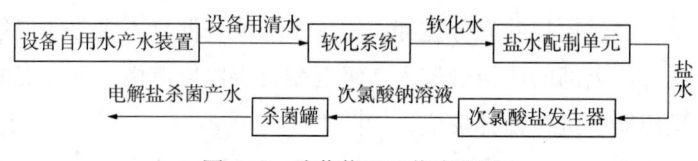

图 4-6 杀菌装置工艺流程图

该次氯酸钠消毒系统采用电解食盐水制次氯酸钠工艺，整个加药装置中包括系统主机、相关药剂罐及加药泵等。整个系统为自动控制系统，装置产生的消毒药剂也自动加入超滤出水的管道中进行充分混合。

3. 页岩气压裂返排液回用处理装置主要技术指标

(1) 页岩气压裂返排液处理装置整体处理能力与能耗见表 4-2。

表 4-2 页岩气压裂返排液处理装置整体处理能力与能耗

序号	项目	进水指标	出水指标
1	pH 值	6~9	6~8
2	含油量[①]/(mg/L)	≤400	≤50
3	悬浮物固体含量[①]/(mg/L)	≤2000	≤30
4	悬浮物粒径中值[①]/μm	—	≤5
5	化学需氧量(COD)[②]/(mg/L)	≤1000	≤500
6	硫酸盐还原菌(SRB)/(个/mL)	≤1×10^4	≤25
7	腐生菌(TGB)/(个/mL)	≤1×10^4	≤100
8	铁细菌(FB)/(个/mL)	≤1×10^4	≤100
9	总铁/(mg/L)	≤50	≤10
10	浊度/NTU	—	≤10

① 按照进水水质标准处理。

② 非溶解性有机物。

(2)加载絮凝磁分离橇及除硬度装置橇处理出水水质要求见表4-3。

表4-3 加载絮凝磁分离橇及除硬度装置橇处理出水水质指标

序 号	项 目	出 水
1	pH值	6~9
2	含油量/(mg/L)	≤20
3	悬浮物(SS)/(mg/L)	≤70
4	化学需氧量(COD)/(mg/L)	≤700
5	总硬度D/(mg/L)	≤500
6	硫酸盐还原菌(SRB)/(个/mL)	≤1×10^4
7	腐生菌(TGB)/(个/mL)	≤1×10^4
8	铁细菌(FB)/(个/mL)	≤1×10^4
9	总铁/(mg/L)	≤30

(3)超滤装置橇处理水量≥50m^3/h。

(4)消毒装置橇处理水量≥50m^3/h。

(5)超滤装置橇及消毒装置橇处理出水水质要求见表4-4。

表4-4 超滤装置橇及消毒装置橇处理出水水质指标

序 号	项 目	出 水
1	pH值	6~9
2	含油量/(mg/L)	≤10
3	悬浮物(SS)/(mg/L)	≤10
4	硫酸盐还原菌(SRB)/(个/mL)	≤10
5	腐生菌(TGB)/(个/mL)	≤10
6	铁细菌(FB)/(个/mL)	≤10
7	总铁/(mg/L)	≤10
8	浊度/NTU	≤5

4. 页岩气压裂返排液回用处理装置规格要求与技术参数

1)加载絮凝磁分离橇

(1)加载絮凝磁分离橇的主要功能及用途。

加载絮凝磁分离橇是由絮凝反应器、多盘永磁磁盘分离主机及化药装置组成。废水通过絮凝反应器时，加入混凝剂、絮凝剂和磁助剂，通过物化反应产生絮凝体，将废水中的油、悬浮物、残余胶料等杂质絮凝成团，再进入磁盘分离机，随着磁盘的转动，在磁力场的作用下，进行固液分离，将分离槽中的污泥吸附在磁盘上，所剩清洁水体通过溢流口排出。化药装置为药剂准备装置，药剂通过溶解制备，按一定比例加入反应器。

(2)加载絮凝磁分离橇的要求。

加载絮凝磁分离橇组成部分包括调节槽、混凝反应槽、絮凝反应槽和固液分离装置,上述各槽之间通过连通管连接自流,以节约能耗。另外设有溶药桶,该装置将废水物化处理需要的装置集成一体,并组合在一个底板框架上,结构紧凑,占地面积小,便于移动和野外作业需要,缩短了废水流动过程中的停留时间和流程,处理效果好,电耗低,符合低碳环保的要求。

调节槽、混凝槽和絮凝槽均为圆桶形槽体,避免了槽体内死角,使物化絮凝反应比较充分。絮凝剂 PAM 化药槽采用上下结构,上部是化药槽,下部是储存槽,上下槽之间用联通管连接,加药泵采用计量泵或蠕动泵。在调节槽、混凝槽和絮凝槽中废水停留时间短,因而反应器体积小。槽内搅拌桨叶根据桶的大小设置一组或两组,桨叶长度为桶直径的50%,桨叶倾角为45°,搅拌使水流向下。调节槽、混凝槽搅拌桨转速为120r/min,絮凝槽搅拌桨转速为80~90r/min。

投运前加载絮凝磁分离橇的全部手动阀门在调试正常后的开启位置,所有电动阀门处于关闭状态。依次打开装置进水阀门、出水阀门,系统投入废水处理状态。

(3)加载絮凝磁分离橇技术规格及要求。

① 数量:1台。

② 单台处理能力:50m^3/h。

③ 装置型号:10000mm×2950mm×2950mm(为便于运输和安装,设备必须橇装化结构,外形尺寸不得大于:长10000mm,宽2950mm,高2950mm)。

(4)设备材质:不锈钢。

(5)设计参数:加载絮凝磁分离橇主要设备参数见表4-5和表4-6。

表4-5 加载絮凝磁分离橇设备参数

序号	名称	技术规格	单位	数量
1	一级反应器	停留时间满足反应要求;材质不锈钢304;内部防腐	台	1
		桨叶材质不锈钢304		
	电动机	功率1.5kW;转速120r/min		
		额定电压380V 50Hz;防爆 Exd ⅡB T4;防护等级 IP55		
2	二级反应器	停留时间满足反应要求;材质不锈钢304;内部防腐	台	1
		桨叶材质不锈钢304		
	电动机	功率1.5kW;转速120r/min		
		额定电压380V 50Hz;防爆 Exd ⅡB T4;防护等级 IP55		
3	三级反应器	停留时间满足反应要求;材质不锈钢304;内部防腐	台	1
		桨叶材质 S304		
	电动机	功率1.5kW;转速90r/min		
		额定电压380V 50Hz;防爆 Exd ⅡB T4;防护等级 IP55		

续表

序号	名称	技术规格	单位	数量
4	主机	处理水量 50m³/h；磁盘、水槽、罩壳和出泥斗材质为不锈钢304；机架材质为碳钢(防腐)	台	1
4	电动机	主电动机 4kW		
4	电动机	运行方式：连续运行		
4	电动机	额定电压 380V 50Hz；防爆 Exd ⅡB T4；防护等级 IP55		
5		pH 值调节剂加药装置	套	1
5	溶液箱	储液能力 1.5m³	台	1
5	溶液箱	箱体材质 S304；内部防腐		
5	搅拌器	搅拌机功率 1.5kW；转速 120r/min	台	1
5	电动机	额定电压 380V 50Hz；防爆 Exd ⅡB T4；防护等级 IP55	台	1
6		混凝剂加药装置	套	1
6	溶液箱	储液能力 1.5m³	台	1
6	溶液箱	箱体材质 S304；内部防腐		
6	搅拌器	搅拌机功率 1.5kW；转速 120r/min	台	1
6	电动机	额定电压 380V 50Hz；防爆 Exd ⅡB T4；防护等级 IP55	台	1
7		絮凝剂加药装置	套	2
7	溶液箱	储液能力 1.5m³	台	2
7	储药箱	储液能力 0.7m³	台	2
7	储药箱	箱体材质不锈钢 304		
7	搅拌器	材质不锈钢 304	台	2
7	搅拌器	搅拌功率 1.5kW；转速 120r/min		
7	电动机	额定电压 380V 50Hz		
7	电动机	额定电压 380V 50Hz；防爆 Exd ⅡB T4；防护等级 IP55		
8		磁助剂加药装置	套	1
8	溶液箱	储液能力 1.5m³	台	1
8	溶液箱	箱体材质不锈钢 304		
8	搅拌器	材质不锈钢 304	台	1
8	搅拌器	搅拌功率 1.5kW；转速 240r/min		
8	电动机	额定电压 380V 50Hz；防爆 Exd ⅡB T4；防护等级 IP55		
9	计量泵	pH 调节加药和混凝剂加药	套	2
9	参数	机械隔膜泵	台	
9	参数	流量 400L/h		
9	参数	扬程 50m	台	
9	电动机	功率 0.37kW		
9	电动机	额定电压 380V 50Hz；防爆 Exd ⅡB T4；防护等级 IP55		

续表

序号	名称	技术规格	单位	数量
10	计量泵	絮凝剂加药	套	2
	参数	机械隔膜泵		
		流量 600L/h		
		扬程 50m		
	电动机	功率 0.75kW		
		额定电压 380V 50Hz		
		额定电压 380V 50Hz；防爆 Exd ⅡB T4；防护等级 IP55		
11	药剂泵	磁助剂加药	套	1
	参数	蠕动泵	台	
		流量 1000L/h		
		扬程 10m	台	
	电动机	功率 0.37kW		
		额定电压 380V 50Hz；防爆 Exd ⅡB T4；防护等级 IP55		
12	电器控制箱	额定电压 380V 50Hz；防爆 Exd ⅡB T4；防护等级 IP55	台	1

表 4-6 加载絮凝磁分离橇设备接管参数

序号	名　称	单位	数量	口径	备注
1	进水口	个	1	DN100mm	配法兰
2	出水口	个	1	DN250mm	配法兰
3	主机排污口	个	1	DN50mm	配外丝接头
4	出泥口	个	1	DN200mm	配法兰
5	反应器及药剂桶排污口	个	9	DN50mm	配外丝接头
6	自来水管	个	4	DN32mm	配内丝接头

2）超滤装置橇

（1）超滤装置橇的主要功能及用途。

超滤装置橇由原水泵、袋式过滤器、集成超滤系统主机及其配套的清洗加药系统组成。前期处理的废水经过袋式过滤器后，将大的悬浮物去除，以保证出水满足超滤系统的进水要求。经过超滤系统过滤后，将水中绝大部分的悬浮物、胶体及细菌去除。

（2）超滤装置橇的要求。

① 超滤装置橇组成部分要求。

超滤装置橇包括以中空纤维超/微滤膜组件为中心处理单元，以及特殊设计的管路、阀门、自清洗单元、加药单元和自控单元等。该装置将废水超滤过滤处理需要的装置集成一体，并组合在集装箱内，结构紧凑，占地面积小，便于移动和野外作业需要。所有药剂桶全部采用圆柱桶，加药泵采用计量泵或蠕动泵。

② 超滤装置橇的电气及控制运行要求。

a. 本系统控制采用 PLC+触摸屏的配置方式；设置友好的人机界面，使操作更加方便。

b. 所有工艺流程中的电动机设备运行均采用就地/远控两种控制方式，设有就地/远控转换开关。就地状态时，可在机旁手动操作，主要在安装调试和设备维修时使用，就地控制级别高于远程控制。当置于远程时，可根据工艺要求，在 PLC 单元自动控制。正常运行采用自动控制方式，工艺参数及程序的设定有保密等级措施，不可随意改动，必要时可由自控及工艺专业工程师进行修改。

c. 监控系统以图形或图像的方式形象显示工艺流程、各设备状态以及装置概貌、工艺布置图，通过棒图、曲线和数据表格等方式监视液位、流量、阀位及机泵状态，自动控制电气设备。

d. 系统自动进行报警及事故处理。当报警发生时，如液位超高，系统可快速检测并通过画面状态变化提示，并显示、报警，同时发出声音报警，提醒监控人员注意。当泵出现故障时，系统也能具体指示和报警，同时系统会自动采取相应措施。

（3）超滤装置橇技术规格及要求。

① 数量：1 台。

② 单台处理能力：50m^3/h。

③ 装置型号：9200mm×2500mm×2900mm（为便于运输和安装，设备必须橇装化结构，外形尺寸不得大于：长 9200mm，宽 2500mm，高 2900mm）。

④ 设备材质：不锈钢。

⑤ 设计参数：超滤装置橇主要设备参数见表 4-7 和表 4-8。

表 4-7 超滤装置橇设备参数

序号	名称	技术规格	单位	数量
一	主单元			
1	超滤膜组件	50m^2/支、PVDF、0.1μm	支	30
2	袋式过滤器	Q=65m^3/h、100μm、PP 滤袋、壳体 304	台	2
3	原水泵	Q=65m^3/h、H=30m、P=11kW、SUS304	台	2
4	产水电磁流量计	60m^3/h、4~20mA	台	1
5	普通压力表	0~0.6MPa	只	4
6	压力开关	0~0.6MPa	只	4
7	压力变送器	0~0.6MPa	只	4
8	在线浊度计	0~100NTU、4~20mA	台	2
9	在线 pH 计	0~14、4~20mA	台	1

续表

序号	名称	技术规格	单位	数量
10	电动阀门	按设计	批	1
11	配管	UPVC管、管件	套	2
12	机架	碳钢喷漆 5000mm×850mm×2300mm	套	1
二	清洗单元			
1	风机	$Q=1.5m^3/min$、$H=3m$、$P=2.2kW$	台	1
2	反洗泵	$Q=100m^3/h$、$H=15m$、$P=11kW$、SUS304	台	1
3	化学清洗泵	$Q=50m^3/h$、$H=30m$、$P=7.5kW$、SUS316	台	1
4	计量泵加药系统	$Q=120L/h$、$p=3.5bar$、PVDF泵头	套	1
5	计量泵加药系统	$Q=18L/h$、$p=3.5bar$、PP泵头	套	1
6	计量泵加药系统	$Q=80L/h$、$p=3.5bar$、PVDF泵头	套	2
7	配管	UPVC管、管件	套	1
8	袋式过滤器	$Q=65m^3/h$、100μm、PP滤袋、壳体304	台	1
9	压力表	0~0.6MPa	只	2
10	液位开关	$\phi16$ 1NO	只	4
三	控制系统			
1	PLC	S7 200 Smart	套	1
2	触摸屏	Smart Line10in	台	1
3	变频器	V20/11kW	台	2
4	低压电器	断路器、空开、接触器、中继等	套	1
5	电线电缆	按设计	套	1
6	控制柜	$L×W×H=800mm×400mm×2000mm$	个	2
四	超滤箱体	$L×W×H=9.2m×2.5m×2.9m$	套	1

表 4-8 超滤装置橇设备接管参数

序号	名称	单位	数量	口径	备注
1	进水口	个	1	DN150mm	配法兰
2	出水口	个	1	DN150mm	配法兰
3	主机排污口	个	1	DN100mm	配法兰
4	反应器及药剂桶排污口	个	1	DN65mm	配外丝接头
5	自来水管	个	1	DN32mm	配内丝接头

3）消毒装置橇

（1）消毒装置橇的主要功能及用途。

经过超滤系统处理后的出水需要存放在现场水罐中以备回用。在存放期间由于现场环境以及储存罐本身的环境条件影响,废水在存放期间容易滋生细菌,因此在超滤系统出水后需要增加次氯酸钠消毒单元,以进行进一步的消毒,确保水质满足其回用要求。

(2)消毒装置橇的要求。

① 消毒橇组成要求。

消毒橇包括超滤系统的原水及产水罐、消毒装置主机以及相关配套加药装置。相关设备集成为一体,采用集装箱结构,结构紧凑,占地面积小,便于移动和野外作业需要,同时应符合低碳环保要求。与盐水、次氯酸钠溶液和酸液接触的管道、管件等应选用 UPVC 材质,阀门选用相应的材质,仪器、仪表和机泵均按防腐蚀介质(盐水、次氯酸钠溶液和酸液)进行选型供货,各管道、阀门和管件等的压力等级应与相应系统的压力等级相匹配。

② 消毒装置橇的配电要求。

电解食盐水制次氯酸钠系统外供 1 回 380/220VAC、额定频率为 50Hz 的电源。

a. 数量:1 台。

b. 单台处理能力:50m³/h。

c. 装置型号:6500mm×2500mm×2900mm。

d. 设计参数:除硬度装置橇主要设备参数见表 4-9 和表 4-10。

表 4-9 消毒装置橇设备参数

序号	名称	技术规格	单位	数量
一	水箱			
	原水箱	10m³,碳钢防腐	个	1
	产水/化学清洗罐	15m³,碳钢防腐	个	1
二	消毒装置			
1	Y 型过滤器	DN25	只	1
2	溶液输送泵	20CQ-12	台	2
3	次氯酸钠主机	2.5kg/h	套	1
4	整流控制柜	KZS-100/100V	套	1
5	浓盐水箱	$V=0.5m^3$	只	1
6	储药箱	$V=0.5m^3$	只	1
7	酸洗箱	$V=0.1m^3$	只	1
8	酸洗泵	3m³/h,12bar,0.37kW	台	1
9	次氯酸钠投加泵	250L/h,2.5bar,0.5kW	台	1
10	电动阀	DN20mm/25mm/32mm	台	3
11	液位控制器	DN15mm	只	8
12	电接点压力表	YX-100	只	1
13	系统管阀件	DN20mm/25mm/40mm	批	1
14	电线电缆	满足系统运行	批	1

表 4-10 消毒装置橇设备接管参数

序号	名　　称	单位	数量	口径	备注
1	进水口	个	1	DN150mm	配法兰
2	出水口	个	1	DN150mm	配法兰
3	主机排污口	个	1	DN100mm	配法兰
4	反应器及药剂桶排污口	个	1	DN65mm	配外丝接头
5	自来水管	个	1	DN32mm	配内丝接头

3. 页岩气压裂返排液回用处理装置加工要求

1）设备安全性要求

设备安全性要求避免设备在制造、运输、安装、调试、投产和生产作业、检修、改造直至废弃的全过程中可能出现的损失（危及人员安全健康、环境污染、设施破坏和财产损失）。

2）设备总体布置要求

根据下述原则确定设备内部结构的布置，并确定各部位尺寸：

（1）满足安全、防火、消防、人员逃生和救生的需要；

（2）满足工艺要求；

（3）满足生产操作的需要；

（4）满足维修及事故处理的需要；

（5）满足结构合理性的需要；

（6）满足制造、安装、调试和检修的需要；

（7）满足运输的需要。避免运输过程中出现超载超限问题。

3）设备电气要求

（1）所有的电气设备和电缆须具有符合要求的出厂合格证；安装于防爆区的电气设备必须具有由有资格的单位颁发的、符合防爆区要求的防爆等级证书。电气设备的选用与安装应确保人员和设备的安全。

（2）供电应符合下列要求：

① 在正常情况下保证对生产作业和生活用的电气设备供电，而不需要求助于应急电源。

② 不能因电气事故而危及人员和设备安全。

（3）电气设备应适用于下述环境条件：

① 设备所在地区最高和最低环境温度；

② 设备正常作业中所产生的振动和冲击；

③ 设备野外露天工作环境；

④ 在特殊情况下还应适用于二氧化硫及硫化氢等化学活性物质;

⑤ 危险区域中的石油气、天然气。

（4）电压和频率应符合下列要求：

① 电压等级。

推荐的标准应用电电压见表4-11。

表4-11 三套装置用电电压要求

项目	磁分离装置橇	超滤装置橇	杀菌装置橇
交流单相/V	220	220	220
交流三相/V	380	380	380

② 交流标准频率应为50Hz。

③ 正常运行情况下，用电设备端子处电压偏差允许值（以额定电压的百分数表示）应为-10%~+6%，频率偏差应为±5%。

④ 交流电气设备应能在供电电源的谐波成分不大于5%的情况下正常工作。

（5）电气布置和安装应符合下列要求：

① 每个设备橇设独立的电气控制箱，安装于便于操作的位置。

② 电气设备的布置和安装应考虑安全和便于检修。

③ 电气设备外壳防护形式的选择，应与其安装处的要求相适应。

④ 在可燃气体或蒸气易于积聚的危险区内，应避免设置电气设备。若不可避免，则应采用符合该区域防爆要求的电气设备。

⑤ 所有电气设备的金属外壳应有可靠接地。每个橇至少有两个接地桩。

4）设备结构和制造相关要求

（1）基本要求。

① 设备应符合相应的产品标准，并按经规定程序批准的图样及设计文件制造。

② 设备的质量控制应按建立的质量保证体系严格控制。

③ 设备的安全要求应符合 JB 8939—1999《水污染防治设备 安全技术规范》的规定。

（2）结构设计的相关要求。

① 按设备流程设计和选型以及应达到的设备性能等要求进行结构设计。

② 设备上的配套附件应符合附件本身的设计要求和技术规范，并附有制造厂的合格证，经入厂检验合格后方可使用。制造设备的材料应按相应的标准进行入厂检验。

③ 设备上应设有相应尺寸的排空管道，用作排空、清洗和维修。

④ 废水进出口应设置便利的取样口。

⑤ 化药装置应满足连续运行的需要，特别是要考虑絮凝剂 PAM 溶解时间。

⑥ 设备各部件在进行防腐涂装前，表面处理要求应符合 GB/T 8923 的规定，防腐层

要求应符合 JB/T 8938 的规定。

⑦ 敞开式设备充满水,封闭容器施加 1.25 倍工作压力的水压后不得渗漏,并无可见的异常变形。

⑧ 设备的进、排出水管布置应能确保不产生不良的虹吸现象。

⑨ 设备的结构应具有足够的刚度和强度,以承受运行中可能出现的任何负载的影响。

⑩ 橇装设备应满足设备吊装需要,设备钢结构强度满足吊装的要求。

⑪ 设备各部刚度和强度能满足运输安全要求。由于运输方式采用公路平板车运输,确保设备在运输过程中的颠簸倾斜不会对设备造成损坏。

⑫ 野外安装使用应考虑设备顶部安装必要的挡雨遮阳设施和夜间照明设施。

(3) 环境条件。

① 设备应能在环境温度 0~45℃、相对湿度小于 90% 的环境中正常工作,如超出此范围并影响设备性能时,应采取相应的措施。

② 设备在特定的环境内,应具有耐冲击能力,并能承受一定的机械和外部振动的性能。

③ 设备运行时的噪声声压级应不大于 85dB(A)。

(4) 磁分离橇设备的制作相关质量要求见表 4-12。

表 4-12 磁分离橇设备的制作相关质量要求

序号	项 目	技术或质量要求
1	磁盘直径	误差不得大于 1%
2	磁盘的平整度	变形不得大于 3mm
3	磁盘与出水堰距离	不得大于 30mm
4	磁盘轴水平误差	误差不得大于 5°
5	磁盘减速机转速	误差不得大于 10%
6	反应器及药剂桶搅拌减速机转速	误差不得大于 5%
7	反应器及药剂桶的直径、高度	误差不得大于 1%
8	反应器出水管中心高度与出水堰	高度差不得小于 100mm

(5) 设备的可靠性要求。

设备在正常维护保养和规定的使用条件下,应能安全可靠地运行。

(6) 设备的互换性要求。

设备上的零部件、紧固件以及结构件应尽可能采用标准件,并符合相应的标准。

(7) 每台设备都应分别有固定铭牌,铭牌应耐腐蚀、抗老化,且安装在设备明显的位置上。铭牌尺寸及技术要求应符合有关标准的要求。

(8) 所有管道、钢构件的焊接要焊皮均匀,焊缝表面无结瘤、夹渣、气孔和咬肉,均须采用除锈;加酸碱的管道防腐要耐酸碱,其他管道要耐受添加的药剂和液体。螺栓连接穿入方向一致,露出长度一致,封闭严密。

5)设备底板框架防腐

预处理采用喷砂除锈,质量等级达到 GB/T 8923.1—2011《涂覆涂料前滤网材表面处理 表面清洁度的目视评定 第 1 部分》中的 Sa2.5 等级标准;外防腐除锈后涂红丹防锈漆两遍,工程完后由厂家现场负责,根据厂家对颜色的要求涂防锈漆一遍。

6)试验

设备应进行以下基本试验。

(1)水压试验。

封闭容器类设备在装配完毕后应在 1.25 倍的设计压力下进行水压强度试验。试压 30min 后,降压到 80%试验压力,检查焊缝及机构应无损坏,无可见异常变形和渗漏等现象。

敞开式设备充满水,无可见异常变形和渗漏等现象。

(2)动作试验。

根据设备的设计要求和有关标准规范规定,对设备进行程序动作试验,检查设备运转是否正常。

(3)主要尺寸检查。

检查设备的主要尺寸应符合设计图样和工艺文件的要求。

(4)外观质量检验。

装配完毕后的设备,外表面的漆膜应光洁、平整和均匀,不允许有气泡和剥落等缺陷。

三、页岩气压裂返排液回用处理装置室内实验研究

1. 絮凝磁分离橇测试

(1)空负荷测试的测试结果见表 4-13。

表 4-13 絮凝磁分离橇空负荷测试结果

序号	测试内容	日期	测试结果
1	开机前,用水将磁盘表面、刮渣条、刨条及输渣螺旋铰刀湿润,查看运行情况	2018 年 8 月 20 日	正常
2	用手盘动电动机,检查磁盘组是否有卡阻和齿轮的啮合情况	2018 年 8 月 20 日	正常
3	开机时应点动;观察磁盘转向,要求其转向与标注方向一致。观察刨轮组和螺旋铰刀转向是否为将渣带出的方向。仔细观察各个转动部位有无卡阻现象	2018 年 8 月 20 日	正常
4	对各部分电器设备进行试机,检查各电动机的运转方向是否正确,同时对各电器设备进行空载电流测定,检查电流是否在额定电流以内	2018 年 8 月 20 日	正常

续表

序号	测试内容	日期	测试结果
5	点动试车无异常情况后进入联动试车,并观察磁盘组和磁分离磁鼓运转是否平稳、刮渣条有无弹出现象、刨轮组刨条是否与大盖发生碰撞	2018年8月20日	正常
6	正常运行20min后,停机检查设备上各紧固螺钉是否松动,齿轮是否运行正常,磁盘组有无磨损痕迹等	2018年8月20日	正常

(2)清水测试的测试结果见表4-14。

表4-14 絮凝磁分离橇清水测试结果

序号	测试内容	日期	测试结果
1	管道试漏:对各自来水补水管道通水,检查管道是否漏水。启动进水泵,检查进水管线有无泄漏	2018年8月21日	正常
2	加药设备试漏:打开阀门向制备搅拌箱内加入清水,观察有无泄漏,打开计量泵进行清水试车,检查计量泵运转、加入是否正常,管道有无漏水现象	2018年8月21日	正常
3	混凝系统试漏:进水经泵提升或自流的方式进入混凝系统中,再从混凝系统溢流到超磁分离机进口,观察其整个过程所通过的各管道、水箱是否漏水现象	2018年8月21日	正常
4	磁分离机试漏:当超磁分离机水槽注满水时,分别启动辅电动机和主电动机,检测磁盘机组运行情况,观察主轴两端是否有漏水情况,如有,则需适当调整密封圈密封压紧螺栓	2018年8月21日	正常
5	磁种回收系统试漏:向高速分散箱内、磁分离磁鼓、磁种搅拌箱内加入清水,观察箱体、密封、排空、排渣管线有无泄漏,各电动机运转是否正常。打开磁种计量泵,检查计量泵运转、加入是否正常,管道有无漏水现象	2018年8月21日	正常

注:清水试机持续时间4h,2018年8月21日16时至2018年8月21日20时,对漏点进行了处理,确认整套系统无异常。

2. 超滤橇测试

(1)空负荷测试的测试结果见表4-15。

表4-15 超滤橇空负荷测试结果

序号	测试内容	日期	测试结果
1	开机前,检查工艺管路以及线路是否有缺失	2018年8月10日	正常
2	上电,控制电路检查,手动、自动控制是否正常	2018年8月12日	正常
3	检查压力表、pH仪、浊度仪等设备信号是否正常	2018年8月12日	正常
4	气动阀测试。检查阀门信号及动作是否正常	2018年8月12日	正常
5	点动试机,查验电动机转向及设备独立运行情况	2018年8月14日	正常
6	临时工艺管路连接,准备清水试机	2018年8月14日	正常

(2)清水测试的测试结果见表4-16。

表4-16 超滤橇清水测试结果

序号	测试内容	日期	测试结果
1	管道、设备试漏:对各管道通水,检查管道是否漏水	2018年8月15日	正常
2	设备冲洗:将管路中的杂质冲洗干净,以免破坏膜	2018年8月15日	正常
3	膜组件更换:将空膜壳换下,并检查设备漏点,准备清水试机	2018年8月16日	正常
4	清水试机:整套设备独立连续运行4h,观察设备运行情况	2018年8月17日	正常
5	设备联动调试:设备与杀菌橇设备联动运行,观察设备运行情况	2018年8月17日	正常
6	设备联动调试:设备与杀菌橇、磁分离设备联动运行,观察设备运行情况	2018年8月18日	正常

注:清水试机持续时间4h,2018年8月18日10时至2018年8月18日12时,对漏点进行了处理,确认整套系统无异常。

3. 杀菌橇测试

(1)空负荷测试的测试结果见表4-17。

表4-17 杀菌橇空负荷测试结果

序号	测试内容	日期	测试结果
1	调试前,检查工艺管路以及设备线路是否有缺失	2018年8月19日	正常
2	控制柜检查:控制电路检查,手动、自动控制是否正常	2018年8月19日	正常
3	气动阀测试:检查阀门信号及动作是否正常。液位信号是否正常	2018年8月20日	正常
4	对各部分电器设备进行点动试机,检查各电机的运转方向是否正确,同时对各电器设备进行空载电流测定,检查电流是否在额定电流以内	2018年8月20日	正常
5	点动试车无异常情况后进入联动试车,观察设备是否正常运行和程序保护措施是否有效、设备有无异常响声等	2018年8月20日	正常
6	连接临时管道,水箱装清水,观察箱体是否变形	2018年8月20日	正常

(2)清水测试的测试结果见表4-18。

表4-18 杀菌橇清水测试结果

序号	测试内容	日期	测试结果
1	管道、设备试漏:对各管道通水,检查管道是否漏水。启动进水泵,检查进水管线有无泄漏	2018年8月20日	正常
2	过滤装置:将石英砂及活性炭装入玻璃钢管中	2018年8月20日	正常
3	清水试机:整套设备独立连续运行4h,观察设备运行情况	2018年8月21日	正常
4	设备联动调试:设备与超滤橇设备联动运行,观察设备运行情况	2018年8月23日	正常
5	设备联动调试:设备与超滤橇、磁分离设备联动运行,观察设备运行情况	2018年8月23日	正常

注:清水试机持续时间4h,2018年8月23日15时至2018年8月23日16时,对漏点进行了处理,确认整套系统无异常。

第二节　页岩气产出水达标排放处理装置

五行科技股份有限公司对页岩气采出水处理工艺流程设计为：页岩气采出水→隔油池→提升泵→磁重介质成套设备→陶氏精密过滤器单元→消毒→回用或进入深度处理单元（图4-7）。污泥经叠螺式污泥脱水机脱水后外运。通过系统集成设计，污泥池置于脱水—深度处理橇中，场地平整即可，不需另行建造污泥池，便于移动运行。

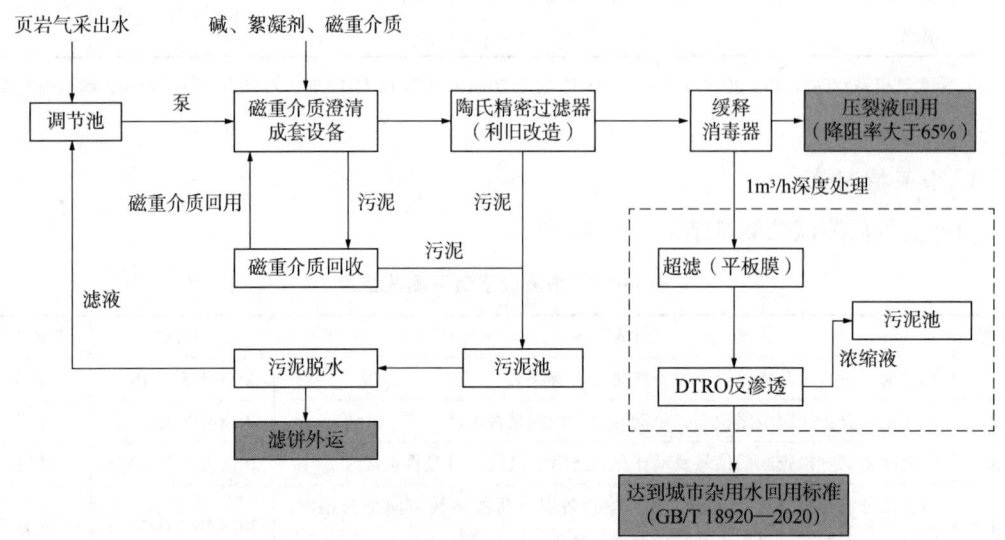

图4-7　页岩气采出水处理工艺流程图

虚线框内为1m³/h深度处理单元，出水达到城市杂用水回用标准（GB/T 18920—2020）

页岩气采出水通过废水提升泵提升至磁重介质废水净化单元，通过pH值调节反应箱将pH值调节至中性，再自流进入三级混凝反应器，分别投加PAC、磁种、PAM，形成含磁重介质的絮团；混凝反应器出水自流进入磁重介质澄清器，重力快速沉降后，去除水体中大部分悬浮物、COD、总磷等污染物，清水自流进入过滤中间水箱。污泥通过排泥斗自动排泥进入中转污泥池，通过污泥泵输送至磁回收设备，磁重介质回收循环利用，污泥排入污泥池。

过滤提升泵将中间水箱的水提升至高精度过滤器，进一步去除水体中的悬浮物，使悬浮物含量小于10mg/L。出水经缓释消毒器消毒后，一部分进入回用水池，另一部分进入超滤中间水箱。

超滤膜为浸没式平板膜，进一步去除水体中的悬浮物、COD，以保证出水满足反渗透进水要求。超滤出水进入反渗透中间水箱，通过高压柱塞泵将中间水箱的水泵入DTRO反渗透系统，去除水体中的盐分、COD等，使出水满足《城市污水再生利用　城市杂用水水质》(GB/T 18920—2020)标准。

DTRO反渗透系统浓缩液排入污泥池，集中处理；系统所有污泥通过叠螺污泥脱水机脱水后集中处理。

一、磁重介质净化废水成套设备橇装

1. 混凝反应器

搅拌机应能够在污水或污泥混合液中运转，工作时，在水下任何部位都不得挂带纤维，保证池内各区搅拌均匀。搅拌机需在全浸没条件下连续运行、间隙运行和长期停止状态后恢复运行，在整个运行过程中须运行平稳、无振动，无故障运行时间至少10000h，池内不得设水下轴承。搅拌机应能每日24h连续运行，使用寿命不小于5年。搅拌机轴功率应确保水体完全混合，保证整池平均流速≥230mm/s，电动机功率应大于实际轴功率的1.2倍，并保证搅拌机在任何工况条件下不过载。

搅拌机确保能达到剧烈的搅拌强度时，不会把混凝体破碎；能达到比较大的混体，并在投加足够多的磁重介质时，确保水中的磁重介质浓度达到要求。搅拌机全部的重量受力应支撑在预埋板，均匀受力在混凝土结构上，搅拌机带机架，机架含承载轴向、径向力双轴承，有效保护减速器受径向力，机架需带防护罩，确保雨水不会进入机架，通过悬臂式立轴与机架连接，并由齿轮减速电动机传递扭矩。全部搅拌轴在池内增设刚性联轴器结构，便于设备安装维修。搅拌机全部经车销、磨销加工，直线度不大于0.05mm/m，联轴器跳动不大于0.05mm。表面粗糙度达0.8μm。

桨叶应为HR-2桨叶，具有特低的剪切力，适合需要快速混合磁重介质反应混凝的工艺；桨叶由轮毂和两片叶片组成，轮毂与叶片采用螺栓连接，轴和轮毂采用止退键，出厂前均做静平衡，对于转速高的，需要做动平衡。

电动机减速机和安装基座安装固定在桥架上，F级绝缘，电源380V，3相，50Hz，防护等级IP55，带防雨罩，每小时可启动至少12次。减速机与电动机带连接过渡端盖或直联，减速机采用斜齿轮减速机，传动效率达94%以上。齿轮材料为合金钢，硬齿面，服务系数≥1.6，轴承额定寿命≥(L10)100000h。

混凝反应器不同部件的主要材料如下：

(1) 搅拌机主轴：40钢。

(2) HR-2桨叶：SS304或等同。

(3) 螺栓、螺母、垫圈：SS304或等同。

(4) 基座：碳钢防腐或等同。

2. 磁重介质澄清器

斜管采用PE/PP材质，斜管粘贴不可用热熔连接，防止斜管催化损坏。支架体系采用SUS304不锈钢材质。

集水槽与堰板及其所有的支撑件、紧固件的材料采用不锈钢SS304。板材厚度不低于3mm，根据集水的工艺要求和安装条件复核集水槽与堰板的结构形式和材料厚度，保证堰板在有水和无水条件下均不变形。

排泥采用气动管夹阀自动排泥，排泥周期可调。泥斗采用不锈钢SS304，带冲洗功能。

3. 高速剪切机

高速剪切机是磁重介质澄清工艺回收磁重介质的专用设备，参数详见表4-19。高速剪切机的功能是将进料(剩余污泥)形成高湍流状态，形成强烈的剪切力，使得混体分解形成自由状态。特殊的流道设计的剪切力，便于后续磁分离机回收污泥中的磁重介质，提高磁重介质的回收率。该装置能够在连续、间隙运行和长期停止状态后恢复运行，在整个运行过程中能够运行平稳、无振动，无故障运行时间至少10000h。该装置应能每日24h连续运行，使用寿命不小于10年。

电动机减速机固定在设备上，电源380V，3相，50Hz，防护等级IP55以上。电动机采用直连方式，轴承额定寿命≥(L10)100000h。

高速剪切机的主要材料：筒体SS316，剪切机轴SS316衬胶。

表4-19 高速剪切机参数表

名　　称	参　　数	名　　称	参　　数
流量/(m³/h)	2	电动机连接方式	直联驱动
功率/(kW)	1.5	电动机防护等级	IP55
转速/(r/min)	1450	电源	380V，3相，50Hz

4. 磁重介质回收器

磁重介质回收器有效磁场强度≥2000Gs，能够将绝大部分磁重介质从污泥中吸出回收，未吸出的磁重介质即损耗，为极小的部分。磁重介质回收器的核心部件是永磁体，需采用稀土永磁材质。该装置在-10~40℃、无外部剧烈撞击和振动破坏条件下，能够保证磁场强度10年衰减小于5%，能够在连续、间隙运行和长期停止状态后恢复运行，在整个运行过程中须运行平稳、无振动，无故障运行时间至少10000h。该装置应能每日24h连续运行，使用寿命不小于20年。电动机减速机固定在设备上，电动机设计应符合IEC标准，F级绝缘，电源380V，3相，50Hz，防护等级IP55，每小时可启动至少12次。减速机与电动机直连，齿轮材料为合金钢，硬齿面，服务系数≥1.6，轴承额定寿命≥(L10)100000h。

磁重介质回收器具有刮板自动调节簧，可以随时保证刮板与鼓面的贴合度；具有磁偏角示意标志，以方便调试；具有备用的自来水冲洗管接口，必要时进行水冲；具有磁流通道调节装置，可以调节分选区磁流通道的宽度，并保证在磁重介质回收器堵塞时，调整不需拆卸仅通过调节装置即可完成维修;具有布水箱体、磁重介质回收箱体、磁重介质回收器观察窗和一体化磁重介质溜槽(不可外加溜槽)。磁重介质回收器的参数详见表4-20。

(1) 主要材料磁铁:稀土永磁。

(2) 箱体:SS304或等同。

(3) 支架:SS304或等同。

表4-20 磁重介质回收器参数表

名 称	参 数	名 称	参 数
流量/(m³/h)	2	有效材质	稀土永磁
有效磁场强度/Gs	≥2000	辅助箱体	SS304
环境温度/℃	≤40	支架	SS304
电动机防护等级	IP55		

5. 磁重介质投加

磁重介质配制成一定浓度的悬浊液,通过蠕动泵投加至一级混凝反应器,搅拌器要求与混凝反应搅拌器相同。磁重介质搅拌箱为SS304材质,有效容积为0.5m³以上。磁重介质投加泵采用蠕动泵,要求橡胶管使用寿命大于1年。

6. PAC配药加药系统

(1) 配药装置:溶药箱容积0.3m³,储药箱容积0.5m³,采用SS304材质(防腐)。

(2) 加药泵:隔膜泵泵体主要部件腔体、膜片需要具耐磨性、耐腐蚀性,具机械无级调速,可顺利实现输出流量的调节。

7. PAM配药加药系统

(1) 配药装置:溶药箱容积0.5m³,储药箱容积1m³,采用SS304材质(防腐)。

(2) 加药泵:隔膜泵泵体主要部件腔体、膜片需要具耐磨性、耐腐蚀性,具机械无级调速,可顺利实现输出流量的调节。

8. 电气控制系统

系统配10in彩色触摸屏及配置一套多功能智能电力监测仪表,以进行电能参数的统计、储存和传输。

进线电源柜为反应搅拌机、高速剪切机、磁重介质回收/投加装置、加药泵的现场控制箱提供电源。PLC控制柜为进水流量计、pH计、液位变送器等仪表设备提供电源。自动化控制系统设置1套PLC控制系统。PLC控制系统在满足功能需求的情况下,保证使用的是西门子自动化产品与技术。

控制柜橱内放置,防护等级IP55,采用2m厚的冷轧板制作,表面喷塑,控制柜内应有防凝露的电加热单元、通风散热及检查维修照明装置。

控制柜主要电气元器件(变频器、PLC模块和显示屏)采用西门子或施耐德产品,满足川庆的一机、一闸和一保护的要求，所有继电器带漏电保护，其中接触器和继电器的寿命不低于100万次(每对触点开合次数)。箱内和面板上的元器件如开关、按钮和指示灯等要有注明用途的标签或标志牌，所有的端子排和接线应标注识别码，所有的标识装置应保证在设备正常的使用寿命周期内标识字码不会灭失，端子排要预留20%的备用端子。线缆两端与端子排做标示；标示字符应采用专用工具打印，应能长期保持清晰且不褪色。

柜内配各接地、接零铜排一根，截面不小于国家规定标准，铜排上应备有分接头孔和螺栓(不锈钢材质)。柜内设备外壳地线、直流工作地线和电缆屏蔽层均必须单独接至接地铜排。

二、过滤消毒脱水橇装

1. 陶氏精密颗粒过滤器(技术改造)

高精度过滤器单台处理水量约为22m³/h，采用4台并联提高出水水质(图4-8)。按照陶氏精密颗粒过滤器使用规范连接管道、阀门，重新设计自动控制系统，实现自动运行。陶氏精密颗粒过滤器技术参数详见表4-21。

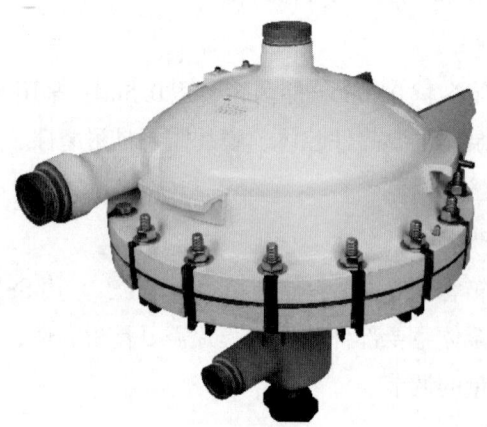

图4-8 陶氏精密颗粒过滤器

表4-21 陶氏精密颗粒过滤器技术参数表

序号	名 称	型 号	数量/台
1	陶氏精密颗粒过滤器	TEQUATIC PLUS F-75	4
2	处理能力/(L/min)	380	1
3	过滤精度/μm	10~50	—
4	温度/℃	≤60	—
5	最大工作压力/bar	6.9	—
6	底座尺寸/cm	80	—

2. 叠螺污泥脱水机

选用型号为 HE-201 的叠螺污泥脱水机,处理能力为 9~20kg/h 绝干污泥,材质为 SS304 不锈钢,配套污泥泵为 $2m^3/h$(图 4-9)。

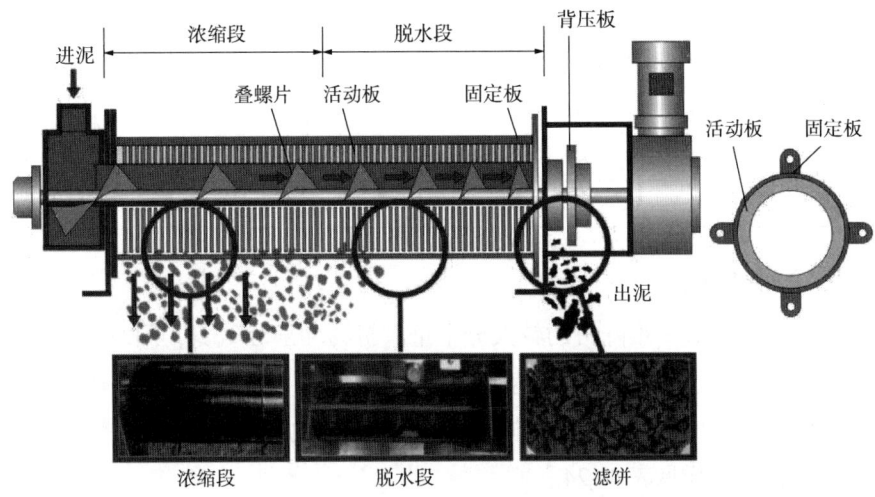

图 4-9 叠螺污泥脱水机示意图

叠螺污泥脱水机的配置及材质:螺旋本体即螺旋轴固定环游动环、絮凝混合槽和计量槽。浓缩部与脱水部全部由 SUS304(不锈钢)特种材质组成。叠螺污泥脱水机的技术参数详见表 4-22。

表 4-22 叠螺污泥脱水机技术参数表

序号	名 称	型 号	数量/台
1	叠螺式污泥脱水机	HE-201	1
2	加药装置	PAJM-1500	1
3	进料污泥切割机		1
4	进料泵	$Q=2m^3/h$	1
5	加药泵	$Q=80L/h$	1

3. 消毒

消毒采用缓释消毒器,投加氯片消毒。缓释消毒器采用化学反应,以及自动缓释延时压力加氯工艺,以含量 90% 以上的强氯固体药剂为主要原料,水与药剂合理混合后所产生的消毒杀菌液投加到水池、水井、管道和污水池,与它们接触达到灭菌的作用。

三、深度处理橇装

1. 超滤系统(平板膜)

超滤系统作为反渗透预处理,产水率为 90%,过滤浓缩液返回系统调节池。超滤系统的具体参数见表4-23。

表4-23 超滤系统具体参数表

名 称	参 数	名 称	参 数
型号	FMBR80-50	过滤精度/μm	0.1
产水量/(m³/h)	1~1.5	重量/kg	400
膜片数量	50	框架材质	304不锈钢
膜面积/m²	40	集水管材质	ABS
外形尺寸/(mm×mm×mm)	945×750×1750	产水率/%	90

2. DTRO反渗透系统

反渗透系统进一步分离难降解的较大分子量有机物和部分氨氮，同时进一步进行脱盐处理，使出水COD、总氮、含盐量达到填埋污染控制标准。系统操作压力为0.8~1.5MPa。脱盐率97%以上，此外，液体混合物中的悬浮物、溶解物和胶体也可全部去除。反渗透系统的具体参数详见表4-24。

表4-24 反渗透系统具体参数表

名 称	参 数	名 称	参 数
膜材料	有机复合膜	单支膜柱面积 S_{RO}/m^2	9.405
设计开机率/%	90	膜总过滤面积 $S_{RO,t}/m^2$	37
设计净水回收率 $Q_{RO}/\%$	80	实际操作压力 p/bar	50
设计进水流量 $Q_d/(m^3/h)$	1	设计最大操作压力 p_{max}/bar	75
设计净水产量 $Q_p/(m^3/h)$	0.8	高压泵台数	1
膜柱数量 n_{RO}/支	4	内置在线泵台数	1

反渗透系统组件如下：

(1) 高压柱塞泵。

采用不锈钢立式多级离心泵使反渗透装置膜组件进水达到一定的压力，以克服渗透压使水分子透过反渗透膜，从而达到离子与水分离的目的。为了保护高压泵及反渗透膜组件，采用了进口的高低压保护开关。

(2) 反渗透膜。

根据进水含盐量、进水污染可能、所需系统脱盐率、产水量和能耗要求来选择膜元件。考虑到实际用水情况，为保证产水水质及水量达到要求，采用膜元件DTRO反渗透膜组件。

(3) 膜壳(压力容器)。

选用40S300-3型玻璃钢膜壳，压力300psi。

(4)水质监测。

产水电导率的监测采用在线监测仪表,连续监测产品水品质。

(5)压力仪表面板。

压力表连续监测反渗透系统进水、排水、产水压力和压力差,指示设备运行状况。

(6)流量面板。

产品水、浓水管线上均设有流量计量装置,以便监视和调节系统运行出水量和系统水回收率,使系统按设计规范进行操作运行。

(7)压力保护:设置低压开关和高压开关,提供缺水和超压停机保护。

四、磁重介质净化废水单元橇装设备清单

磁重介质净化废水单元橇装设备的外形尺寸为10000mm×3000mm×3000mm,设备清单见表4-25。

表4-25 磁重介质净化废水单元橇装设备清单

序号	设备名称	规格型号	数量	单位
1	污水提升泵	潜污泵 $Q=65m^3/h$;$H=15m$;$N=5.5kW$ 过流材质:合金	1	台
2	中和反应器	型号:HN-60 外形尺寸:1500mm×1500mm×1800mm 搅拌功率:1.5kW 转速:120r/min 箱体材质:碳钢防腐 搅拌叶片材质:SS304 减速机厂家:国产优质恒齿或同等	1	套
3	混凝反应器T1	型号:HN-60 外形尺寸:1500mm×1500mm×1800mm 搅拌功率:1.5kW 转速:120r/min 箱体材质:碳钢防腐 搅拌叶片材质:SS304 减速机厂家:国产优质恒齿或同等	1	套
4	混凝反应器T2	型号:HN-60 外形尺寸:1500mm×1500mm×1800mm 搅拌功率:1.5kW 转速:100r/min 箱体材质:碳钢防腐 搅拌叶片材质:SS304 减速机厂家:国产优质恒齿或同等	1	套

续表

序号	设备名称	规格型号	数量	单位
5	混凝反应器T3	型号：HN-60 外形尺寸：1500mm×1500mm×1800mm 搅拌功率：1.5kW 转速：80r/min 箱体材质：碳钢防腐 搅拌叶片材质：SS304 减速机厂家：国产优质恒齿或同等	1	套
6	磁重介质澄清器	型号：CQ-60 外形尺寸：3400mm×3000mm×3000mm 箱体材质：碳钢防腐 泥斗材质：SS304	1	套
7	磁重介质回收泵	澄清器出泥泵，卧式离心泵(专用) $Q=2m^3/h$；$H=10m$；$N=1.1kW$ 过流材质：高铬合金	1	台
8	空压机	型号：600W-30L 功率：0.6kW	1	台
9	气动管夹阀	自动排泥阀，包含空气控制阀	4	套
10	高速剪切机	型号：GJ-60 功率：1.5kW 材质：SS304 减速机厂家：国产优质恒齿或同等	1	台
11	磁重介质投加/ 回收设备	型号：HC-60 外形尺寸：1800mm×1000mm×1200mm 主机功率：0.55kW 搅拌功率：1.5kW 材质：SS304 减速机厂家：国产优质恒齿或同等 磁体：稀土永磁(10年衰减小于5%)	1	套
12	磁重介质投加泵	型号：HPP-25A 流量：$0.5m^3/h$ 功率：1.1kW	1	台
13	污泥缓冲池	外形尺寸：1800mm×800mm×600mm 箱体材质：SS304		

续表

序号	设备名称	规格型号	数量	单位
14	排泥泵	管道泵、过流材质：高铬合金 $Q=2m^3/h$；$H=10m$；$N=1.1kW$	1	台
15	PAC加药装置	型号：PAJY-1500 搅拌功率：0.37kW 投加泵功率：0.37kW（力高或同等） 搅拌材质：SS304 减速机厂家：国产优质恒齿或同等	1	套
16	PAM加药装置	型号：PAJM-1500 搅拌功率：0.37kW 投加泵功率：0.37kW（力高或同等） 搅拌材质：SS304 减速机厂家：国产优质恒齿或同等	1	套
17	NaOH投加装置	型号：PHJ-1500 搅拌功率：0.37kW 投加泵功率：0.37kW（力高或同等） 搅拌材质：SS304 减速机厂家：国产优质恒齿或同等	1	套
18	pH在线监测仪	中和反应器，国产优质品牌	1	台
19	流量计	进水流量计($0\sim100m^3/h$) 国产优质品牌	1	台
20	流量计	PAM配药补水流量计($0\sim2m^3/h$) 国产优质品牌	1	台
21	液位计	pH调节剂投加、PAC加药、 PAM加药、磁重介质搅拌箱、污泥缓冲池	5	只
22	电控柜	PLC自动控制柜 外形尺寸：800mm×450mm×1600mm 柜体材质：冷轧板喷塑 触摸屏控制 电器元件：施耐德/西门子	1	台
23	管道、阀门	配套集成，采用国产优质品牌 材质：SS304/UPVC	1	批
24	电缆、桥架	配套集成，采用国产优质品牌	1	批
25	磁重介质 净化废水单元橇	外形尺寸：10000mm×3000mm×3000mm 材质：碳钢防腐	1	套

五、过滤消毒单元橇装设备清单

过滤消毒单元橇装设备的外形尺寸为10000mm×3000mm×3000mm,设备清单详见表4-26。

表4-26 过滤消毒单元橇装设备清单

序号	设备名称	规格型号	数量	单位	备注
1	过滤中间水箱	外形尺寸:3000mm×2500mm×3000mm 材质:SS304	1	个	
2	过滤提升泵	管道泵 $Q=65m^3/h$;$H=20m$;$N=5.5kW$	1	台	
3	精密颗粒过滤器	处理量:60m³/h,配置4台 安装尺寸:5000mm×1200mm×1500mm	1	套	业主自有
4	缓释消毒器	处理水量:65m³/h 外形尺寸:2000mm×700mm×1600mm 材质:内不锈钢,外碳钢喷塑防腐	1	台	
5	电控柜	PLC自动控制柜 外形尺寸:800mm×450mm×1600mm 柜体材质:冷轧板喷塑 触摸屏控制 电器元件:施耐德/西门子	1	台	
6	液位计	过滤中间水箱	1	只	
7	管道、阀门	配套集成,采用国产优质品牌 材质:SS304/UPVC	1	批	
8	电缆、桥架	配套集成,采用国产优质品牌	1	批	
9	过滤消毒单元橇	外形尺寸:10000mm×3000mm×3000mm 材质:碳钢防腐	1	套	

六、脱水—深度处理单元橇装设备清单

脱水—深度处理单元橇装设备的外形尺寸为10000mm×3000mm×3000mm,设备清单详见表4-27。

表4-27 脱水—深度处理单元橇装设备清单

序号	设备名称	规格型号	数量	单位
1	超滤水箱	外形尺寸:1800mm×1200mm×3000mm	1	个
2	反渗透中间水箱	外形尺寸:1800mm×1200mm×1500mm	1	个
3	超滤抽吸泵	$Q=1.5m^3/h$;$H=50m$;$N=1.1kW$	1	台
4	反渗透高压柱塞泵	$Q=1.2m^3/h$;$H=750m$;$N=11kW$	1	台

续表

序号	设备名称	规格型号	数量	单位
5	平板膜超滤系统	处理量：1m³/h 过滤精度 0.1μm	1	套
6	DTRO 反渗透系统	处理量：1m³/h 膜柱数量：4 支 过滤面积：37m² 工作压力：50bar	1	套
7	超滤反渗透在线清洗设备	包括酸投加、阻垢剂投加装置 容积 100L×2 个 计量泵 3.5L/h×2 台，功率 0.1kW	1	套
8	污泥池	外形尺寸：2000mm×800mm×1200mm 材质：SS304	1	个
9	污泥脱水进料泵	螺杆泵：G-15 $Q=2m^3/h$；$H=10m$；$N=1.1kW$	1	台
10	叠螺脱水机	型号：HE-201 外形尺寸：2600mm×800mm×1480mm 功率：0.3kW	1	台
11	阳离子 PAM 加药装置（污泥脱水配套）	型号：PAJM-1500 搅拌功率：0.37kW 投加泵功率：0.37kW（力高或同等） 搅拌材质：SS304 减速机厂家：国产优质恒齿或同等	1	套
12	流量计	出水流量计(0~3m³/h)	1	只
13	液位计	超滤、反渗透中间水箱、污泥池	3	只
14	浊度仪	用于超滤水箱 测量范围：0~100NTU	1	只
15	总配电柜	总配电柜 外形尺寸：800mm×450mm×1600mm 电器元件：施耐德/西门子	1	台
16	电控柜	PLC 自动控制柜 外形尺寸：800mm×450mm×1600mm 柜体材质：冷轧板喷塑 触摸屏控制 电器元件：施耐德/西门子	1	台
17	管道、阀门	配套集成，采用国产优质品牌 材质：SS304/UPVC	1	批
18	电缆、桥架	配套集成，采用国产优质品牌	1	批
19	脱水—深度处理单元橇	外形尺寸：10000mm×3000mm×3000mm 材质：碳钢防腐	1	套

第三节　页岩气采出水达标排放处理装置

页岩气采出水中含有高浓度的总溶解固体、多种化学添加剂、多种有机化合物和无机化合物，以及金属元素（如 Ba、Ca、Fe、Mg、Mn 和 Sr 等）。根据采出水水质，直接回用会导致压裂液的黏度和降阻率无法达到工业要求，所以需对其进行混凝、氧化等一系列处理，使其符合回用标准。

川庆安检院研制了页岩气采出水快速处理回用装置，在满足页岩气开采移动作业特点的同时，实现了页岩气采出水的快速处理。该装置具有工艺流程简单、维护安装便捷、能耗低等优点，处理后水质符合回用配制压裂液的要求，对推动页岩气的规模开发具有重要意义。

一、页岩气采出水回用处理装置

1. 页岩气采出水处理技术工艺流程

在采出水中先加入高效混凝药剂，充分混合，形成矾花絮状体，加入 pH 值调节剂调节废水 pH 值，以达到高效混凝剂的最佳反应条件，使废水中有害物质与高效混凝剂充分结合反应；在一级混凝反应后加入高效助凝剂，通过电中和、桥接等作用，使废水中的黏土颗粒、有机高分子材料等形成胶体微粒，在助凝剂的交连和桥接作用下，使微粒聚集成较大的胶团或胶束，加速沉淀提高沉降分离的处理效果；经沉淀后的水进入过滤系统，使处理水中的悬浮颗粒充分被去除，过滤水加入强氧化剂，使处理水中未除去的部分溶解性的大分子有机物的分子链被氧化断链为小分子有机物，在吸附氧化器中与氧化剂一同被高度富集快速反应，水中溶解的部分未被氧化的小分子有机物进一步被吸附，使有机物被彻底去除，达到降低有机物(反映指标为 COD)和除色目的的同时杀灭水中的细菌。页岩气采出水处理技术工艺流程如图 4-10 所示。

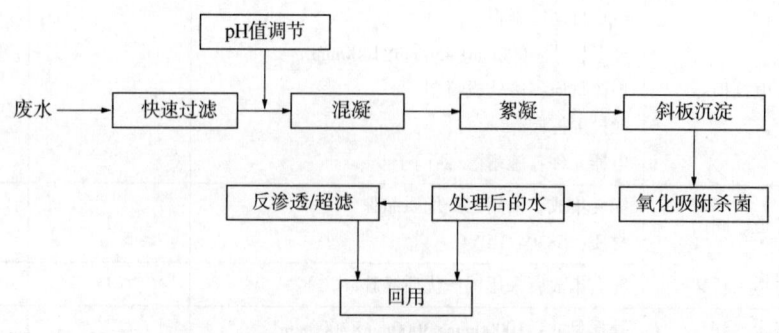

图 4-10　页岩气采出水处理技术工艺流程图

2. 页岩气采出水处理装置的研制

1）设计原则

页岩气采出水处理装置的设计主要根据废水处理工艺而设计，主要考虑以下原则：

（1）确保处理工艺的完整性及连贯性，同时兼顾对不同水质分别进行处理的目的。针对处理水质情况，不同处理工艺可单独使用，又可有效结合使用。

（2）各种处理剂实行泵前加入，确保实现废水处理的连续性。

（3）为确保现场实用性，氧化工艺设计采用了常压常温反应条件。

（4）吸附与氧化同步，以提高氧化效率，是此工艺的关键技术之一。

（5）沉淀区排泥系统设计为钟罩式快速排泥，确保渣泥容易排尽，避免因渣泥累积而影响处理效果。

（6）为节约设备动迁费（不使用吊车），初步设计考虑了单件组装式。

（7）设计处理能力为 $10\sim20m^3/h$，可适应和满足采出水的产生和处理量要求。

2）页岩气采出水处理系统装置设计

页岩气采出水处理系统装置设计为二橇装置，分别为废水处理装置和控制房。页岩气采出水处理回用装备依次包括通过管线连通的快速过滤器、化学混凝池、斜板沉淀池、精细过滤池和氧化吸附杀菌池。斜板沉淀池下部设有与进水管连通的穿孔布水管，沉淀池上部设有与过滤池连通的穿孔集水管；精细过滤池设有过滤层；氧化吸附池设有填料层；化学混凝池、氧化吸附杀菌池分别设有 pH 值在线监测装置和由在线监测装置控制给料的计量泵，计量泵与药剂池连通；斜板沉淀池下部还设有至少一个与沉淀池外的排泥管连通的钟罩排泥器。图 4-11 为页岩气采出水快速处理回用处理装备结构示意图。

3. 工艺简介

1）设备使用工艺步骤

实现页岩气采出水快速处理回用包括如下步骤：进水—快速过滤—化学混凝—斜板沉淀—精细过滤—氧化吸附杀菌—回用。页岩气采出水处理设备使用工艺流程示意图如图 4-12 所示。实现页岩气采出水快速处理回用的具体步骤为：

（1）快速过滤：将页岩气采出水通过快速过滤器，快速去除水中的悬浮固体，保障后续工艺进行；

（2）混凝：在混凝池的污水中加入混凝剂（聚合硫酸铝类），使混凝剂与污水中的悬浮物质凝聚，并形成矾花絮状体，再加入碱性药剂混合调节至合适 pH 值，加入助凝剂（PAM）；

（3）沉淀：在沉淀池中将步骤（2）中形成的矾花絮状体依靠自然重力从污水中分离并沉淀至沉淀池底部，上部为沉淀后的清水，矾花絮状体排出池外。

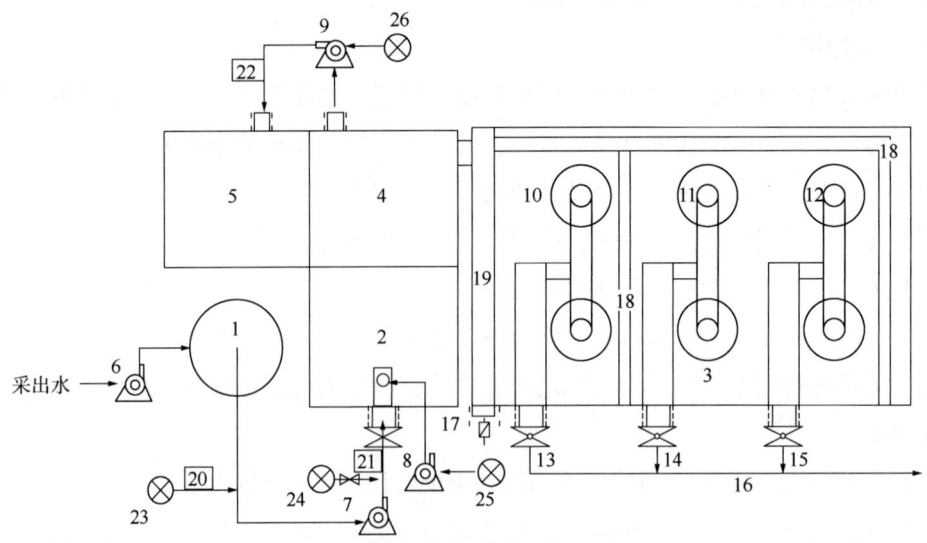

(a) 页岩气采出水快速处理回用装备俯视图

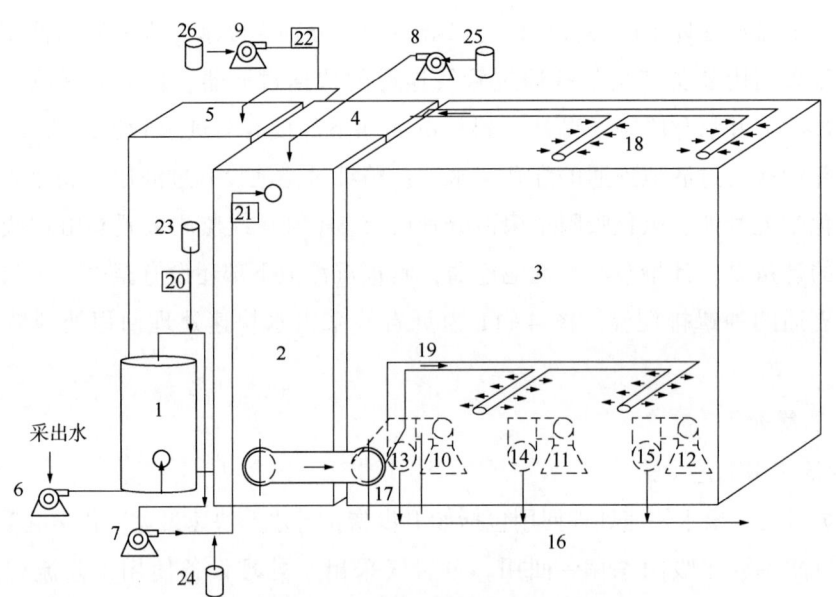

(b) 页岩气采出水快速处理回用装备平视图

图 4-11 页岩气采出水快速处理回用处理装置结构示意图

1—快速过滤器；2—化学混凝池；3—斜板沉降池；4—精细过滤池；
5—氧化吸附杀菌池；6—潜水泵；7—污水泵；8—加药泵；9—计量泵；
10，11，12—钟罩排泥器；13，14，15—排泥口；16—排泥管；
17—沉淀池进水口；18—穿孔集水器；19—穿孔布水器；
20，21，22—pH 在线监测；23—混凝剂药剂池；24—助凝剂药剂池；
25—碱性调节剂药剂池；26—催化剂氧化剂药剂池

(4)精细过滤:将步骤(3)中沉淀池的上层清水经特制椰壳活性炭过滤层,过滤未沉降的残余的悬浮物。

(5)氧化吸附杀菌:在步骤(4)得到的清水中通入现场制备得到的ClO_2气体,并加入吸附剂,清水中残余的有机质通过ClO_2氧化去除,重金属等残余物质通过吸附剂吸附后去除。

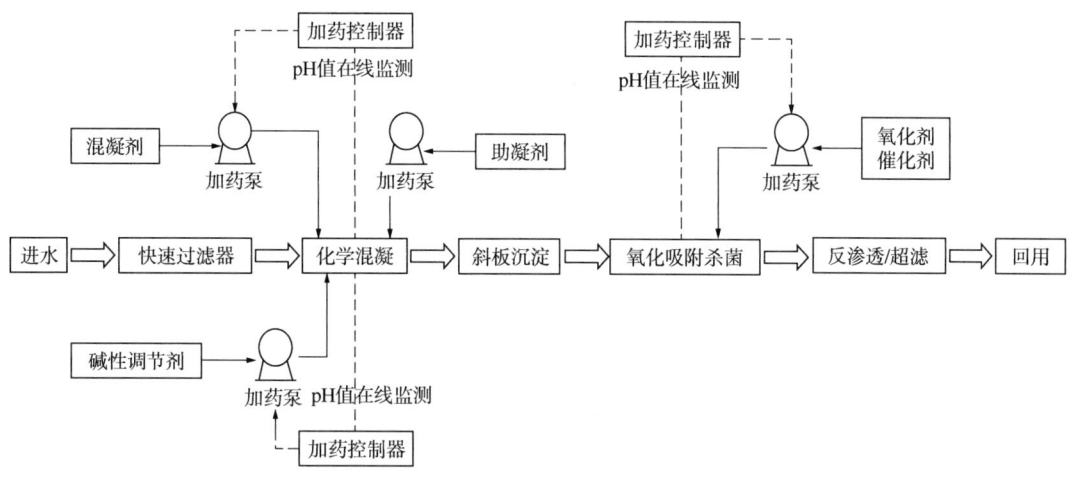

图4-12 页岩气采出水处理设备使用的工艺流程图

2)工艺特点

(1)高效混凝脱色沉淀与快速分离技术。通过加药系统加入专用高效脱色快速沉淀剂,控制其在最优pH值,使页岩气采出水中的大量有色物质、溶解的金属/非金属离子、化学添加剂与处理剂在特殊水力条件下发生反应,在较短时间内生成在一定条件下不溶于水的物质,实现与水的分离。该技术去除了采出水中大部分的COD、金属离子、总悬浮固体,解决了现有采出水处理工艺复杂、耗时长和能耗大等问题。

(2)常温常压氧化吸附杀菌技术。经混凝沉淀处理后的水,仍含有少部分未去除的有机物、无机有害物等污染物,进入反应器后,污染物与ClO_2气体发生反应,使有机物被氧化成CO_2、水和无害的无机盐而被去除,重金属等有害无机物被吸附去除,从而实现有机物、无机有害物在低浓度氧化剂的作用下被快速高效氧化和彻底去除,保证了处理后的采出水符合回用配制压裂液的要求。

(3)该工艺将化学混凝沉降、氧化杀菌和物理吸附应用于一套流程中,实现了采出水快速处理达标回用,符合现阶段页岩气开采移动作业的特点,可有效解决水资源缺乏等问题。

3)现场设备布置

现场试验时,在污水储存区外侧布设页岩气采出水处理设备和控制设备等配套装置。采出水处理的具体设备布置位置参考图4-13,实际布置时根据现场场地情况进行布置。

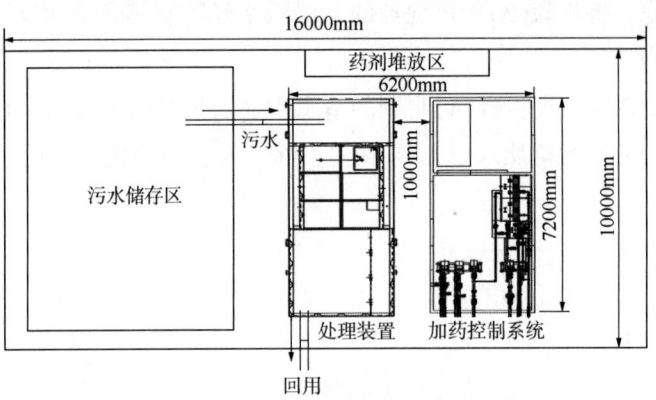

图 4-13 采出水处理设备布置示意图

第五章 煤层气采出水处理技术

针对煤层气采出水排放点多面广、处理稳定达标难、运行成本高等难题，研发了以生化处理为主的煤层气采出水处理工艺，主要采用"曝气生物滤池 AF/BAF 处理+絮凝沉淀+活性炭过滤"处理技术来实现煤层气采出水达标外排，并优选一种混合菌剂对煤层气采出水的处理达到预期效果，研发形成 1 套 $50m^3/h$ 煤层气采出水达标外排处理技术装置，实现煤层气采出水低成本稳定达标处理，有力保障了煤层气的高效开发。

第一节 煤层气采出水达标排放处理技术进展

安全环保技术研究院研发 1 套 $50m^3/h$ 煤层气采出水达标外排处理技术装置，该装置在中石油煤层气有限责任公司韩城分公司韩二站完成工程示范建设，累计处理 $30×10^4 m^3$ 采出水，处理后的采出水经检测 COD 低于 40mg/L、氨氮在检出限 0.4mg/L 以下，指标达到《地表水环境质量标准》（GB 3838—2002）V类标准（COD≤40mg/L，NH_3-N≤2.0mg/L），处理成本（药剂、人工、设备维护和电费）低至 0.87 元/m^3，工程运行费用为 2.22 元/m^3，大大降低处理成本，为企业的可持续发展提供了坚实基础。

第二节 煤层气采出水达标排放处理技术及装置

一、韩城区块采出水处理达标排放试验研究

1. 排采水在井场建池加药处理

向井场周边修建采出水处理池中投加降解药品，采出水中 COD 达标后可将水排至蓄水池，井场建池加药处理流程如图 5-1 所示。

通过对韩二站、1 号井台加药试验，表明加药去除 COD 效果明显，采出水能够达标排放标准，韩二站、1 号井台排放标准要求达标，试验结果见表 5-1。

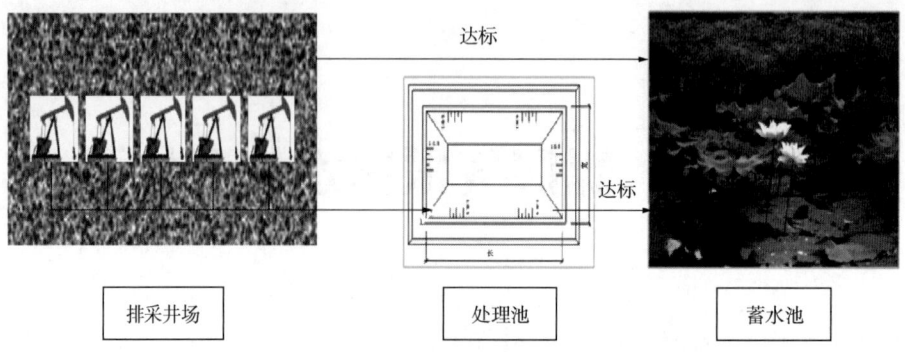

图 5-1　排采水在井场建池加药处理流程示意图

表 5-1　韩二站、1 号井台排放标准要求达标试验结果

项目	韩二站加药	韩二站不加药	1 号井台加药	1 号井台不加药	DB 61/224—2011 一级标准
BOD_5/(mg/L)	5.98	14.13	2.98	4.78	20
COD_{Cr}/(mg/L)	59.0	175	10	53.2	50
总氮/(mg/L)	13.13	4.53	6.65	6.25	20
氨氮/(mg/L)	2.89	2.78	0.16	0.1	12
磷酸盐/(mg/L)	0.26	0.25	0.16	0.17	0.5
石油类/(mg/L)	1.2	2.6	0.04	0.10	5
挥发酚/(mg/L)	0.01	0.01	0.01	0.01	0.3
硫化物/(mg/L)	0.74	0.89	0.11	0.36	0.5
氰化物/(mg/L)	0.004	0.004	0.004	0.004	0.2
氟化物/(mg/L)	4.26	4.43	5.78	5.36	8

2. 采出水一体化橇装设备

针对特定水量井，使用水处理设备进行过滤、氧化，达标后统一排至蓄水池，采出水在井场建一体化橇装设备处理流程如图 5-2 所示。

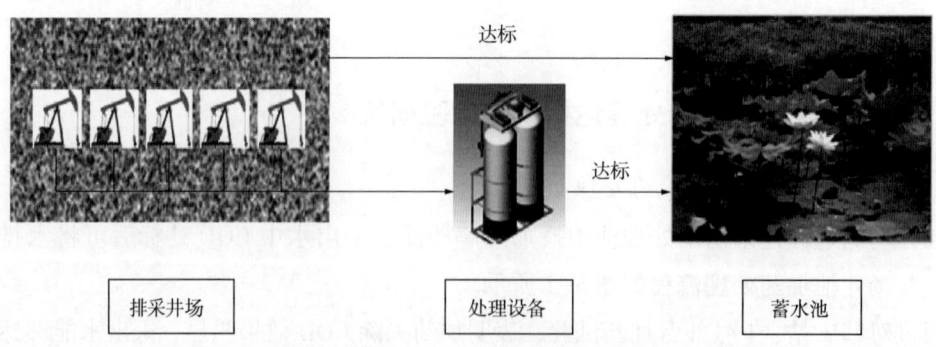

图 5-2　采出水在井场建一体化橇装设备处理流程示意图

井场采出水经多介质过滤器去除水中的悬浮物、胶体等杂质;再经一体化高级氧化去除分离原水中的 BOD、COD 等溶解性杂质。若排采水中的某些离子超标,再采用离子特效分离器降低超标离子浓度,使其达标外排。排采水一体化橇装设备水处理工艺流程如图 5-3 所示。

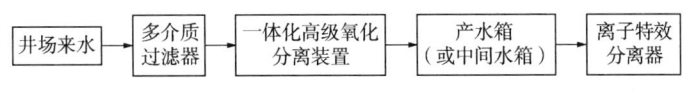

图 5-3　一体化橇装设备水处理工艺流程图

通过对井台采出水处理试验效果看,该处理工艺对煤层气采出水中 BOD、COD 等污染物的去除效果良好,一体化橇装设备处理井台采出水效果数据见表 5-2。

表 5-2　一体化橇装设备处理井台采出水效果数据

监测项目	COD_{Cr}/(mg/L)	BOD_5/(mg/L)	总氮/(mg/L)	总砷/(mg/L)	六价铬/(mg/L)	磷酸盐/(mg/L)	硫化物/(mg/L)	氰化物/(mg/L)
原水	516.8	56.3	73	2.11	1.52	4.08	2.89	21.5
处理后水	43.5	15	18.2	0.28	0.16	0.42	0.37	1.8
去除率/%	91.6	73.4	75.1	86.73	89.5	91.0	87.2	91.6

二、"固定化微生物—曝气生物滤池"处理技术研究

在试验装置中加入采出水和清水的 1∶1 混合液,关闭进水阀和出水阀,再按一定比例在装置中投加白糖、尿素和磷盐等营养盐,开启曝气装置进行曝气,观察记录微生物培养驯化期间水质指标的变化。逐步减少进水中的清水比例和营养盐的投加量,监测进出水 COD、溶解氧和氨氮的变化,将系统的一二级好氧改为厌氧,连续监测进出水 COD、溶解氧和氨氮的变化。

在试验装置中加入生活污水与煤层气采出水的 1∶3 混合液作为系统进水,考察固定化反应装置的处理效果,水力停留时间分别为 39h、31h、26h,监测进出水 COD、溶解氧和氨氮的变化。增加活性炭吸附装置,将生化装置出水进一步采用活性炭吸附处理。连续进混合污水(生活污水∶煤层气采出水=1∶4),水力停留时间分别为 22h、16h、12h,监测进出水 COD、溶解氧和氨氮的变化。再停用活性炭吸附柱,水力停留 10h,续监测进出水 COD、溶解氧和氨氮的变化。系统运行期间结果显示系统出水 COD 和氨氮均达标符合《地表水环境质量标准》(GB 3838—2002) V 类标准。系统进出水如图 5-4 所示。

图 5-4　系统进出水

三、工艺方案

1. 工艺设计依据

(1) 业主提供的废水水量、水质资料；

(2)《室外排水设计规范》(GB 50014—2021)；

(3)《泵站设计规范》(GB 50265—2022)；

(4)《工业企业噪声控制设计规范》(GB/T 50087—2013)；

(5)《建筑设计防火规范》(GB 50016—2014)；

(6)《工业建筑防腐蚀设计规范》(GB/T 50046—2018)；

(7)《给水排水工程结构设计规范》(GB 50069—2002)；

(8)《建筑结构荷载规范》(GB 50009—2012)；

(9)《建筑地基基础设计规范》(GB 50007—2011)；

(10)《混凝土结构设计规范》(GB 50010—2010)；

(11)《通用用电设备配电设计规范》(GB 50055—2011)；

(12)《城镇污水处理厂污染物排放标准》(GB 18918—2002)；

(13)《地表水环境质量标准》(GB 3838—2002)；

(14) 其他相关的设计规范。

2. 工艺设计方案

G-BAF 的工艺流程图如图 5-5 所示，其具体流程如下：

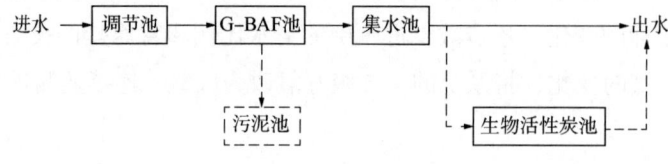

图 5-5　G-BAF 工艺流程图

(1) 采出水调节：拉运至处理站的采出水在调节池中进行水质、水量调节，降低水质、水量的变化对后续处理单元的影响。

(2) 生化处理：经过水质调节后的采出水通过污水提升泵打入 G-BAF 池单元，利用池内培养的有针对性的微生物进行高效生化处理。G-BAF 池单元内装填生物载体，便于微生物的富集；池底安装管式曝气器用于曝气，为微生物好氧生物降解污染物提供必要的氧气；生化反应产生的污泥通过底部设置的排泥管定期排入污泥池。满足 G-BAF 池单元进水水质、水量要求的采出水，经 G-BAF 池单元生物降解后达到排放要求，进入调节池 2 号，然后根据水质情况直接进入出水槽达标排放，或经过活性炭过滤后再进入出水槽达标排放。

(3) 絮凝沉降处理：当采出水水质、水量超出 G-BAF 池单元进水要求，经过生化处理后的水若不达标，则使用污水提升泵直接打入集水池 1，通过加药系统添加絮凝剂进行絮凝沉淀后进入集水池 2；然后根据水质情况直接进入出水槽达标排放，或经过活性炭过滤后再进入出水槽达标排放。

(4) 活性炭吸附处理：超标采出水经生化处理后进入集水池 2，再经絮凝沉降处理后，进入的采出水若仍不达标，则通过生物活性炭池吸附处理后达标排放。

四、装置设计方案

1. 调节池

调节池的作用是调节水质，降低水质的变化对后续处理单元的影响。根据业主提供的资料，各口井水质相差较大，需用调节池对水质进行调节。调节池的水力停留时间为 12h，尺寸为 10m×20m×3.5m，有效水深 3m，混凝土结构材质，地下结构，池底设排泥管，调节池污泥经排泥管排入污泥池。

设置 100WQ50-7-2.2 型污水提升泵 2 台，1 用 1 备，参数为 $Q=50\text{m}^3/\text{h}$，$H=7\text{m}$，$N=2.2\text{kW}$。

2. G-AF/G-BAF 池

G-AF/G-BAF 工艺全称为固定化微生物—高效生物滤池，它的主要作用为去除废水中的难降解有机物及氨氮。G-AF/G-BAF 池为地上组合式水箱结构，碳钢结构，分 6 组并联运行，每组分 6 级串联运行，单级尺寸为 2.15m×3m×2.8m，有效水深 2.5m，第 1 级和第 2 级为厌氧池（AF 池），第 3 级、4 级、5 级和 6 级为好氧池（BAF 池）。池内装填高效悬浮专用载体，载体高度 1.8m，载体总量为 440m³，投加高效专用微生物 440kg。

G-BAF 池池底安装 FZ 管式曝气器用于曝气，气水比 10:1。底部设置排泥管定期排泥，污泥排入污泥池。设立罗茨鼓风机 2 台，1 用 1 备。风机主要性能：$Q=9.15\text{m}^3/\text{min}$，$p=29.4\text{kPa}$，$N=7.5\text{kW}$。设置 DO 计、pH 计实时监测计量数据。

3. 集水池

集水池为地上组合式水箱结构，碳钢材质，水力停留时间为 2h，池体尺寸为：3.8m×3m×2.8m，有效水深 2.0m。设置 100WQ50-7-2.2 型污水提升泵 2 台，1 用 1 备，参数为 $Q=50\text{m}^3/\text{h}$，$H=7\text{m}$，$N=2.2\text{kW}$。

4. 生物活性炭池

生物活性炭池主要对 G-BAF 出水进行把关。当 G-BAF 池水质达标时，出水直接排放；当 G-BAF 池水质不达标时，出水进入生物活性炭池进一步处理。生物活性炭池为地上组合式水箱结构，碳钢材质，有效停留时间为 1h，单罐尺寸为 φ2.8m×3.8m，分 2 池并联运行。活性炭层高度为 1m，承托层采用砾石分层级配，粒径 2~16mm，高度为 300mm。

配有自吸泵,共计2台,一用一备,参数为$Q=50m^3/h$,$H=25m$,$N=7.5kW$。

5. 污泥池

污泥池的尺寸为4m×4m×3.3m,有效水深3m,混凝土结构材质,全地下结构。定期将污泥池内污泥排入污水处理站现有污泥处理装置。设DBY-80型污泥泵2台,一用一备,参数$Q=50m^3/h$,$H=12.5m$,$N=3kW$。

五、关键装置设备材料

1. 关键设备

(1) 潜水排污泵,共计4台。调节池2台(一用一备),集水池2台(一用一备)。

① 产品型号:80wQB50-7-3。

② 流量:$Q=50m^3/h$。

③ 扬程:$H=7m$。

④ 电动机功率:$N=2.2kW$。

⑤ 电压:380V。

(2) 离心泵,共计4台。合格水外排2台(一用一备),排泥2台(一用一备)。

① 产品型号:TLGB80-100。

② 流量:$Q=50m^3/h$。

③ 扬程:$H=12.5m$。

④ 电动机功率:$N=3kW$。

⑤ 电压:380V。

(3) 自吸泵,共计2台。将絮凝池出水提升至生物碳罐内2台(一用一备)。

① 产品型号:ZW80-50-25。

② 流量:$Q=50m^3/h$。

③ 扬程:$H=25m$。

④ 电动机功率:$N=7.5kW$。

⑤ 电压:380V。

(4) 加药计量泵,共计4台。1号加药罐2台(一用一备),2号加药罐2台(一用一备)。

① 产品型号:MS1C138。

② 流量:$Q=200L/h$。

③ 压力:$p=1.0MPa$。

④ 电动机功率:$N=0.37kW$。

⑤ 电压:380V。

(5) 罗茨风机 2 台。压缩风提供给生物滤池进行曝气，风机 2 台(一用一备)。

① 产品型号：BK5009。

② 风量：$Q_g \geqslant 9.9 \text{m}^3/\text{min}$。

③ 压力：$p=29.4\text{kPa}$。

④ 电动机功率：$N=7.5\text{kW}$。

⑤ 齿轮材质：20CrMnTi。

⑥ 主轴：45 钢。

(6) 生物碳罐，共计 2 座，并联使用。出水进入生物活性炭池进一步处理。

① 产品型号：LD-50。

② 流量：$Q=50\text{m}^3/\text{h}$。

③ 压力：$p=0.4\text{MPa}$。

④ 最高滤速：10m/s。

2. 自动控制仪器、仪表

自动控制的仪表系统工艺数据见表 5-3，控制系统显示如图 5-6 所示。

1) 调节池

调节池内装有浮球液位控制开关、两台提升泵(一用一备)。调节池液位与提升泵实现启停联锁控制(低液位停止，高液位启动)。同时调节池提升泵与集水池浮球液位控制开关实现启停联锁控制(高液位停止)。提升泵的运行状态，采用手动+自动控制模式。根据现场实际情况的处理量需要，可调节设定频率控制相应处理进水流量。电控柜 PLC 实现对整套装置的手动控制和自动控制，并应通过 PLC 的 RS485 接口、Modbus for RTU 将数据上传至所属站场 SCADA 站控系统，由 SCADA 系统实现对装置的远程监控，可在控制柜进行控制操作，也可远程检测及控制。

2) 集水池

集水池由 1 号集水池和 2 号集水池组成，1 号集水池内装有浮球液位控制开关、两台回流泵(一用一备)。1#集水池液位浮球与回流泵实现启停联锁控制(低液位停止，高液位启动)。同时浮球液位控制开关与提升泵实现启停联锁控制(高液位停止)。2 号集水池内装有浮球控制开关。2 号集水池液位浮球与外输泵(一用一备)实现启停联锁控制(低液位停止，高液位启动)。同时浮球液位控制开关与提升泵实现启停联锁控制(高液位停止)。回流升泵、外输泵的运行状态采用手动+自动控制的模式。根据现场实际情况的处理量需要，可调节设定频率控制相应进出水流量。电控柜 PLC 实现对整套装置的手动控制、自动控制，并应通过 PLC 的 RS485 接口、Modbus for RTU 将数据上传至所属站场 SCADA 站控系统，由 SCADA 系统实现对装置的远程监控，可在控制柜进行控制操作，也可远程检测及控制。

表 5-3 仪表系统工艺数据表

序号	名称	参数	单位	数量
1	PLC 控制柜	2000mm(H)×800mm(W)×600mm(D) 内部包含但不限于 CPU、存储器、开关电源、继电器、空气开关和 UPS(延时 2h)等，满足成套装置的全自动控制及运行，且保证控制系统的完整性	套	1
2	PLC 控制系统	PLC 点数 DI 62 个，DO 24 个，AI 34 个，AO 8 个，增加备用 20% IO 数量，预留通信接口。PLC 控制系统包含人机界面触摸屏 1 台、断路器、空气开关、中间继电器、开关电源和接线端子等	套	1
3	控制柜	2000mm(H)×800mm(W)×600mm(D)	面	1
4	交换机	导轨安装，工作电压 DC24V，4 光口，100MB	台	1
5	UPS	延时 2h 2kV·A	台	1
6	台式计算机	Intel Core i5-7400，1T，8G，23in 显示	台	1
7	DO 计	2 路 4~20mA 输出，AC220V	台	6
8	pH 计	4~20mA 输出，AC220V	台	6
9	温度变送器	通过 DO 测定仪第 2 路 4~20mA 读取	台	6
10	变频柜	2000mm(H)×800mm(W)×600mm(D)，内部包含但不限于变频器、断路器、空气开关和中间继电器等，供货商应保证供货的完整性	套	1
11	控制柜	2000mm(H)×800mm(W)×600mm(D)	面	1
12	变频器	AC380V 2.2kW(包含操作面板)	台	4
13	变频器	AC380V 3kW(包含操作面板)	台	2
14	变频器	AC380V 7.5kW(包含操作面板)	台	2
15	塑壳断路器	3P 100A	台	1
16	断路器	3P D25	台	2
17	断路器	3P D10	台	6
18	空气开关	2P C10	个	12
19	中间继电器	AC220 2NJ 带指示灯	套	16
20	指示灯	AC220V	个	16
21	动力柜	2000mm(H)×800mm(W)×600mm(D)，内部包含但不限于断路器、空气开关、接触器和热继电器等，供货商应保证供货的完整性	套	1
22	塑壳断路器	3P 160A	个	1
23	塑壳断路器	3P 125A	个	1
24	断路器	3P D10	个	16
25	空气开关	2P C10	个	6
26	空气开关	2P C25	个	1
27	接触器	6A 220V	个	11
28	接触器	12A 220V	个	3
29	接触器	25A 220V	个	2
30	热继电器	配合接触器使用	个	16

第五章 煤层气采出水处理技术

图 5-6 控制系统显示

3) 絮凝池

絮凝池内装有浮球液位控制开关。絮凝池液位浮球与自吸泵(一用一备)实现启停联锁控制(低液位停止,高液位启动)。同时浮球液位控制开关与回流泵实现启停联锁控制(高液位停止)。自吸泵的运行状态采用手动+自动控制的模式。根据现场实际情况的处理量需要,可调节设定频率控制相应进水流量。电控柜PLC实现对整套装置的手动控制、自动控制,并应通过PLC的RS485接口、Modbus for RTU将数据上传至所属站场SCADA站控系统,由SCADA系统实现对装置的远程监控,可在控制柜进行控制操作,也可远程检测及控制。

4) G-BAF 池

G-BAF池内装有DO计、pH计和温度变速器,浮球液位控制开关。DO缺氧段≤0.5mg/L、好氧段2.5~10mg/L,pH范围6~9,水温0~55℃。通过PLC的RS485接口、Modbus for RTU将数据上传至所属站场SCADA站控系统,由SCADA系统实现对装置的远程监控,可在控制柜进行控制操作,也可远程检测及控制。

六、装置运行

1. 系统参数

设定处理废水水量为50m³/h,24h连续运行。

2. 设计水质指标

设计进、出水水质数据见表5-4。

表 5-4 设计进、出水水质数据

序号	项目名称	进水水质	出水水质
1	pH值	6~9	6~9
2	五日生化需氧量(BOD_5)/(mg/L)	≤40	≤10
3	化学需氧量(COD_{Cr})/(mg/L)	≤200	≤40

续表

序号	项目名称	进水水质	出水水质
4	氨氮（NH_3—N）/（mg/L）	≤15	≤2.0
5	总氮（TN）/（mg/L）	≤15	≤2.0
6	总磷（TP）/（mg/L）	≤0.5	≤0.5

3. 调试准备

（1）进行相应的物质准备，如水（含污水、自来水）、气（压缩空气、蒸汽）、电和药剂的购置、准备。

（2）准备必要的排水及抽水设备。

（3）准备必要的水质检测设备、装置。

（4）按设计工艺顺序向各单元进行充水试验，试水采用清洁水。

（5）关闭设备容器出水阀门，采用临时管道将清洁水接入设备容器中进行充水。设备容器未进行充水试验的，充水按照设计要求一般分三次完成，即1/3、1/3、1/3充水，每充水1/3后，暂停3~8h，检查液面变动及池体的渗漏和耐压情况。特别注意：设计不受力的双侧均水位隔墙，充水应在两侧同时冲水。已进行充水试验的池体可一次充水至满负荷。

（6）打开设备管路阀门（排空管路阀门关闭），检查自流管路、水泵连接管路焊接位置和连接位置是否有跑、冒、滴、漏现象，以及自流管路、超越管路是否能畅通流水。

（7）打开排空管路阀门，观察管路焊接位置和连接位置是否有跑、冒、滴、漏现象，以及管路排水是否畅通。

4. 设备调试

（1）按工艺资料要求，了解单机在工艺过程中的作用和管线连接。

（2）认真阅读单机使用说明书，检查安装是否符合要求，机座是否固定牢。

（3）按说明书要求，加注润滑油（润滑脂）至油标指示位置。

（4）将所有水泵前、后两端管路阀门开至最大，确定管路畅通。搅拌机浆板上无缠绕物，运行设备周围无杂物。

（5）采用两人配合，一人在需要启动设备旁观察，一人在控制柜进行启、停操作，采用对讲机或电话联系。先点动启动后，应检查电动机设备转向，在确认转向正确后将其二次启动。

（6）点动无误后，作3~5min试运转，运转正常后，再做1~2h的连续运转，此时检查设备温升，一般设备工作温度不宜高于50~60℃（除非说明书有特殊规定者）。当温升异常时，应检查工作电流是否在规定范围内，如超过规定范围，应停止运行，找出原因，消除原因所在后继续运行。单机连续运行不少于2h。

(7) 单机运行时,部分装置容器中的水位会下降,采用临时管线补充自来水,防止设备无水空转导致损坏;但部分装置容器中的水位会上升,采用放空阀降低水位,防止冒池。

(8) 确保设备容器中清洁水已经充满,检查水泵、搅拌机、检测仪表和电气设备是否正常。

(9) 在调节池池内水位大于1/2的情况下,打开调节池提升水泵出水控制阀门,启动调节池提升水泵向G-BAF池进水。G-BAF池进水如图5-7所示。观察出水管线上流量计数据显示,通过调节出水阀门的开启度,调节各池的进水水量,将各池进水水量的误差值控制在0.2m³/h以下(也可以通过变频控制水泵的出水流量)。

(10) 打开G-BAF池上空气管道上所有的控制阀门,打开鼓风机放气阀,启动鼓风机,待鼓风机启动运行正常后,缓慢关闭放气阀(用时2~3min),调节G-BAF池上空气管道上的控制阀,使各池曝气均匀。

(11) G-BAF池出水如图5-8所示。将G-BAF池出水通过阀门调整进入集水池1号,待集水池1号水位至2/3处时,打开回流泵回流管线出水阀门,启动集水池1号内回流泵(1台),调节出水阀门,通过流量计显示控制回流流量(也可以采用变频控制水泵的出水流量)。

图5-7 G-BAF池进水

图5-8 G-BAF池出水

(12) 通过阀门将部分废水切换至絮凝沉淀池进水管线上,将废水提升到絮凝沉淀池(水量不足时,2台水泵可同时启动运行),启动加药设备,利用清洁水模拟给絮凝沉淀池进水投加絮凝剂。

(13) 絮凝沉淀池出水槽集满水后,打开生物炭罐增压泵前后控制阀门,启动生物炭罐增压泵向生物炭罐供水,生物炭罐为1用1备运行,通过调节进水阀门控制进水方向。

(14) 生物炭罐出水进入集水池2号,当池内水位至2/3处时,打开出水泵前后的控制阀门,启动出水泵,将出水外排。

5. 调节池运行

(1) 调节池原水水位高度在设定水位 1/2 以上。

(2) 检测原水水质,各项指标满足设计原水要求,最高不得高出 20%。当原水水质太高时,采用清洁水进行适当稀释。

(3) 确定出水管道阀门开、关到位,手动启动提升泵(提升泵为 1 用 1 备)向 G-BAF 池进水。观察水泵运行状态良好。

(4) 将水泵运行切换至自动运行状态,手动调节液位控制开关,观察水泵在自动控制条件下能否正常运行。

(5) 2 台水泵互为备用,调整水泵变频控制器,控制水泵供水水量。

6. G-BAF 池运行

(1) 根据流量计显示数据调节 G-BAF 池进水阀门的开启度,采用设定流量向 G-BAF 池进水。

(2) 检测 G-BAF 池各级水质变化,从第一级至第六级水质逐渐递减,至第六级出水水质控制指标中有一项接近达标指标时停止进水,记录最后一次检测数据,作为调试的基础数据。

(3) 打开空气管线上的所有控制阀门,启动鼓风机(鼓风机为 1 用 1 备,只启动 1 台)。

(4) 待风机转动正常时,缓慢关闭空气管线的放气阀,用时大约 2~3min。

(5) 调节 G-BAF 池上各池空气的控制阀门,观察各池水面的曝气情况,使得各池曝气均匀。观察 DO 仪测定数据显示,好氧状态 DO 控制在 2.5mg/L 以上,缺氧状态 DO 控制在 0.5~2.5mg/L,厌氧状态 DO 控制在 0.5mg/L 以下。G-BAF 池厌氧段如图 5-9 所示,G-BAF 池好氧段如图 5-10 所示。

图 5-9　G-BAF 池厌氧段

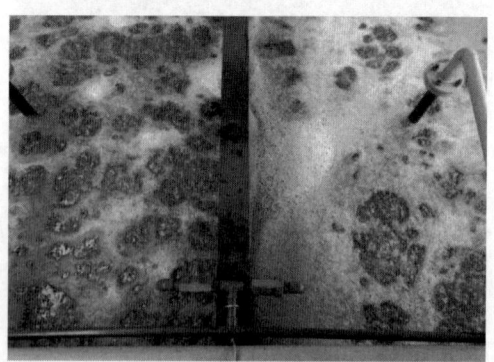

图 5-10　G-BAF 池好氧段

(6) 测定 G-BAF 池各级 pH 值,将 pH 值控制在 7.5~8.5,pH 值偏低时,采用碳酸钠水溶液进行调整。

(7)向碳酸钠储药罐中加入清洁水至容器4/5池,启动搅拌机对水进行搅拌,缓慢加入碳酸钠,配制成15%~20%溶液,持续搅拌直至碳酸钠完全溶解,静置20min。

(8)启动碳酸钠加药泵(加药泵1用1备,只启动1台)向G-BAF池投加碱液,调节G-BAF池各级加药管线上的阀门,使得每级加药基本均匀,每2h测定一次各级的pH值,直至pH值满足调试要求,停止加药。

7. G-BAF池微生物的投加及驯化培养

(1)G-BAF池停止进水,持续曝气,控制DO在2.5mg/L以上。

(2)向G-BAF池每池中投加微生物菌种1.5kg,每池中投加白糖5kg,每池中投加磷酸三钠0.5kg,每池中投加尿素0.5kg,此操作持续3天。

(3)第4天开始,对各级的水质COD进行取样检测,并做好记录。每天每池投加微生物菌种0.5kg,每池中投加白糖3kg,每池中投加磷酸三钠0.5kg,每池中投加尿素0.5kg,此操作持续7天。

(4)从第4天开始,启动回流泵,每天对G-BAF池按设计流量进水2h。

(5)集水池1号水量在2/3处时,打开回流管线阀门,启动回流泵(回流泵为1用1备,只启动1台),调节回流总管流量,控制回流水量50m³/h,调节G-BAF池各池回流管阀门,控制回流量基本一致。当集水池1号水量达不到2/3时,利用调节池提升泵向G-BAF池进水,采用G-BAF池出水将集水池1号水位补起来。

(6)从第11天开始,启动调节池提升泵向G-BAF池进水,总进水量控制在20m³/h,控制各G-BAF池进水阀门,将流量均匀分配给每一座池中,停止回流。将G-BAF池出水调至集水池2号。每天每池投加微生物菌种0.25kg,每池中投加白糖3kg,每池中投加磷酸三钠0.25kg,每池中投加尿素0.25kg。

(7)每天检测各池出水的各项水质指标,如果总磷、氨氮超出设计出水要求,则停止投加磷酸三钠和尿素;如果COD超出设计出水要求,则停止投加白糖;当磷酸三钠、尿素和白糖均停止投加时,出水有指标仍超出设计要求,则适当降低进水水量。

(8)当出水各项指标均达标时,增加进水量至30m³/h,每天每池投加微生物菌种0.25kg,检测各池出水的各项指标,出现指标超标情况,操作方法同步骤(7)。每池水量递增10m³/h,直至满负荷运行。

(9)当水量增加至设计水量,出水COD、氨氮均达标时,开始反硝化环节培养。启动回流泵,调节回流水量25~50m³/h,调试时根据出水总氮灵活调整。从G-BAF池第1级开始逐级关闭空气,关闭的级数根据出水总氮检测数据进行确定,一般不超过3级。缺氧状态控制DO在0.5mg/L以下。

菌群及营养液入量和微生物培养驯化期间每天水质变化见表5-5。

表 5-5 菌群及营养液入量和微生物培养驯化期间每天水质变化

序号	工业白糖/kg	磷酸三钠/kg	尿素/kg	FZ925 微生物/kg	FZ35M 微生物/kg	COD_{Cr}/(mg/L)
1	72	18	36	18	9.5	99.6
2	72	18	36	18	9.5	95.4
3	72	18	36	18	9.5	90.2
4	60	15	30	18	9.5	82.4
5	60	15	30	18	9.5	80.7
6	60	15	30	18	9.5	78.3
7	—	—	—	6	6.5	75
8	—	—	—	6	6.5	72.6
9	—	—	—	6	6.5	71.3
10	—	—	—	6	6.5	68.1
11	—	—	—	6	6.5	63.2
12	—	—	—	6	6.5	60.5
13	—	—	—	4.5	4.5	60.1
14	—	—	—	4.5	4.5	58.8
15	—	—	—	4.5	4.5	52.5
16	—	—	—	4.5	4.5	50.1
17	—	—	—	4.5	4.5	47.3
18	—	—	—	3.5	2	41.5
19	—	—	—	—	2	40.5
20	—	—	—	—	2	34.5

向池中加入营养液如图 5-11 所示。接种水温在 20℃ 以下时，微生物的生长繁殖速度减慢，接种时间会相对延长。接种水采用废水原水充满 G-BAF 池，将 pH 值控制在 7.5~8。投加菌种后停止进水，闷曝培养，检测水质，待水质有明显变化，微生物有一定程度挂膜后，流量由小到大逐渐进水，最终达到满负荷运行。在这个接种过程中，需要有效控制废水中的各种污染物浓度尽可能相对稳定，不要出现明显冲击。正常情况下，闷曝培养时间 3~7d，小流量进水至正常水量的时间 20~30d。

对于微生物的驯化条件，微生物生长条件不能发生骤然的突出变化，常规讲要有一个适应过程，驯化过程应当与原生长条件尽量一致。微生物的投入如图 5-12 所示，驯化时温度不低于 20℃，驯化采取连续闷曝 3~7d，并在显微镜下检查微生物生长状况，或者依据长期实践经验，按照不同的工艺方法，观察微生物生长状况，也可用检查进出水 COD 大小来判断生化作用的效果。

图5-11 营养液加入

图5-12 微生物投入

对于微生物的驯化方式,驯化条件具备后,在连续运行已见到效果的情况下,采用递增污水进水量的方式,使微生物逐步适应新的生活条件,递增幅度的大小按厌氧、好氧工艺及现场条件而有所不同。一般来讲,好氧正常启动可在10~20d内完成,递增比例为5%~10%;而厌氧进水递增比例则要小得很多,一般应控制挥发酸(VFA)浓度不大于1000mg/L,且厌氧池中pH值应保持在6.5~7.5范围内,不要产生太大的波动,在这种情况下水量才可慢慢递增。

8. 集水池运行

(1)回流时,打开回流管线阀门,启动回流泵(1用1备,只启动1台),向G-BAF池提供回水。在正常运行时,G-BAF池出水进入集水池1号和集水池2号的阀门同时打开,向两池同时进水。

(2)当G-BAF池受冲击或运行不正常,出水水质不稳定时,G-BAF池出水全部进入集水池1号,回流泵既向G-BAF池提供回流,同时向保安处理系统供水。当水量较大,1台水泵不能满足供水要求时,启动备用水泵,通过调节回流阀门和供水阀门,满足两方面的用水。

(3)在正常运行时,集水池1号应一直保持在高水位。

(4)集水池2号水位至2/3处时,打开出水泵前后控制阀门,启动出水泵(出水泵1用1备,只启动1台)向外排水。

(5)出水泵设液位控制和变频控制,可实现自动启停和流量控制。

9. 絮凝沉淀池运行

(1)向絮凝剂溶药罐中加入清洁水至总容积4/5处,启动搅拌机。

(2)根据罐内水量,计算PAC用量,缓慢加入溶药罐中,配制15%的PAC溶液,持续搅拌,直至药剂完全溶解。静置20min。

(3)在絮凝沉淀池进水的同时,启动加药计量泵(计量泵1用1备,只启动1台)向水中投加药剂,药剂的投加量为15~20g/m³废水。

10. 生物炭罐

打开需要运行的生物炭罐进出水阀门,确定另1台生物炭罐进出水阀门关闭,防止串流。

(1) 打开增压泵进出水控制阀门,在增压水泵启动之前,观察水泵泵壳内是否充满水,如果缺水或不满,从加水孔将水灌满。启动增压泵(增压泵1用1备,只启动1台),向生物炭罐供水。

(2) 通过变频控制进水流量。

第六章 页岩气和煤层气开采环境保护技术及装置应用效果

研究形成的页岩气和煤层气开发环境保护4项系列技术、10套关键装备,已在长宁、威远、昭通国家级页岩气开发示范区工程应用,形成了"源头减量、规模化处理、资源化利用"的油气田绿色开发模式,有效支撑了国家非常规油气的战略性开发。

第一节 页岩气油基钻井废弃物处理工程示范

一、油基钻井废弃物脱附处理技术工程示范

1. 场站建设

2017年12月,在长宁H6平台完成场地的固化、设备的安装和电路的接通,建成油基钻井废弃物脱附处理场站,如图6-1至图6-4所示。全站占地面积1000m²,所有装备均为橇装化、模块化,安装过程无安全事故。

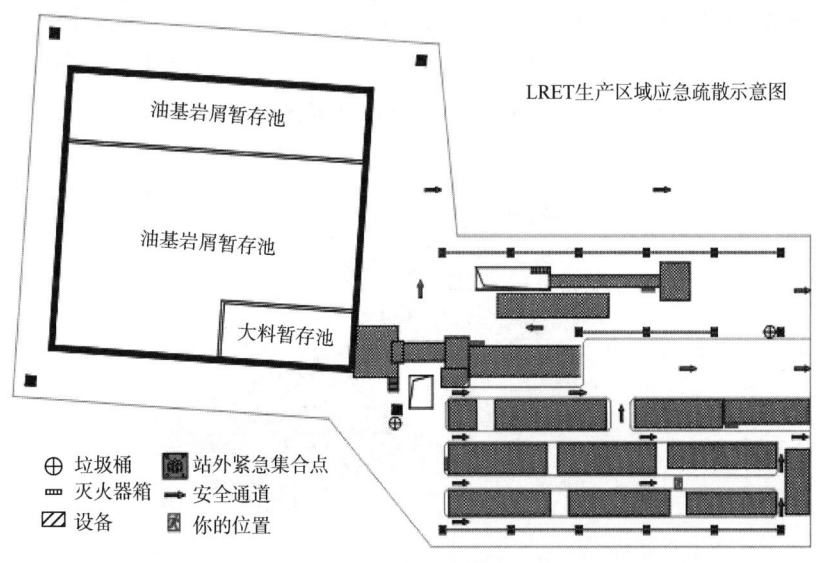

图6-1 长宁H6平台油基钻井废弃物脱附处理场站平面示意图

图 6-2　长宁 H6 平台油基钻井废弃物脱附处理场站建站

图 6-3　长宁 H6 平台油基钻井废弃物脱附处理场站

图 6-4　长宁 H6 平台油基钻井废弃物脱附处理场站现场布局 3D 效果图

2. 工艺流程及主要设备

工业化设备于2018年开始在四川威远—长宁页岩气开发国家级示范区某平台开展实施，处理规模2~3t/h，共计运行1421h，处理油基岩屑3115.8t，回收钻井液1300.54m³。

现场实际运行的油基钻井废弃物中，每口井产生油基混合固体物400~500m³，油基钻井液的含量为20%~35%，油基钻井液回收率达99.5%~99.7%，处理1m³固相物质可回收油基钻井液0.2~0.4m³，单井回收油基钻井液80~140m³。回收钻井液性能见表6-1，通过加入少量处理剂对其进行调整后，可以直接回用于页岩气钻井现场。回收油基钻井液如图6-5所示，处理后固相如图6-6所示。

表6-1 回收钻井液的性能指标

性能参数	密度/(g/cm³)	黏度/s	破乳电压 ES/V	塑性黏度 PV/(mPa·s)	动切力 YP/Pa	HTHP 失水(150℃)/mL	固含量/%	油含量/%	水含量/%	O/W
测试结果	1.07	75	760	9	1	5	10	86	4	85.5/14.5

图6-5 回收油基钻井液

图6-6 处理后固相

3. 处理后固相检测结果

1) 浸出毒性的检测结果

本次被鉴别物拟定的浸出毒性检测项目为：铬(六价)、铍(以总铍计)、总铬、镍(以总镍计)、铜(以总铜计)、锌(以总锌计)、砷(以总砷计)、硒(以总硒计)、总银、镉(以总镉计)、钡(以总钡计)、铅(以总铅计)、汞(以总汞计)、烷基汞、氯化物、氰化物、苯、甲苯、二甲苯、苯并[a]芘。根据检测结果显示，浸出毒性样品中苯、甲苯、乙苯、二甲苯、苯并[a]芘、铬(六价)、铍(以总铍计)、总银、烷基汞、氟离子、氰根离子等检测结果低于检出限，其余项目(总铬、镍、铜、锌、砷、硒、镉、钡、铅、汞)浸出毒性检测结果汇总见表6-2。

对照《危险废物鉴别标准 浸出毒性鉴别》(GB 5085.3—2007)规定限值，所有样品的浸出毒性测试项目的检出浓度均低于《危险废物鉴别标准 浸出毒性鉴别》(GB 5085.3—2007)浓度限值。

表6-2 浸出毒性有检出检测结果汇总

样品编号	检测结果									
	总铬/(mg/L)	镍(以总镍计)/(mg/L)	铜(以总铜计)/(mg/L)	锌(以总锌计)/(mg/L)	砷(以总砷计)/(mg/L)	硒(以总硒计)/(mg/L)	镉(以总镉计)/(mg/L)	钡(以总钡计)/(mg/L)	铅(以总铅计)/(mg/L)	汞(以总汞计)/(mg/L)
GF02	0.0091	0.0436	0.0594	0.029	0.0026	0.0038	ND	0.366	ND	ND
GF04	0.0158	0.0486	0.0525	0.017	0.0031	0.0083	ND	0.963	0.0066	ND
GF06	0.014	0.0543	0.0634	0.0225	0.0038	0.0062	ND	1.83	ND	ND
GF08	0.0124	0.0474	0.0588	0.0439	0.0053	0.0086	ND	1.61	ND	0.0002
GF10	ND	0.0537	0.0208	0.0236	0.0025	0.0076	ND	3.11	ND	ND
GF12	ND	0.048	0.0266	0.0515	0.0025	0.0086	0.0025	2.44	0.0556	ND
GF14	ND	0.0486	0.0239	0.0157	0.0027	0.0079	ND	1.52	ND	ND
GF16	ND	0.0528	0.0194	0.0435	0.0062	0.0095	ND	4.96	0.0157	ND
GF18	ND	0.0478	0.024	ND	0.0031	0.01	ND	1.7	ND	ND
GF20	0.0037	0.0491	0.0268	0.0336	0.0047	0.009	ND	1.9	ND	ND

注：ND表示"未检出"。

2）毒性物质含量检测结果

本次被鉴别物拟定的毒性物质含量的检测项目为：铍、钒、铬、锰、钴、镍、砷、硒、镉、锑、钡、铊、铅、汞、氟离子、氰根离子、苯、苯乙烯、苯并[a]蒽、苯并[b]荧蒽、苯并[k]荧蒽、二苯并[a,h]蒽、苯并[a]芘、石油溶剂。根据检测结果显示，毒性物质指标：锑、氟离子、氰根离子、苯乙烯、苯并[a]蒽、苯并[b]荧蒽、苯并[k]荧蒽、二苯并[a,h]蒽、苯并[a]芘等检测结果低于检出限，其余项目（铍、钒、铬、锰、钴、镍、砷、硒、镉、汞、钡、铊、铅、苯、石油溶剂）检测结果汇总见表6-3和表6-4。

表6-3 毒性物质检测结果(一)

样品编号	检测结果									
	铍/(mg/kg)	钒/(mg/kg)	铬/(mg/kg)	锰/(mg/kg)	钴/(mg/kg)	镍/(mg/kg)	砷/(mg/kg)	硒/(mg/kg)	镉/(mg/kg)	汞/(mg/kg)
GF02	0.5	56.4	54.6	411	5.3	26.9	22	4.3	0.9	0.2
GF04	0.5	69.4	44	370	5.6	29.7	18.5	3.8	0.8	ND
GF06	0.4	57.7	40	400	5.4	25.9	20.7	4.2	0.8	ND
GF08	0.5	65.7	50.5	431	6.2	35.2	19.5	3.9	0.9	ND
GF10	0.6	81.9	28.3	631	5.8	62.2	18.1	4.5	2.1	ND
GF12	0.7	85.3	24.6	565	6.2	70.9	19.1	5	1.6	ND

续表

样品编号	检测结果									
	铍/(mg/kg)	钒/(mg/kg)	铬/(mg/kg)	锰/(mg/kg)	钴/(mg/kg)	镍/(mg/kg)	砷/(mg/kg)	硒/(mg/kg)	镉/(mg/kg)	汞/(mg/kg)
GF14	0.8	91.5	54.4	881	6.7	75.6	18.4	5.4	1	ND
GF16	0.7	88.9	71.1	860	7.3	72	17.4	4.8	1.3	0.3
GF18	0.8	83	78.8	1380	6.2	65.2	18.1	5	1.1	ND
GF20	0.9	88.4	65.8	1040	6.9	69.1	18.6	4.3	1.4	0.1

注：ND 表示"未检出"。

表 6-4　毒性物质检测结果（二）

样品编号	检测结果/(mg/kg)				
	钡	铊	铅	苯	石油溶剂
GF02	4690	ND	179	0.0071	1.13×10^3
GF04	7960	ND	163	0.0051	1.68×10^3
GF06	8470	ND	172	0.009	1.10×10^3
GF08	4870	ND	164	0.0089	1.90×10^3
GF10	2160	0.7	46.9	0.005	2.54×10^3
GF12	569	0.8	41.7	0.004	4.71×10^3
GF14	5610	0.8	47	0.0058	4.28×10^3
GF16	1740	0.7	48.6	0.0049	3.89×10^3
GF18	2100	0.7	39.9	0.0048	4.23×10^3
GF20	2710	0.7	49.9	0.0042	3.33×10^3

注：ND 表示"未检出"。

重金属毒性物质含量的鉴别需要将重金属含量转化为含重金属的化合物的含量。对照《危险废物鉴别标准　毒性物质含量鉴别》（GB 5085.6—2007）第4章规定限值，所有样品的毒性物质含量检测指标结果和累积值均未超过《危险废物鉴别标准　毒性物质含量鉴别》（GB 5085.6—2007）的鉴别标准限值要求。

3）腐蚀性检测结果

根据检测结果显示，腐蚀性检测结果见表 6-5。

表 6-5　腐蚀性检测结果

样品编号	检测项目	检测方法	检测结果
GF02	腐蚀性	GB 5085.1—2007	pH=7.28
GF04	腐蚀性	GB 5085.1—2007	pH=7.92
GF06	腐蚀性	GB 5085.1—2007	pH=8.24
GF08	腐蚀性	GB 5085.1—2007	pH=7.81
GF10	腐蚀性	GB 5085.1—2007	pH=8.23

续表

样品编号	检测项目	检测方法	检测结果
GF12	腐蚀性	GB 5085.1—2007	pH=8.41
GF14	腐蚀性	GB 5085.1—2007	pH=9.12
GF16	腐蚀性	GB 5085.1—2007	pH=7.97
GF18	腐蚀性	GB 5085.1—2007	pH=8.21
GF20	腐蚀性	GB 5085.1—2007	pH=8.28

所有样品 pH 值检测结果均未超过《危险废物鉴别标准 腐蚀性鉴别》(GB 5085.1—2007)标准限值。

4) 急性毒性最不利计算结果

根据被鉴别无毒性物质含量无机元素检测结果，在最不利原则条件下进行估算，详细结果见表 6-6。

表 6-6　毒性物质经口毒性半数致死量估算

毒性物质	化合物急性毒性经口 LD_{50}/(mg/kg)	最大含量/(mg/kg)
氧化铍	5	2.5
钒	5	91.5
铬酸镉	5	346
锰	5	1380
硫酸钴	5	19.2
硫化镍	5	119.4
砷酸钠	5	48.2
硒化镉	5	13.1
硫酸镉	5	3.9
硫氰酸汞	5	0.8
碳酸钡	5	12112.1
碘化铊	5	1.3
磷酸铅	5	350.8
石油溶剂	5	4710

据此计算被鉴别物对鼠的经口毒性半数致死量(LD_{50})为 260mg/kg，大于《危险废物鉴别标准　急性毒性鉴别》(GB 5085.2—2007)鉴别标准的限值要求(200mg/kg)，据此判定其不具有急性毒性危险特性。

综上，广州中科检测技术服务公司对常温深度脱附处理后的固相鉴别结论如下：处理后固相含油率 0.11%~0.47%，依据《危险废物鉴别技术规范》(HJ 298—2019)和《危险废物鉴别标准》(GB 5085.1~7—2007)，对中国石油集团川庆钻探工程有限公司在四川省宜宾市天然气开采时钻井过程中产生的岩屑经过离心回收部分油基钻井液后进行常温深度脱

附处理后的岩屑进行危险特性评估,形成以下结论:

(1)根据被鉴别物的产生工艺、主要原辅材料分析,可判断其不具有易燃性、反应性。

(2)被鉴别物的所有样品的浸出毒性均未超过《危险废物鉴别标准 浸出毒性鉴别》(GB 5085.3—2007)的标准限值要求。

(3)被鉴别物的所有样品的毒性物质含量检测指标结果和累积值均未超过《危险废物鉴别标准 毒性物质含量鉴别》(GB 5085.6—2007)的标准限值要求。

(4)被鉴别物所有样品的pH值均未超过《危险废物鉴别标准 腐蚀性鉴别》(GB 5085.1—2007)标准限值要求。

(5)根据毒性物质含量按照最不利原则计算被鉴别物的经口急性毒性,其值未超过《危险废物鉴别标准 急性毒性初筛》(GB 5085.2—2007)标准限值要求。

二、长宁地区页岩气油基钻井废弃物脱附处理技术工程示范

1. 现场概况

长宁地区页岩气钻井油基废弃物脱附处理技术工程示范项目位于四川省宜宾市临港经济技术开发区港园路西段65号四川华洁嘉业环保科技有限责任公司厂区内。杰瑞环保科技有限公司自主研发的橇装热脱附处理装备用于处理长宁地区页岩气钻井209H、216H等钻井平台新产生及存量的油基钻井废弃物,物料如图6-7所示,其初始含水率为1%~10%,含油率为7%~13%。

(a)现场油基岩屑物料照片

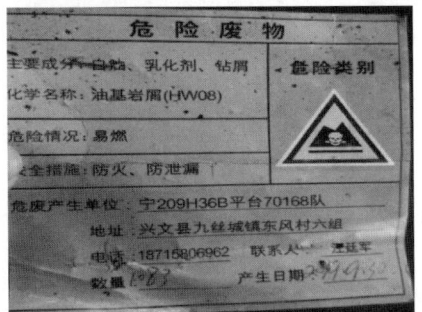
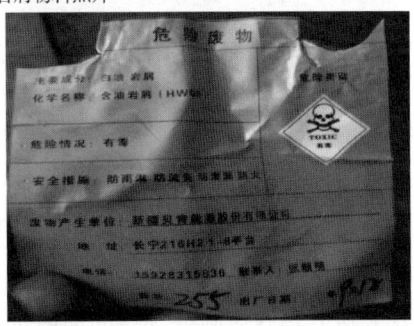

(b)长宁地区油基岩屑转运处置标签

图6-7 页岩气钻井油基废弃物

2. 工艺流程及设备

热脱附橇装化设备采用间接加热的方式对油基钻井废弃物进行加热,将油、水等成分汽化,热相分离脱附出来的高温混合气经过冷凝后进入分离装置,分离后的水可以循环使用,热相分离产生的不凝气体经净化处理后可作为燃料,整个系统最终排放的只有处理后的固相和烟气,其工艺流程如图6-8所示。

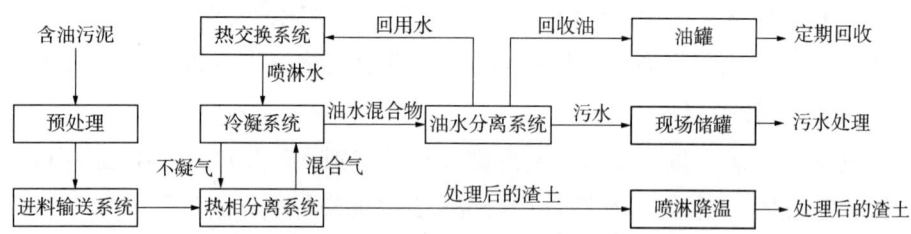

图6-8 油基钻井废弃物热脱附处理工艺流程图

现场依托杰瑞环保自主研发的热脱附橇装化设备,主要包括供料橇、热脱附橇、蒸汽回收橇、油水分离橇、冷却水橇、排料橇和中央控制橇等。

3. 工程运行记录

橇装成套设备于2019年7月开始进驻示范厂区调试运行,在现场的总体运行参数见表6-7,橇装热脱附设备24h连续运行。

表6-7 橇装热脱附设备运行工艺参数表

序号	项目	参数	备注
1	处理量/(t/h)	5	
2	加热温度/℃	550	
3	停留时间/min	30~55	
4	循环水量/(m³/h)	80	
5	循环水温度/℃	45~65	随天气的变化而变化
6	出料温度/℃	70~85	

2020年3月1日至2020年3月31日,累计处理油基钻井废弃物4023.3t,回收各类油品150t,完成示范工程2000t的处理量要求;设备连续处理能力达5t/h。橇装热脱附成套装备服务期间设备运行稳定、安全可靠,整个工程示范项目运行期间共计处理油基钻井废弃物18000t。

4. 处理后样品检测分析

油基钻井废弃物经橇装热脱附成套装备现场处理后固相的情况如图6-9所示,经第三方检测处理后钻屑含油量在1%以下。

油基钻井废弃物热脱附处理后的回收油如图6-10所示,回收油品质好,可满足回用标准。

第六章 页岩气和煤层气开采环境保护技术及装置应用效果

图 6-9 油基钻井废弃物热脱附处理后的固相

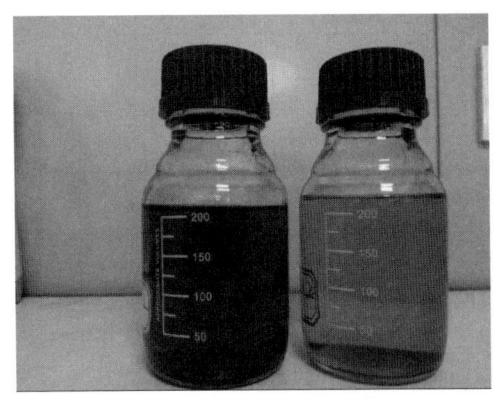

图 6-10 热脱附处理回收油相

5. 工程运行成本分析

2020 年 2—3 月橇装热脱附设备的能耗核算见表 6-8，天然气平均能耗 35m³/t，折合 35L(柴油)/t，达到示范应用要求的小于 45L(柴油)/t 指标要求。

表 6-8 橇装热脱附设备能耗核算表

序号	项目	2020 年 2 月	2020 年 3 月
1	产量/t	3787	4023
2	电量/(kW·h)	72600	92520
3	用电单价/[元/(kW·h)]	1.0	1.0
4	天然气量/m³	102492	164565
5	天然气单价/(元/m³)	3.5	3.5
6	水/m³	666	628
7	用水单价/(元/m³)	3.9	3.9
8	单位耗电量/[(kW·h)/t]	19.2	23.0
9	单位耗气量/(m³/t)	27.1	40.9

结合橇装热脱附设备示范应用能耗和其他消耗，核算油基钻井废弃物热脱附直接处理成本，结果见表 6-9，其直接处理成本为 900 元/t，达到直接处理成本低于 1600 元/t 的示范应用指标要求。

表 6-9 橇装热脱附设备直接成本核算表

序号	名称	单位	数量	单价/元	单位处理成本/(元/t)
1	电	kW·h	25.0	1	25.0
2	天然气	m³	35.0	3.5	122.5
3	水	m³	0.2	3.9	0.8

续表

序号	名称	单位	数量	单价/元	单位处理成本/(元/t)
4	设备折旧	—	—	—	225.0
5	设备维保	—	—	—	37.6
6	预处理(外包)	套	1	95	95.0
7	作业人员	人	4	13.5	54.0
8	出料工程车(租赁)	辆	1	55	55.0
9	残渣处理	—	—	87.5	87.5
10	污水处理	—	—	120	120.0
11	工程管理	—	—	70	70.0
运行成本					892.4

三、长宁地区页岩气钻井含油钻屑锤磨式热解析处理技术工程示范

对锤磨式热解析处理技术的现场工程示范效果进行分析,包括主要污染物含量检测分析、回收油分析、处理后钻屑资源化利用效果分析及处理成本分析。

1. 处理结果检测分析

1) 处理后钻屑含油量检测分析

(1) 检测方法:《危险废物鉴别标准 毒性物质含量鉴别》(GB 5085.6—2007)标准附录 O 中的"固体废物 可回收石油烃总量的测定 红外光谱法"。

(2) 检测仪器:红外光谱仪。

部分处理后的含油钻屑石油烃类含量见表 6-10。处理前含油钻屑如图 6-11 所示,处理后钻屑干粉如图 6-12 所示。

表 6-10 部分处理后钻屑石油烃类含量

序号	样品编号	质量/g	四氯乙烯体积/mL	浓度/(mg/L)	质量分数/%
①	72301	1.0198	50	55.35	0.271
②	72302	1.0071	50	60.82	0.302
③	72303	1.0363	50	46.10	0.222
④	72201	1.0056	50	53.33	0.265

经锤磨式热解析处理装置处理后固相颗粒较细,污染物去除较为彻底,处理后含油钻屑含油量小于1%,满足项目设计要求。

2) 处理后钻屑重金属含量检测分析

(1) 前处理方法:《危险废物鉴别标准 浸出毒性鉴别》(GB 5085.3—2007)标准附录 S 中的"固体废物 金属元素分析的样品前处理 微波辅助酸消解法"。

第六章 页岩气和煤层气开采环境保护技术及装置应用效果

图 6-11 处理前含油钻屑

图 6-12 处理后钻屑干粉

（2）检测方法：《危险废物鉴别标准 浸出毒性鉴别》（GB 5085.3—2007）和《固体废物 元素的测定 电感耦合等离子体质谱法》（HJ 766—2015）。

（3）检测仪器：Agilient 7500 ICP-MS。

（4）检测结果：见表 6-11。

由表 6-11 可以看出，体系中汞、总铬、砷、硒及六价铬均有检出，但检出浓度均远低于《危险废物鉴别标准 浸出毒性鉴别》（GB 5085.3—2007）规定的含量限值。

表 6-11 处理后钻屑重金属含量检测结果

序号	项目	结果	序号	项目	结果
1	pH 值	11.46	8	钡/(μg/L)	ND
2	汞/(μg/L)	0.44	9	镍/(mg/L)	ND
3	铜/(mg/L)	ND	10	总铬/(mg/L)	0.051
4	锌/(mg/L)	ND	11	砷/(mg/L)	0.012
5	铅/(mg/L)	ND	12	硒/(μg/L)	8.9
6	镉/(mg/L)	ND	13	六价铬/(mg/L)	0.014
7	铍/(μg/L)	ND			

注：ND 表示"未检出"。

3）回收油性能检测及回用

处理后含油钻屑含油量达到标准只是满足了环境要求，而回收油的性能好坏则直接决定资源回收利用的成败。

经川庆钻探工程有限公司钻采院钻井液公司评价，在现场用油基钻井液中添加 3% 回收油后，性能波动较小，同时能降低油基钻井液流变性、增加电稳定性，整体应用过程中井下安全正常。基础油及回收基础油外观对比如图 6-13 所示。

添加 3% 回收油前后的现场用油基钻井液的主要性能对比见表 6-12。

(a) 基础油　　　　　　　　(b) 回收基础油

图 6-13　基础油及回收基础油外观对比

表 6-12　添加 3%回收油前后现场用油基钻井液主要性能对比

序号	名称	密度/ (g/cm³)	Φ_{600}/Φ_{300}	Φ_{200}/Φ_{100}	Φ_6/Φ_3	表观黏度/ (mPa·s)	塑性黏度/ (mPa·s)	动切力/Pa	初切 (终切)/Pa	破乳电压/ V
1	现场油基钻井液	2.0	182/104	75/43	5/4	91	78	13	1.5/(13)	226/192/182
2	现场油基钻井液+3%回收油	2.0	165/93	63/39	5/4	82.5	72	10.5	1.5/(10.5)	264/235/204

由图 6-13 和表 6-12 中结果可见，回收油配制的油基钻井液性能指标与现场用油基钻井液性能指标相近，性能稳定，满足现场钻井要求。

4）处理后钻屑干粉应用

除对回收油进行资源化利用外，还初步对处理后钻屑干粉进行资源化应用研究，完成固井水泥浆体系研发。加入处理后钻屑干粉的固井水泥浆体系满足表层套管固井要求，配方固井水泥浆在 45℃/常压条件下固化 24h 后，固井水泥浆体系水泥石强度达到 15.3MPa，性能满足表层固井要求。此外，采用处理后钻屑干粉作为铺路材料，在威 204H9 及威 202H23 平台进行试验，处理后钻屑干粉加量为 20%，性能满足道路设计要求，试验情况如图 6-14 所示。

通过对处理后钻屑干粉在固井水泥浆及铺路方面的研究、试验，证实处理后钻屑干粉具有较高的资源化利用价值。

5）处理成本分析

目前累计处理含油钻屑约 2000t，综合各项费用，计算分析处理成本如下：

含油钻屑累计处理量约 2000t；处理成本约 1256 元/t。

处理成本的计算依据如下：

（1）燃料动力费（电费）：15.36 万元。

图 6-14 采用处理后钻屑干粉进行铺路试验

(2) 其他(运费):36.67 万元。

(3) 劳务费:2.53 万元。

(4) 材料费:60 万元。

(5) 人员工资:60 万元。

(6) 人员差旅费:12.69 万元。

(7) 设备折旧:800×8%=64 万元。

(8) 处理成本:以上各项成本共计 251.25 万元,则处理成本为 251.25×10000÷2000=1256 元/t。

四、昭通地区基于热脱附的钻井废弃物处理与资源化一体化装置工程示范

1. 水基钻井废弃物处理现场示范

1) 现场示范项目概要

西南油气田蜀南气矿泸 201 井水基钻井废弃物不落地随钻处理示范工程位于四川省泸州市江阳区通滩镇罗石桥村 3 社,井场东西长约 100m,南北宽约 50m,井场占地面积约 5000m²。处理场地占地面积:35m×18m(约 630m²,不含暂存场)。

泸 201 井于 2016 年 9 月 28 日开钻,钻井废弃物处理回用及资源化利用与钻井开钻时间同步进行,截至 2018 年 1 月 22 日完钻,钻井井深为 3675m(设计井深 3565m),现场累计钻井废弃物总量为 1820m³,其中废钻井液 411m³,钻屑 1409m³。回用钻井液 383m³,制成铺路基土 1620m³(包括两次清理应急池制备基土 387m³),免烧砌块 55610 块,烧结砖 118 万匹。

该井预计钻井周期 3 个月,实际钻井周期 14.5 个月,累计钻井及随钻服务 16 个月,与原工作内容相比,服务超期 13 个月。超期原因主要由于泸 201 井多次发生井漏,无法正常钻进。该井在 2016 年 10 月 23 日开始出现井漏,后一直在进行堵漏作业;2016 年 11 月 20 日,发生卡钻,11 月 26 日炸管解卡,11 月 30 日原井深固填,绕固填段定向钻进。

在2017年1月9日,该井又发生井漏,于5月29日开展第二次原井深固填,绕固填段定向钻进工作,后再次发生井漏;9月18日完成最终堵漏工作,泸201开始正常钻进,并在12月16日完成全部钻井工作。

水基钻井废弃物不落地随钻处理装置由四个系统组成:不落地随钻液相再生与回用系统、物料收集与输送系统、固相无害化处理系统和制备免烧砌块系统。泸201井水基钻井废弃物不落地随钻处理现场平面布置如图6-15所示。

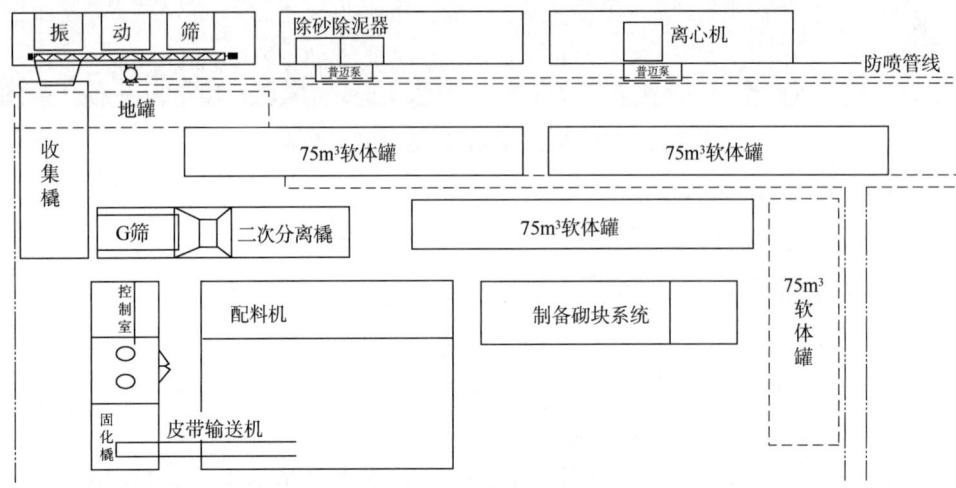

图6-15 泸201井水基钻井废弃物不落地随钻处理现场平面布置

2)无害化资源化处理

无害化处理剂分为固化剂和增强剂:按照污泥体积计量,固化剂和增强剂的投加参考量分别为5%~6%和15%~20%,施工过程中先投加固化剂,将其无害化处理为基土,充分拌和5~7d,检测即可达环保要求。

将基土粉碎研磨加15%的增强剂,充分混拌,制备成免烧砌块,7天后即可达到建筑材料要求。浸出液达到GB 8978一级要求:pH值6~9,色度≤50倍,COD≤100mg/L,石油类≤5mg/L。

在无害化处理前,应根据现场钻屑固含量和污染物指标差异情况,在实验室做小实验初步确定投加量范围,再到现场进行中试后,确定各个工序的药剂投加比例。如果现场污泥含水率过低(小于30%),则需要向污泥内加一定量的水,从而确保药剂和污泥混合均匀。泸201井钻井废弃物随钻处理设备(无害化处理)如图6-16所示,资源化处理如图6-17所示。

3)现场示范效果

自2016年9月28日开钻至2017年11月30日,试点示范工程处理设备共耗电约56566.44kW·h,月平均耗电约3960kW·h,日平均耗电132kW·h。处理钻井废弃物耗电平均值35.3kW·h/m³。

图 6-16　泸 201 井钻井废弃物随钻处理设备（无害化处理）　　图 6-17　泸 201 井钻井废弃物随钻处理设备（资源化处理）

水基钻井废弃物不加药物理分离处理与资源化装置在泸 201 现场示范应用，共处理水基钻井废弃物 1007m³，回收回用钻井液 383m³，制成铺路基土 1620m³，免烧砌块 5.56×10⁴ 块，烧结砖 118×10⁴ 匹。制备的基土、免烧砌块、烧结砖浸出液均达到 GB 8978—1996《污水综合排放标准》的一级标准。制备的基土性能达到 JTG D30—2015《公路路基设计规范》，免烧砖达到 JC/T 422—2007《非烧结垃圾尾矿砖》，免烧砌块抗压强度大于 15MPa。成果应用取得预期效果。

（1）实现了不同地层、不同钻井液体系钻井废弃物的随钻处理。

（2）实现了废弃钻井液处理回用，减少了钻井液和钻井废水排放。

（3）实现了固相废弃物无害化和资源化利用，资源化产品的环保性能满足国家环保标准要求，建材性能指标符合相关产品质量标准规定。

聚磺钻屑资源化产品（免烧砌块和铺路基土）浸出液的 COD、石油类、色度等指标均达到 GB 8978—1996《污水综合排放标准》一级标准和 Q/SY XN 0276—2015《钻井废弃物无害化处理技术规范》要求。

免烧砌块抗压强度平均值达到 13.4MPa，放射性低于 GB 6566—2010《建筑材料放射性核素限量》限值要求。泸 201 井试点工程制备的免烧砌块如图 6-18 所示。

图 6-18　泸 201 井试点工程制备的免烧砌块

(4) 通过现场示范应用，进一步扩大了技术使用单位、研发单位、设备制造单位以及技术监测、评估单位的联合组织推广应用模式。

4) 直接成本分析

泸 201 井钻井废弃物处理和资源化利用试点工程直接成本见表 6-13。

表 6-13 直接成本表

项 目	金额/万元	项 目	金额/万元
人工费	58.88	水费	0.1
劳保费	1.28	燃油费	2.4
差旅费	1	现场车辆使用费	7.82
现场餐费	9.6	临时机械租赁费	3
现场住宿费	4.8	设备动迁费	20
药剂费	23.4	设备维修费	4
辅材费	7.5	现场场地平整及彩钢棚搭建	10
现场零星材料采购	2	工农协调费	2
电费	3.92	合计	161.7

注：不含设备折旧、税费、管理费，不含资源化产品产生的经济效益等。

2. 现场示范技术经济分析

按照装置年处理量 $2×10^4$ t(年运行时间按 6000h 计，平均处理量 3t/h)测算，估算项目技术的综合成本为 910.30 元/t(表 6-14)。

表 6-14 项目技术经济分析

序号	成本项目	成本费用/元	备 注
1	电耗	703.80	电耗 460kW·h/t，电费单价 1.53 元/(kW·h)
2	水耗	2.50	水耗 $0.5m^3$/t，水费 5 元/m^3
3	人员费	120.00	年处理量 $2×10^4$ t，用工 16 人(四班三倒)，人工年薪 15 万元/人计
4	折旧费	80.00	年处理量 $2×10^4$ t，装置造价 1600 万元，折旧期 10 年
5	维修维护费	4.00	按折旧费的 5% 计
	合计	910.30	

3. 油基钻屑处理现场示范

针对页岩气等非常规油气开发中的油基钻屑废弃物环保处理难题，按照国家科技重大专项"大型油气田及煤层气开发"的安排，中国石油集团安全环保技术研究院承担了其中的油基钻屑热脱附处理技术装置研制与现场示范任务，拟为中国油气田勘探开发中的油基钻屑废弃物处理提供环保技术支持。根据项目进展需求，经沟通协调，确定在大庆油田区域开展本工程示范项目。项目位于黑龙江省大庆市让胡路区大庆油田水务公司齐家环保试验基地内。大庆油田水质公司具备 HW08 类危险废物经营处理资质，可以保障项目的原料来源和处理后的固渣、油水液体的处置。

1) 现场建地建设

现场试验场地分为装置区和原料储料区两个区域,其中装置区占地 1500m²(50m×30m)、原料储料区占地 225m²(15m×15m),总占地 1725m²。

试验采用大庆油田邻近区块产生的油基钻屑,是产废单位委托大庆油田水务公司运输到示范场地的油基钻屑。产生的固体废渣含油率小于 1%,符合大庆水务油基钻屑尾渣处理要求,可以进一步资源化利用。产生的油转运到联合站的储油罐,产生的废水转运到大庆油田水务工程公司所属的污水处理站处理。油基钻屑处理现场平面布置如图 6-19 所示,油基钻屑处理现场设备如图 6-20 所示。

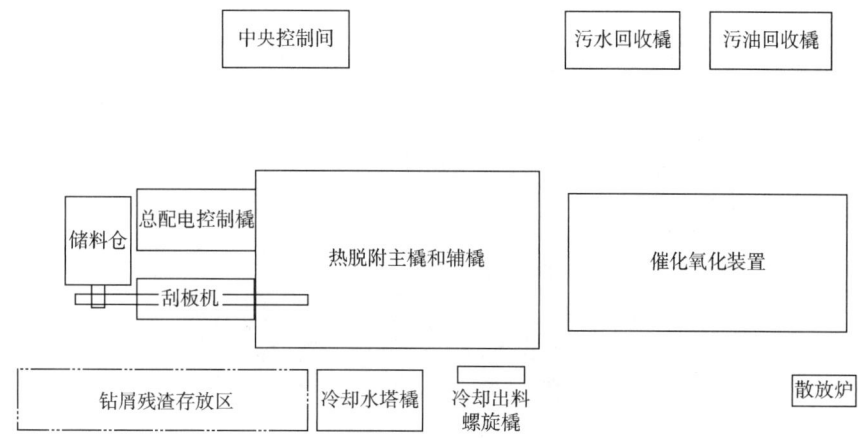

图 6-19 油基钻屑处理现场平面布置图

图 6-20 油基钻屑处理现场设备

2) 现场示范效果

示范工程于 2020 年 6 月 15 日开始设备安装,2020 年 8 月 24 日完成安装调试,2020 年 9 月 2 日开始投产运行,至 2020 年 10 月 30 日累计处理油基钻屑 1300t。油基钻屑现场试验的原料及处理后排渣、产油、产水如图 6-21 所示。

（a）试验用原料　　　　　　（b）设备排渣

（c）现场原料

图 6-21　油基钻屑现场试验的原料及处理后排渣、产油、产水

（1）排渣效果。

脱附渣油、水和固相含量测定结果见表 6-15，脱附温度低于 430℃时，脱附渣含油率超过 1%，在 400℃下含油率最高为 3.0%。超过 450℃含油率可保证低于 1%。考虑现场运行稳定性，通常设定脱附温度不低于 500℃。

表 6-15　脱附渣油、水和固相含量测定结果

日期	样品名称	含水率/%	含油率/%	固相含量/%	备注
2020 年 9 月 7 日	脱附渣	0.1	NL	98.9	
2020 年 9 月 10 日	脱附渣	5.0	NL	94.1	
2020 年 9 月 12 日	脱附渣	3.0	0.4	95.3	
2020 年 9 月 12 日	脱附渣	10.1	3.0	86.0	脱附温度 400℃
2020 年 9 月 27 日	脱附渣	11.0	0.7	87.4	
2020 年 9 月 27 日	脱附渣	4.1	2.0	92.3	

续表

日　　期	样品名称	含水率/%	含油率/%	固相含量/%	备　　注
2020年10月2日	脱附渣	0.3	NL	98.9	
2020年10月3日	脱附渣	19.5	NL	79.7	
2020年10月4日	脱附渣	20.1	NL	79.1	
2020年10月5日	脱附渣	19.6	NL	79.6	
2020年10月6日	脱附渣	18.6	NL	80.7	
2020年10月7日	脱附渣	11.6	1.2	86.7	脱附温度430℃
2020年10月8日	脱附渣	20.7	NL	78.6	
2020年10月10日	脱附渣	19.1	NL	80.2	
2020年10月11日	脱附渣	0.0	NL	99.9	
2020年10月12日	脱附渣	0.0	NL	99.9	
2020年10月20日	脱附渣	4.9	NL	93.7	
2020年10月20日	脱附渣	4.9	NL	93.8	
2020年10月21日	脱附渣	5.1	NL	91.6	
2020年10月23日	脱附渣	0.3	NL	99.0	

注：NL表示含油率<0.2%。

(2) 尾气处理效果。

委托第三方检测尾气处理效果，结果见表6-16。从表6-16中结果可以看出，热脱附气体经过碱洗后，颗粒物、二氧化硫和氮氧化物等常规监测污染物含量浓度和排放速度均低于GB 16297—1996《大气污染综合排放标准》二级标准，非甲烷总烃较排放标准高约50.8%。经催化氧化处理后，颗粒物、二氧化硫、氮氧化物和非甲烷总烃等指标均远低于排放标准，其中非甲烷总烃的去除率达到95.2%，表明尾气处理单元的处理效果优异。

表6-16　尾气处理单元污染物去除效果

检测点	干式过滤器出口(催化氧化入口)		总排口(催化氧化出口)		GB 16297—1996(二级标准)	
标态干废气流量/(m³/h)	2.68×10³		4.59×10³			
检测项目	排放浓度结果/(mg/m³)	排放速率结果/(kg/h)	排放浓度结果/(mg/m³)	排放速率结果/(kg/h)	最高允许排放浓度/(mg/m³)	15m排气筒最高允许排放速率/(kg/h)
颗粒物	4.1	0.110	2.7	0.0124	120	3.5
二氧化硫	65	0.174	<3	6.88×10⁻³	550	2.6
氮氧化物	<3	4.02×10⁻³	<3	6.88×10⁻³	240	0.77
非甲烷总烃	181	0.485	5	0.0234	120	10

(3) 回收油品质。

收集了冷凝回收油罐收集的油样与不凝气引风机出口处收集的油样，测试了油样的馏程，结果见表6-17。从表6-17中数据可以看出，冷凝回收油罐收集的油样初馏点比不凝气引风机出口收集的油样高26.2℃，表明冷凝回收油罐的油品相对较重，冷凝液中的轻质油品未充分凝结，被引风输出到后续碱洗水封罐中。

表6-17 回收油的馏程

温度/℃	回收油馏分/%(质量分数)		温度/℃	回收油馏分/%(质量分数)	
	风机出口	回收罐		风机出口	回收罐
100	—	—	240	23.1	26.6
120	—	—	260	41.8	41.2
140	0.9	—	280	56.3	54.3
160	1.1	—	300	68.8	66.2
180	1.1	0.4	总馏量	70.6	67.3
200	2.0	2.7	初馏点/℃	132.7	158.9
220	11.1	10.6			

(4) 电耗。

油基钻屑电磁加热脱附处理装置电耗核算结果见表6-18，热脱附处理装置在3t/h处理量下运行时，装置总功率为425kW，油基钻屑单位能耗为459kW·h/t，其中电磁加热脱附单元、尾气处理单元为主要能耗单元，分别占总电耗的46.4%、35.2%。尾气处理单元能耗占比较大，分析认为主要是尾气处理系统的负荷设计偏大，设计的可燃气体流量过大，实际的可燃气体流量偏少，导致催化氧化热量供给不足，蓄热系统蓄热能力不能有效发挥，使得电加热用电偏高。

表6-18 油基钻屑电磁加热脱附处理装置电耗核算结果

用电单元	电磁加热脱附系统	辅助系统	冷水机系统	催化氧化系统	合计
用电功率/kW	187	52	25	161	425
单位电耗/(kW·h/t)	213	57	28	161	459
用电占比/%	46.4	12.4	6.0	35.2	100.0

4. 现场示范结论

(1) 研制的油基钻屑电磁加热式热脱附处理装置处理能力可达3.2t/h，脱附温度在450℃以上时，脱附渣含油率小于0.3%，并保障装置连续运行。

(2) 油基钻屑电磁加热脱附处理装置尾气的颗粒物、二氧化硫、氮氧化物和非甲烷总烃等主要污染物排放浓度和排放速度均远低于GB 16297—1996《大气污染综合排放标准》。

(3) 热脱附炉能耗、尾气处理系统是装置主要耗能单元，应努力降低热脱附炉非加热能耗，根据应用现场实际，优化尾气处理系统设计与运维管理。

五、油基钻井废弃物减量及回收利用技术现场应用

1. 钻井液集中回收储存站

1) 建设方案

以威远页岩气区块为例,区域内建设转运站的主要方案如下:

(1) 选址情况:四川省内江市威远县,以正钻井及下步井位布局等综合考虑,选定距离及场地情况满足要求的场地,可利用面积约 1400m²。钻井液储存中转站选址情况如图 6-22 所示,其布局如图 6-23 所示,其整体如图 6-24 所示。

图 6-22 钻井液储存中转站选址情况

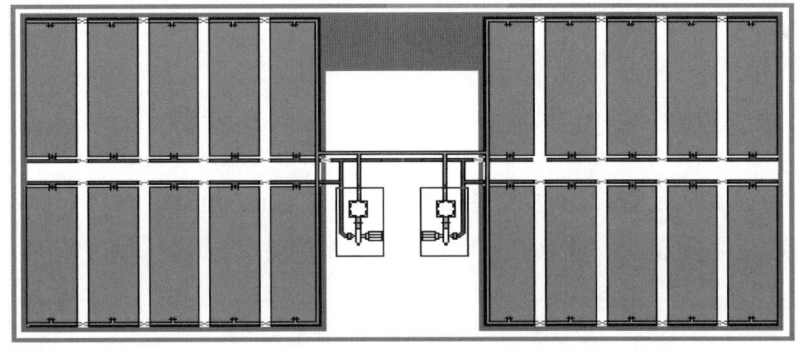

图 6-23 钻井液储存中转站布局图

(2) 储备罐数量及基本参数:60m³ 储备罐 20 个。罐本体截面尺寸:长×宽 = 10000mm×2800mm。每个罐 2 根纵向底座,底座落地平面尺寸:长×宽 = 10000mm×128mm,底座高度均为 300mm。罐边底座中轴线距罐边沿 414mm,两底座中轴线间距 1972mm。

(3) 储备罐分组情况:共两组。第一组 10 个罐分前后 2 排,前排 5 个、后排 5 个,各自并排排列,罐间距 300mm;两排罐前端上水口相对,间距 2200mm,罐尾均朝外。第二组 10 个罐同样分前后 2 排,前排 5 个、后排 5 个,各自并排排列,罐间距 300mm;两排罐前端上水口相对,间距 2200mm,罐尾均朝外。

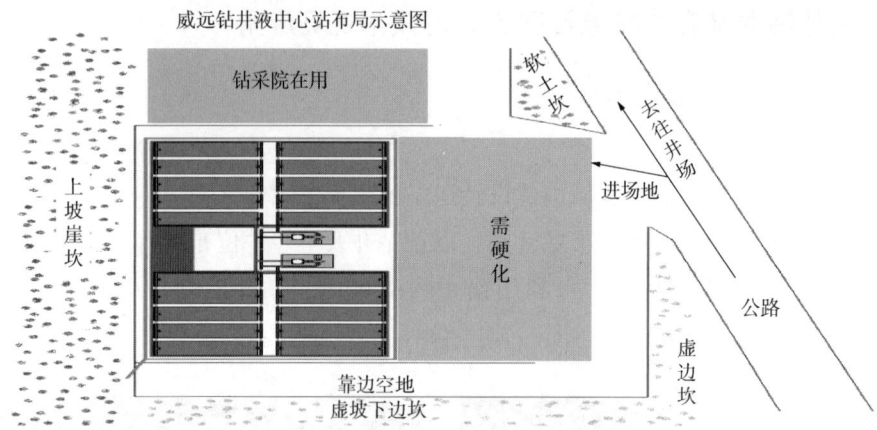

图 6-24　钻井液储存中转站整体示意图

（4）储备罐安放位置简况：

① 两组储备罐水平安放在进场地斜对面左前方，两组并排在一条线上。每排以罐前端面直线对齐。

② 两组储备罐本体间距 8000mm。

③ 储备罐组边罐本体外侧面与排污沟内沿平齐，侧边罐底座中轴线距排污沟沿 420mm，两罐间相邻底座中轴线间距 1140mm。

④ 罐尾本体端面与排污沟内沿平齐。

⑤ 罐组本体距后堡坎 2500mm 左右。

（5）储备罐基础参考图如图 6-25 所示，其储备罐基础要求：

① 承重要求：原场地为近 2m 厚的弃土层，施工前必须先进行地勘，再根据地勘数据修建储备罐基础，要求单罐基础面能承受上述 $60m^3$ 储备罐载荷不低于 160t。

② 以单联泵基础面为基准面，储备罐基础高于基准面 500mm。

③ 储备罐基础共 20 个，建议为平板式，所有基础要求一致。

图 6-25　储备罐基础参考图

（6）排污沟与清水沟：

① 排污沟围绕两组储备罐边缘修建。沟宽 500mm、深 300~600mm、排水坡度 0.3%，分别流向两组后排罐间的长×宽×深=7000mm×3000mm×2000mm 的应急池。

② 清水沟围绕两组储备罐组总外围修建。沟宽 500mm、深 300~600mm、排水坡度 0.3%，流水朝向罐区后角通往场地自然水沟。

③ 排污沟与清水沟间距 500mm。

④ 排污沟、清水沟和应急池均应做防渗处理。

（7）场地要求：整个罐组前面约 40000mm×10000mm 场地需硬化后达到 70t 载重车要求。单联泵位置适度硬化至可以承受 4t 左右的循环装置使用；罐与罐基础之间用混凝土作防渗处理。

（8）防雨棚：整个储备罐区域上方搭建防雨彩钢棚，棚高 6m，棚柱落地，棚边为集水槽，通过管道将雨水汇集流入清水沟。

2）运行成本测算

场站用电设备、设施数据见表 6-19，日常用电量预算见表 6-20。

表 6-19 用电设备、设施数据

用电区域	用电设备、设施	数量	单个功率/kW	总功率/kW	备 注
储备罐区	搅拌器	60	15	900	储备罐 20 个，每罐 3 个搅拌器电动机
	单联泵	2	55	110	
	轴流风机	2	0.3	0.6	
	转浆泵	1	11	11	
	螺杆泵	1	11	11	
	探照灯	2	1	2	
	照明灯	44	0.04	1.76	每罐 2 支 40W 日光灯；单联泵区预计 2 支；应急池、转浆区各预计 1 支
	合计			1036.36	

表 6-20 日常用电量预算

序号	用电设备、设施	数量	单个功率/kW	功率/kW	备 注
1	搅拌器	6	15	90	储备罐轮流或交叉使用。同时使用仅限 2 个罐的 4~6 台搅拌器开启，功率不超过 90kW
2	单联泵	1	55	55	单联泵根据需要使用，但每次开启仅限 1 台 55kW
3	轴流风机	1	0.3	0.3	轴流风机根据需要使用，但每次开启仅限 1 台 0.3kW
4	转浆泵	1	11	11	转浆泵根据需要使用，只有 1 台 11kW
5	螺杆泵	1	11	11	螺杆泵根据需要使用，只有 1 台 11kW
6	探照灯	2	1	2	夜间才使用共 2kW
7	生活、照明			5	夜间储备罐区照明灯具全部开启共 1.76kW，加上其他日常生活用电，预计 5kW 左右
	合计			174.3	

结合场站实际运行情况，每月用电量约 10000kW·h，人工费、设备折旧等费用测算后，预计每月成本见表 6-21。

表 6-21 成本测算

序号	项 目	费用/(万元/月)	备 注
1	能耗	2	
2	人工	6	配员 4 人
3	设备折旧及摊销	3	储备罐约 8 万元/个，五年折旧
	合计	11	

按单月转运钻井液量 2000m^3，则折合储存成本为 55 元/m^3，钻井液运输费按 200 元/m^3 计，则实际转运及储存成本 255 元/m^3；而新配水基钻井液成本约 2000 元/m^3，油基钻井液 8000~10000 元/m^3。故该方案可实现较大的经济效益，按照单月转运钻井液量 2000m^3，每年可节约成本数百万元。

3）实施情况

钻井液集中回收储存站建成并投入运行以来，已累计完成钻井液中转倒运 3 万余立方米，除节约了新配钻井液成本，创造较大经济效益外，还减少了钻井液的配制，从而降低了新配钻井液过程中产生的安全环保风险，减少了作业现场钻井液材料废包装袋的产生，显著降低了钻井现场的环保压力。

同时，区域内钻井液的储备，可有效保障钻井应急抢险下的急料供应，相比于早期通过现场配制应对堵漏、复杂等钻井工况，区域内钻井液储存站到单井距离在 2h 车程范围内，可及时有效完成钻井液的保障，从而有效保障钻井生产，控制井控风险。

2. 油基岩屑无机稳定基层中的应用（第一阶段现场试验）

1）场地选择

选取长宁页岩气开发区块施工项目现场作为科研试验场地，主要考虑该地交通便利、场地条件优越。试验段规模为 250m×5m，即试验段面积为 1250m^2。

2）油基岩屑在无机稳定基层中路用性能试验结果与分析

（1）浸出毒性分析表明经处理的油基岩屑用作无机稳定基层不会对环境产生影响。

（2）随着油基岩屑掺量的增多，混合料的 7d 无侧限抗压强度、劈裂抗拉强度值均呈现下降的趋势。

（3）随着油基岩屑与砂的比值的增加，混合料的 7d 无侧限抗压强度、劈裂抗拉强度值均呈现下降的趋势。

（4）水泥掺量与基层结构的无侧限抗压强度、劈裂抗拉强度呈现正相关性，当油基岩屑掺量较多时，水泥比例不宜低于 5%。

（5）试验所测各项性能指标均能满足四川农村公路的相应推荐标准。本研究推荐的质量配合比为水泥：集料为7：100，集料比例为油基岩屑：粗集料：细集料为10：58：32，最佳含水量为5.2%，最大干密度为2350kg/m³，施工时压实度按95%控制。

3）路面结构组合设计

（1）路堤设计。

路基压实标准按重型压实标准执行，横向地面横坡陡于1：5的地段，于原地面开挖宽度≥3.0m向内倾斜的反向台阶。

（2）路堑设计。

边沟外第一级边坡坡比按1：0.5~1：0.75设计，其高度为8~10m（特殊地段采用2m高的护面墙），第二级边坡坡比1：0.75~1：1.0，其上边坡坡比1：1.0，高度为10m；第一级边坡平台（边沟外碎落台）为0.5m，其他每级平台宽度为1.0m。边坡及平台均不做防护处理。

（3）零填路基及土质路堑。

当填方高度≤1.5m时，视为零填路基，当土层最小强度（CBR）满足规范要求且含水量适度时，可采取翻挖后压实处理；当土层含水量较大或当土层最小强度（CBR）不能满足规范要求时，则采取开沟排水、换填砂砾石或碎砾石材料进行处理，处理后上、下路床压实度均不得小于92%。

4）路面结构设计

路面结构如图6-26和图6-27所示，基层采用20cm水泥稳定碎石（掺入油基岩屑）。底基层采用18cm级配砂砾石。

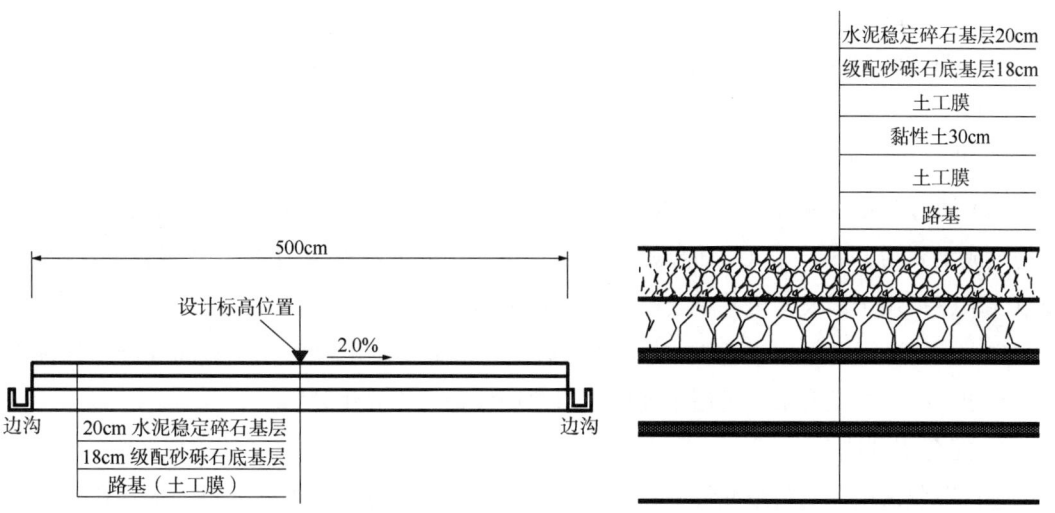

图6-26 第一阶段现场试验路面结构图　　图6-27 第二阶段现场试验路面结构示意图

5）路基排水设计

边沟采用浆砌片石铺砌，砌筑用砂浆M7.5、20cm厚浆砌片石，横断面为矩形，截面尺寸为40cm×40cm。路基排水设计如图6-28和图6-29所示。

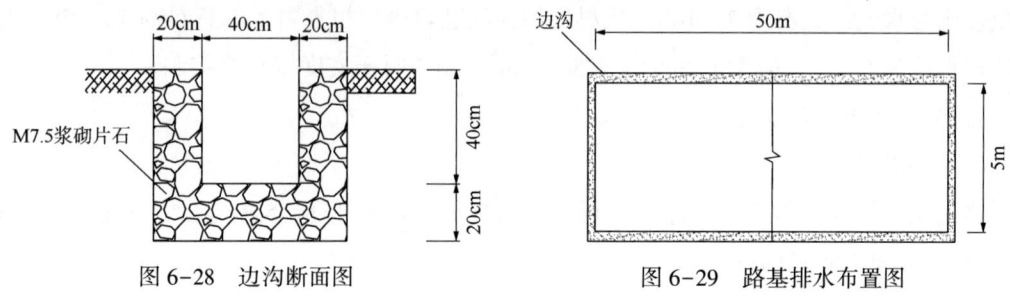

图6-28 边沟断面图　　　　图6-29 路基排水布置图

6）混合料组成设计

（1）集料的级配。集料要级配，按最大公称粒径的不同，采用4个粒级的集料进行掺配。

（2）配合比设计：钻前公路掺油基岩屑水泥稳定碎石基层质量配合比为水泥：集料为7：100，即水泥剂量为7%，最佳含水量为5.2%，最大干密度为2350kg/m³。

7）现场检测

（1）压实度检测：采用灌砂法分别检测路基、底基层和基层的压实度。

（2）弯沉检测：选取4个点，每20m布置两个测点，不利季节的弯沉代表值不得超过200×10^{-2}mm。

（3）无侧限抗压强度：现场取样后，在实验室进行7d无侧限抗压强度试验。

3. 油基岩屑在沥青混凝土路面中的应用（第二阶段现场试验）

1）场地选择

经前期的调查及比选，拟选取威远页岩气开发区块施工项目现场作为试验场地，主要考虑该地交通便利、场地条件优越。试验段规模为250m×5m，即试验段面积为1250m²。

2）油基岩屑成分分析及环境影响评价

（1）通过X射线荧光光谱仪（XRF）、X射线衍射仪（XRD）测得油基岩屑的化学成分和矿物组成主要为$BaSO_4$、SiO_2和金属氧化物，预处理后的油基岩屑含油率小于1%，满足规范要求，可用于铺设油田井场公路的资源化利用。

（2）预处理后含油率小于1%的油基岩屑，其重金属浸出毒性和总石油烃浸出毒性测试满足国家排放标准要求，可用于铺设油田井场公路的资源化利用。

3）配合比设计

进行筛分试验、矿料级配设计，运用马歇尔试验方法进行沥青混合料的配合比设计研究，得到了掺油基岩屑的沥青混凝土的初步配合比方案，见表6-22。

表6-22 掺油基岩屑沥青混凝土初始配合比

集料规格	10~15mm 碎石/%	5~10mm 碎石/%	3~5mm 碎石/%	0~3mm 碎石/%	油基岩屑/%	最佳沥青用量/%
掺配比率	28	29	10	25	8	4.7

4) 掺油基岩屑沥青混凝土的路用性能研究

通过浸水马歇尔稳定度试验和冻融劈裂试验可知，随着油基岩屑掺量的增加，水稳定性降低；通过车辙试验可知，沥青混合料的高温稳定性随着油基岩屑掺量的增加而减弱；通过弯曲试验可知，沥青混合料的低温抗裂性随着油基岩屑掺量的增加而降低；当油基岩屑替代矿粉的比例为100%时，浸水残留稳定度已不满足规范要求，而高温稳定性和低温抗裂性依然满足规范要求。

5) 水泥改性掺油基岩屑沥青混合料路用性能研究

通过浸水马歇尔稳定度试验和冻融劈裂试验得出，随着水泥剂量的增加，沥青混凝土混合料的水稳定性先增强后减弱，水泥的最佳剂量为2%，混合料的水稳定性最佳。

6) 配合比优化设计

通过马歇尔试验可知，在沥青用量为4.8%时，沥青混合料的体积指标与力学参数均满足规范要求。检验配合比设计得出，各项路用性能均符合规范标准。同时，沥青混合料短期和长期浸出毒性试验的浸出液总石油烃浓度均满足国家标准，由此得出掺油基岩屑沥青混凝土最终配合比方案，配合比方案见表6-23。

表6-23 掺油基岩屑沥青混凝土最终配合比设计方案

集料规格	10~15mm 碎石/%	5~10mm 碎石/%	3~5mm 碎石/%	0~3mm 碎石/%	水泥剂量/%	油基岩屑/%	最佳沥青用量/%
掺配比率	28	29	10	23	2	8	4.8

7) 路基设计

(1) 路堤设计。

路基压实按重型压实标准执行，对于横向地面横坡陡于1:5的地段，原地面开挖宽度≥3.0m向内倾斜的反向台阶。

(2) 路堑设计。

边沟外第一级边坡坡比按1:0.5~1:0.75设计，其高度为8~10m(特殊地段采用2m高的护面墙)，第二级边坡坡比1:0.75~1:1.0，其上边坡坡比1:1.0，高度为10m；第一级边坡平台(边沟外碎落台)为0.5m，其他每级平台宽度为1.0m。边坡及平台均不做防护处理。

(3) 零填路基及土质路堑。

当填方高度≤1.5m时，视为零填路基，当土层最小强度(CBR)满足规范要求且含水量适度时，可采取翻挖后压实处理；当土层含水量较大或当土层最小强度(CBR)不能满足规范要求时，则采取开沟排水、换填砂砾石或碎砾石材料进行处理，处理后上、下路床压实度均不得小于92%。

8)路面结构设计

路面结构如图6-30和图6-31所示,面层采用4cm沥青混凝土AC-13上面层和5cm沥青混凝土AC-20下面层(掺入油基岩屑)。基层采用20cm水泥稳定碎石(掺入油基岩屑)。底基层采用18cm级配砂砾石。

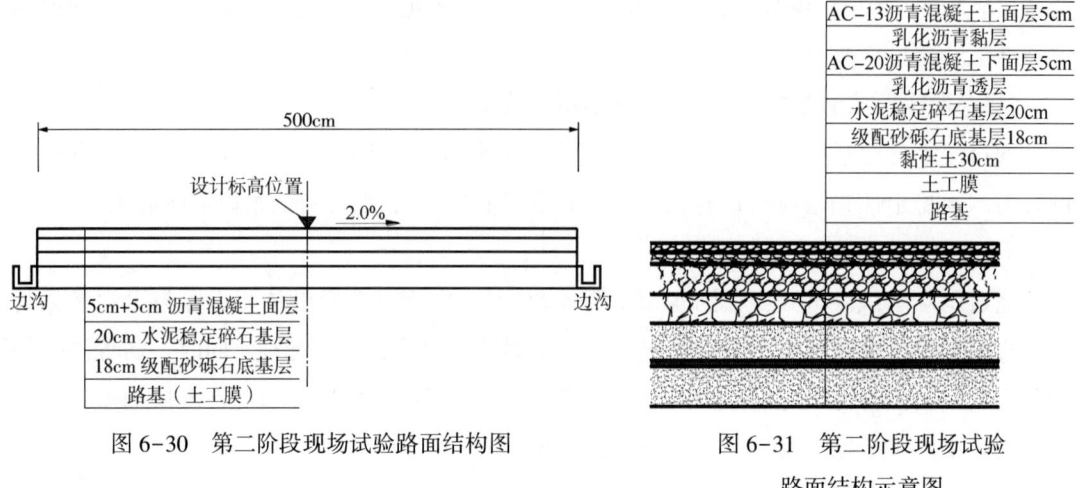

图6-30 第二阶段现场试验路面结构图

图6-31 第二阶段现场试验路面结构示意图

9)路基排水设计

边沟采用浆砌片石铺砌,砌筑用砂浆M7.5、20cm厚浆砌片石,横断面为矩形,截面尺寸为40cm×40cm。

10)沥青混凝土混合料组成设计

(1)集料的级配:

集料得使用分级的统料,宜按粒径15~20mm、10~15mm、5~10mm、3~5mm和0~3mm五种规格备料。

(2)配合比设计:

钻前公路沥青路面上面层掺油基岩屑沥青混凝土AC-13混合料的配合比设计为10~15mm碎石,5~10mm碎石,3~5mm碎石,0~3mm砂、水泥,油基岩屑的质量比为28∶29∶10∶23∶2∶8,最佳沥青用量为4.8%。

钻前公路沥青路面下面层掺油基岩屑沥青混凝土AC-20混合料的配合比设计为15~20mm碎石,15~10mm碎石,5~10mm碎石,3~5mm碎石,0~3mm砂、水泥,油基岩屑的质量比为29∶10∶20∶11∶20∶2∶8,最佳沥青用量为4.4%。

11)现场施工

(1)沥青混凝土路面施工;

(2)路基施工;

(3)路面基层和底基层的施工。

4. 第一、二阶段油基岩屑在道路工程中现场试验研究结果分析

1) 路基施工

由于现场路基路况良好，只需对路基进行整平和压实施工工序，待路基压实后，在其表面均匀摊铺细砂，随后铺设土工膜，施工过程如图 6-32 所示。

（a）压实后的路基　　　　　　　　　　（b）铺设土工膜

图 6-32　第一、二阶段路基施工图

2) 底基层施工

现场采用路拌的方式，对材料进行现场拌和、摊铺和压实等施工工序修建道路底基层，其施工过程如图 6-33 所示。

（a）拌和级配碎石　　　　　　　　　　（b）摊铺级配碎石

图 6-33　底基层施工图

3) 基层施工

现场采用路拌的方式，将 50m 道路基层分成 4 段施工。对材料进行现场拌和、摊铺和压实等施工工序修建道路基层，其施工过程如图 6-34 所示。

4) 沥青面层施工

采用厂拌的方式，结合现场实际和当地材料的特点，根据面层各层材料的配比确定材料用量，对材料进行现场拌和、摊铺和压实等施工工序修建道路面层，施工过程如图 6-35 所示。

(a) 压实后的基层

(b) 摊铺水泥稳定碎石

图 6-34　基层施工图

(a) 放样

(b) AC-20混合料下面层施工

(c) AC-16混合料中面层施工

(d) AC-13混合料上面层施工

图 6-35　沥青面层施工图

5）现场检测

弯沉检测如图 6-36 所示。

(a)回弹弯沉值检测

(b)压实度检测

(c)现场取土样

(d)浸出毒性试验

图 6-36 弯沉检测图

(1)贝克曼梁测定路面回弹弯沉试验,结果得出路面回弹弯沉代表值为 $56×10^{-2}$ mm,小于设计弯沉 $69.8×10^{-2}$ mm,满足设计要求。

(2)路基、级配碎石底基层和无机稳定基层的压实度经灌砂法现场试验,结果得出压实度均大于设计要求93%,符合设计要求。

(3)经现场取样,制备标准试件,进行7d无侧限抗压强度试验,结果得出掺油基岩屑的水泥稳定碎石基层的7d无侧限抗压强度平均值为3.5MPa,符合规定的下限值2.0MPa。

(4)环境影响分析:经实验测试,结果得出现场水样平行样的总石油烃均满足国标限值5mg/L,现场土样平行样的总石油烃均满足国家标准一级排放限值1%,COD值小于国家标准限值60mg/L,表明将掺油基岩屑的水泥稳定碎石用于工程应用满足要求。

6)现场承载能力试验检测报告

现场承压能力测试报告如图6-37所示。

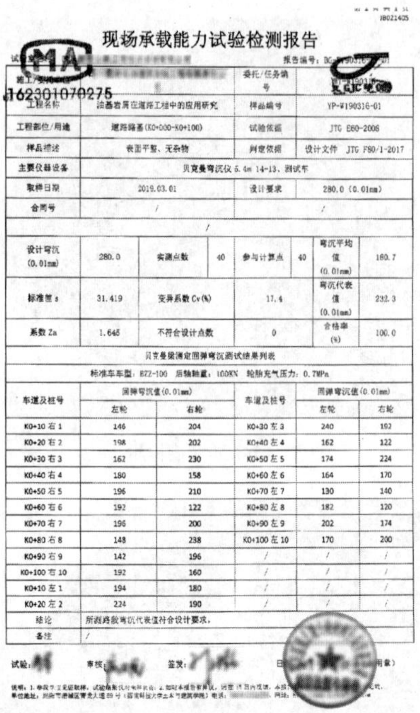

（a）承压力

（b）无机结合稳定土

（c）无机结合稳定图

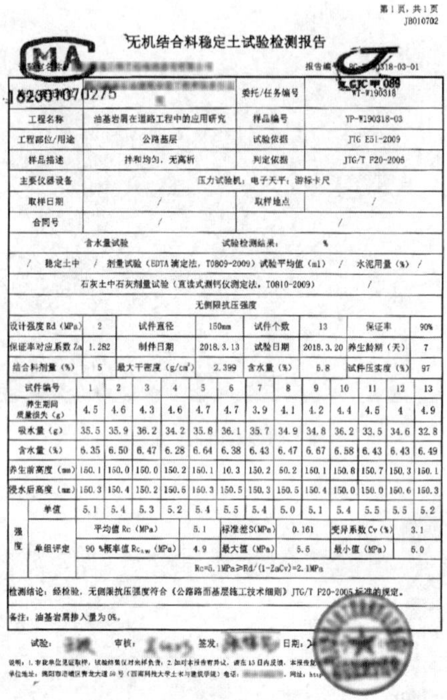

图6-37　第一、二阶段现场承压能力测试报告

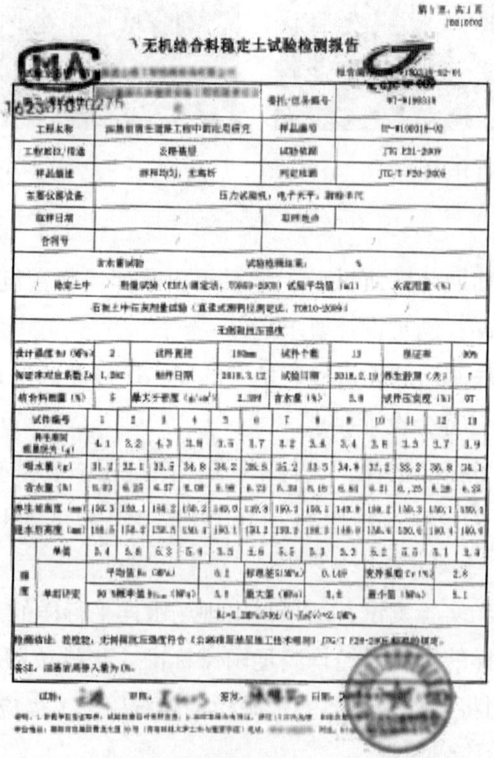

5. 油基岩屑在道路和场坪工程中的应用(第三阶段现场试验)

1) 场地选择

经前期的调查及比选,拟选取威202H23平台页岩气开发区块施工项目现场作为科研试验场地,试验段规模为250m×5m,即试验段面积为1250m²,如图6-38所示。第一部分试验区域为进场道路,试验段规模为193m×4.5m,面积为868.5m²。第二部分试验区域为场坪区域,试验区域面积约为700m²。

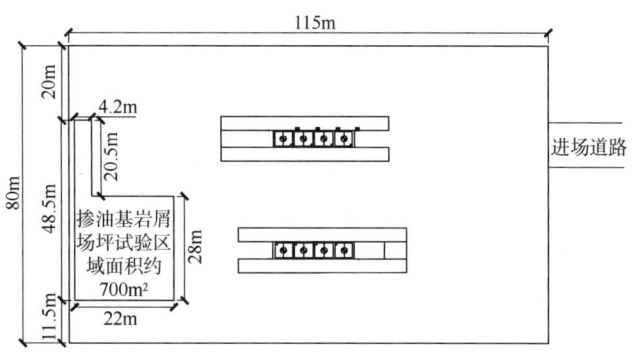

图6-38 井场场坪试验路段示意图

2) 结构方案设计

(1) 油基岩屑用于进场道路路面结构方案设计。

路面结构如图6-39和图6-40所示,从上到下依次为:

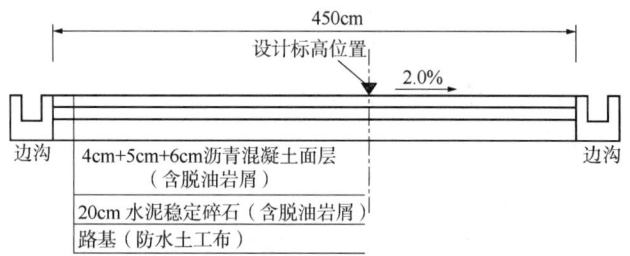

图6-39 第三阶段现场试验路面结构图

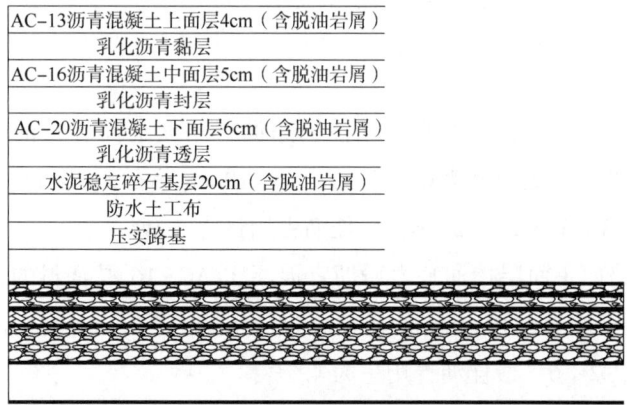

图6-40 第三阶段现场试验路面结构示意图

① 面层：采用4cm沥青混凝土AC-13上面层、5cm沥青混凝土AC-16中面层和6cm沥青混凝土AC-20下面层(含油基岩屑)。

② 基层：采用20cm水泥稳定碎石(含油基岩屑)。

(2) 油基岩屑用于井场场坪场面结构方案设计。

路面结构如图6-41所示，从上到下依次为：

① 面层：采用15cm C40预制钢筋混凝土面板；

② 调平层：采用8cm干拌砂浆；

③ 基层：采用20cm水泥稳定碎石路基(含油基岩屑)。

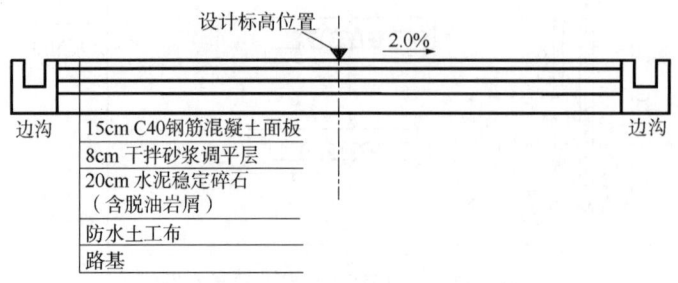

图6-41 场坪结构图

3) 混合料组成设计

(1) 集料的级配。

集料得使用分级的统料，按最大公称粒径的不同，采用4个粒级的集料进行掺配。

(2) 配合比设计。

掺油基岩屑水泥稳定碎石层质量配合比为水泥∶集料=7∶100，最佳含水量为5.2%，最大干密度为2350kg/m³。

4) 沥青混凝土混合料组成设计

(1) 集料的级配。

集料要使用分级的统料，宜按粒径15~20mm、10~15mm、5~10mm、0~5mm四种规格备料。

(2) 配合比设计。

结合现场实际和当地材料的特点，钻前公路沥青路面上面层掺油基岩屑沥青混凝土AC-13混合料的推荐配合比设计为0~5mm砂，5~10mm碎石，10~15mm碎石、水泥，油基岩屑的质量比为33∶31∶28∶2∶6，最佳沥青用量为5.0%。

钻前公路沥青路面中面层掺油基岩屑沥青混凝土AC-16混合料的推荐配合比设计为0~5mm砂，5~10mm碎石，10~15mm碎石，15~18mm碎石、水泥，油基岩屑的质量比为22∶15∶35∶20∶2∶6，最佳沥青用量为4.7%。

钻前公路沥青路面下面层掺油基岩屑沥青混凝土AC-20混合料的推荐配合比设计为

0~5mm 砂,5~10mm 碎石,10~15mm 碎石,15~20mm 碎石、水泥,油基岩屑的质量比为 22∶15∶30∶25∶2∶6,最佳沥青用量为 4%。

5)现场施工进场道路施工

(1)进场道路施工;

(2)井场场坪区域施工。

6)进场道路及井场场坪区域检测

(1)压实度检测;

(2)弯沉值检测;

(3)无侧限抗压强度;

(4)环境影响分析检测。

6. 第三阶段油基岩屑在道路工程中现场试验研究结果分析

1)试验过程与内容

(1)路基施工。

由于现场路基路况良好,只需对路基进行整平和压实施工工序,其过程如图 6-42 所示。

(a)压实后的路基　　　　　　　　　　(b)铺设土工膜

图 6-42　第三阶段路基施工图

(2)无机稳定基层施工。

现场采用路拌的方式,将 193m 道路基层分成 2 段施工,其施工过程如图 6-43 所示。

(3)沥青面层施工。

采用厂拌的方式,结合现场实际和当地材料的特点,对材料进行现场拌和、摊铺和压实等施工工序修建道路面层。

2)现场试验

现场试验弯沉检测如图 6-44 所示。

(a) 拌和水泥稳定碎石　　　　　　　(b) 摊铺水泥稳定碎石

图 6-43　无机稳定基层施工图

(a) 基层弯沉检测　　　　　　　　(b) 面层弯沉检测

(c) 压实度检测　　　　　　　　(d) 浸出毒性检测

图 6-44　现场试验弯沉检测

（1）采用贝克曼梁测定回弹弯沉的方法，无机稳定基层经试验检测，回弹弯沉代表值为 51.8×10^{-2} mm，小于设计弯沉 69.8×10^{-2} mm；沥青面层经试验检测，回弹弯沉代表值为 28.2×10^{-2} mm，小于设计弯沉 30×10^{-2} mm，均满足设计要求。

（2）采用灌砂法测定压实度的方法，路基及无机稳定基层的压实度经现场试验检测，均大于设计要求93%；而采用钻心法测定压实度的方法，沥青面层的压实度经试验检测，各层的压实度亦大于设计要求93%，均符合设计要求。

（3）7d无侧限抗压强度试验：经现场取样，制备标准试件，实验可得掺油基岩屑的无机稳定基层的7d无侧限抗压强度平均值为3.5MPa，符合标准规定的下限值2.0MPa。

（4）掺有加油基岩屑的无机稳定基层、沥青面层现场样品经过浸出实验，经检测，浸出液的总石油烃、COD和重金属浸出浓度均低于国标限值，不属于具有浸出毒性的危险废物。

3）现场试验检测报告

第三阶段现场承压能力测试报告如图6-45所示。

图6-45　第三阶段现场承压能力测试报告

六、页岩气钻井固废微生物处理土地资源化技术示范应用

1. 水基钻井废弃物微生物处理工程示范

页岩气水基钻井固废微生物处理土地资源化利用工程示范分别在威207井和长宁H24井实施。

威207井位于威远县新场镇，设计井深4500m，该井于2019年3月17日开钻，2020年2月22日完钻。该井于2019年5月期间采用聚合物进行钻井，课题组对该阶段的水基钻井固废进行微生物处理土地资源化利用工程示范，共处置利用水基钻井废弃物2007m³。

长宁 H24 平台井位于四川省宜宾市兴文县毓秀乡,其中长宁 H24-8、H24-7、H24-6、H24-2 钻井设计井深 3780m,长宁 H24-5 井钻井设计井深 5242m,长宁 H24-4 井钻井设计井深 4169m,长宁 H24-3 井钻井设计井深 4116m,设计一开、二开使用水基钻井液钻进,三开、四开使用油基钻井液钻井。该井于 2016 年 11 月 10 日开钻,于 2018 年 10 月 4 日完成现场工程示范,共处置利用了水基钻井废弃物 3104.5m³。

1)现场实施情况

常规井水基钻井固废微生物处理土地资源化技术工艺:收集各种聚合物钻井液体系钻井固废于混合搅拌罐,添加 0.3%~0.5% 生物降解菌种和 3% 营养剂搅拌混匀,添加固废量 0.5~2.0 倍新鲜土搅拌混匀,转至堆放场堆放降解。降解一定时期达到标准后,转运处理物于井场或需复垦区块,做复耕土。

根据页岩气水基钻井固废较常规井水基钻井固废的粒径大、污染物浓度相对较低的特点,将常规井水基钻井固废微生物处理土地资源化技术的营养剂添加减少至 1%、新鲜土添加量减少至 0.5~0.8 倍。根据调整后的参数按常规井水基钻井固废微生物处理土地资源化技术操作流程进行现场施工,分别对威 207 井和长宁 H24 钻井产生的水基钻井固废进行微生物处理,微生物处理土壤化利用现场放工情况分别如下:

(1)威 207 井水基钻井废弃物微生物处理土地资源化利用施工情况如图 6-46 至图 6-49 所示。

图 6-46 处理前固废情况

图 6-47 微生物处理物转移填放情况

图 6-48 生物处理物复土前情况

图 6-49 微生物处理物复土后情况

（2）长宁 H24 微生物生物处理土地资源化利用施工情况如图 6-50 至图 6-54 所示。

图 6-50 构建的生物处理物降解池情况

图 6-51 待处理的固废情况

图 6-52 生物菌种加入情况

图 6-53 混拌生物菌种与固废情况

图 6-54 生物处理物转放于降解池情况

2）样品采集与指标分析

施工过程中，采集水基钻井废弃物和自然土本作为本底样，同时采集处理混合物 0d 样；处理进行期间，间隔 1 个月对处理混合物进行追踪采样监测分析。利用土样采样器或铲挖，采用多点混合采样法进行样品采集。样品采集深度为表层土以下 30~80cm，采集的样品混匀后采用4分法进行收集样品，收集的样品装入塑料自封袋，低温保存外送有资质的第三方检查机构进行分析。固体分析指标：总石油烃、总磷、全氮、全钾、阳离子交换量、有机碳、铬、镉、砷、汞、铅、镍、锌、铜。浸出液分析指标：COD、石油类、氯化物、铬、镉、砷、汞、铅、镍、锌、铜。

3）现场试验应用效果及分析

（1）生物处理资源化土壤利用的表观效果。

① 威207井。

为更好地处理存放处理物，预构建了一个水泥池作为生物处理物降解存放池，处理3个月后，处理池表面长满黑麦草等植物（图6-55和图6-56）。

② 长宁H24井。

对于长宁H24井，虽然处理期间气温较低，植物长势不良，但处理3个月后，处理池表面仍然长满黑麦草小苗（图6-57和图6-58）。

图6-55 表观草种长势（2019-11-26）

图6-56 表观草种长势（2020-3-8）

图6-57 表面复土栽种的植物（2018-1-25）

图 6-58　表观草种长势(2018-2-6)

（2）现场处理试验应用结果及分析。

① 土壤浸出液中非金属指标的分析。

施工完毕后，分别间隔 2~3 个月对处理效果情况进行了监测分析（表 6-24）。

表 6-24　处理物（土壤）浸出液主要非重金属类指标

井号	样品类别	COD/(mg/L)	石油类/(mg/L)	Cl⁻/(mg/L)
威 207 井	本底土壤	ND	0.2	11
	钻井固废	354	29.8	647
	处理物（混合物）	56	0.4	275.7
	处理 90d	29	0.3	74.5
	处理 150d	31	0.3	ND
长宁 H24 井	本底土壤	23	ND	ND
	钻井固废	339	21.9	272
	处理物（混合物）	231	0.8	9
	处理 60d	34	0.5	25
标准		40	1	250

注：标准值为 GB 3838—2002《地表水环境质量标准》V 类的限定值；ND 表示低于检出限。

从表 6-24 结果可看出：威 207 井处理前的钻井固废浸出液中主要污染指标 COD、石油类和 Cl⁻ 值均较高，分别达到 354mg/L、29.8mg/L 和 647mg/L；长宁 H24 井钻井固废浸出液主要污染指标 COD、石油类和 Cl⁻ 的值也均较高，分别达到 339mg/L、21.9mg/L 和 272mg/L，2 口井的钻井固废浸出液 COD、石油类和 Cl⁻ 指标均高于 GB 3838—2002《地表水环境质量标准》V 类的限定值（适用工业用水区）。采用生物法处理利用水基钻井固废，经 3 个月左右及以上时间的降解处理，威 207 井的 COD、石油类和 Cl⁻ 三种指标分别为 29mg/L、0.3mg/L 和 74.5mg/L，均低于《地表水环境质量标准》第 V 类的限定值；长宁 H24 井生物处理 3 个月后，分别为 34mg/L、0.5mg/L 和 25mg/L，均低于 GB 3838—2002《地表水环境质量标准》V 类的限定值（适用工业用水区）。由此可见，微生物处理技术可以有效地处理页岩气水基钻井废弃物的水溶性有机污染物及氯化物，实现钻井固废无害化处理。

② 土壤浸出液中金属指标的分析。

处理物（土壤）浸出液主要重金属类指标见表6-25，从表6-25结果中可看出：水基钻井固废本底样浸出液的 Cr、Cu、Zn、Ni、Pb、Cd、As 和 Hg 等有害重金属指标基本未检出，显著低于 GB 3838—2002《地表水环境质量标准》Ⅴ类的限定值（适用工业用水区）。由此可见，废弃水基钻井固废浸出液中有害重金属含量低，不存在环境污染风险。

表6-25 处理物（土壤）浸出液主要重金属类指标

井号	样品类别	Cr/(mg/L)	Cu/(mg/L)	Zn/(mg/L)	Ni/(mg/L)	Pb/(mg/L)	Cd/(mg/L)	As/(mg/L)	Hg/(mg/L)
威207井	本底土壤	ND	ND	ND	ND	ND	ND	ND	ND
	钻井固废	ND	ND	0.11	ND	0.1	0.035	1	ND
	处理物（0d）	ND	ND	ND	ND	0.06	ND	0.35	ND
	处理物（90d）	ND	ND	ND	ND	ND	ND	ND	0.00015
	处理物（150d）	0.06	ND	1.19	ND	ND	ND	ND	ND
长宁H24井	本底土壤	ND	ND	ND	ND	ND	ND	ND	0.0001
	钻井固废	ND	ND	ND	ND	ND	ND	0.0004	0.00012
长宁H24井	处理物（0d）	ND	ND	ND	ND	ND	ND	ND	0.00009
	处理物（90d）	ND	ND	0.87	ND	ND	ND	ND	ND
	标准	0.1	1	2	—	0.1	0.01	0.1	0.001

注：标准值为 GB 3838—2002《地表水环境质量标准》Ⅴ类的限定值；ND 表示低于检出限。

③ 土壤中主要有害重金属及石油烃指标的分析。

处理物（土壤）主要重金属及总石油烃指标见表6-26，从表6-26结果可看出：处理前的威207井钻井固废中主有害重金属 Cr、Cd、As、Hg、Pb、Ni、Zn、Cu 及总石油烃指标值分别为 278mg/kg、0.53mg/kg、13.87mg/kg、0.31mg/kg、8.7mg/kg、82.4mg/kg、170mg/kg、97.2mg/kg 和 3230mg/kg，除 Cr 含量略高于 GB 15618—2018《土壤环境质量 农用地土壤污染风险管控标准》（试行）中的旱地标准，石油烃高于 GB 36600—2018《土壤环境质量 建设用地土壤污染风险管控标准》第一类用地筛选值（826mg/kg）外，其余均低于相关标准筛选值。采用生物法处理利用水基钻井固废，经 3 个月左右及以上时间的处理，威207井生物处理物的所有有害重金属指标值均低于 GB 15618—2018《土壤环境质量 农用地土壤污染风险管控标准》（试行）中的旱地标准，石油烃含量减少73%，为 872mg/kg；处理 5 个月后，石油烃含量减少92%，为 254mg/kg，低于 GB 15618—2018《土壤环境质量 农用地土壤污染风险管控标准》（试行）中的旱地标准（826mg/kg）。

长宁 H24 井钻井固废固体中主有害重金属 Cr、Cd、As、Hg、Pb、Cu 及总石油烃指标值分别为 93mg/kg、2.78mg/kg、8.71mg/kg、0.07mg/kg、72mg/kg、34mg/kg 和 1576mg/kg，除总石油烃高于 GB 15618—2018《土壤环境质量 农用地土壤污染风险管控标准》（试行）

中的旱地标准第一类用地筛选值(826mg/kg)外,其余均低于相关标准筛选值。采用生物法处理利用水基钻井固废,经2个月左右及以上时间的处理,长宁H24井生物处理物的所有有害重金属指标值均低于GB 15618—2018《土壤环境质量 农用地土壤污染风险管控标准》(试行)中的旱地标准,石油烃含量减少74%,为412mg/kg,低于GB 15618—2018《土壤环境质量 农用地土壤污染风险管控标准》(试行)中的旱地标准(826mg/kg)。由此可见,微生物处理技术可以有效地处理废弃水基钻井固废的石油烃,实现钻井固废无害化处理。

表6-26 处理物(土壤)主要重金属及总石油烃指标

井号	样品类别	铬/(mg/kg)	镉/(mg/kg)	砷/(mg/kg)	汞/(mg/kg)	铅/(mg/kg)	镍/(mg/kg)	锌/(mg/kg)	铜/(mg/kg)	石油烃(C_{10}—C_{40})/(mg/kg)
威207井	土壤	85	0.322	13.4	0.099	1.9	41.9	99	29.1	281
	钻井固废	278	0.533	13.87	0.308	8.7	82.4	170	97.2	3230
	处理物(混合物)	165.42	0.43	13.55	0.15	6.90	39.00	125.40	53.16	1467
	处理物(90d)	73	0.154	14.7	0.114	19.7	35.5	85.1	30.3	872
	处理物(150d)	22.5	ND	0.81	0.22	28.9	ND	ND	29.3	254
长宁H24井	土壤	80	0.224	11.2	0.037	34.4	62.2	112	36.4	207
	钻井固废	93	2.78	8.71	0.07	72	0	0	34	1576
	处理物(混合物)	80	0.315	15	0.024	18.9	54.7	85.6	19.3	865
	处理物(60d)	28.2	ND	1.94	0.088	19.8	ND	ND	24.6	412
标准		250	0.6	25	3.4	170	190	300	100	826*

注:(1)标准值为GB 15618—2018《土壤环境质量 农用地土壤污染风险管控标准》(试行)中(旱地)标准。
(2)"*"表示参考标准为GB 36600—2018《土壤环境质量 建设用地土壤污染风险管控标准》(试行)。

④ 土壤肥力指标监测分析。

部分井处理混合物主要土壤肥力指标检测结果见表6-27,从表6-27结果可看出:处理前的威207井和长宁H24井钻井固废及处理物形成的土壤主要肥力指标均高于当地自然土,主要原因是钻井固废中,特别是废弃钻井液中含有一些机腐殖处理剂成分,且微生物处理过程中加入一定的有机营养剂、无机氮和无机磷营养剂,因此土壤肥力指标增加明显。处理3~5个月后,其肥力指标基本满足《绿化种植土壤》(CJ/T 340—2016)的相关要求。

表6-27 部分井处理混合物主要土壤肥力指标检测结果

井号	样品类别	总磷/(mg/kg)	全氮/(mg/kg)	钾/(mg/kg)	阳离子交换量/[cmol(+)/kg]	有机碳/(g/kg)
威207井	土壤	61.2	76.0	90.5	13.90	2.52
	岩屑	76.8	105.4	642.0	7.63	21.50
	处理物(混合物)	97.9	188.7	533.0	13.93	12.51
	处理物(90d)	102.0	172.6	594.0	7.42	21.3

续表

井号	样品类别	总磷/(mg/kg)	全氮/(mg/kg)	钾/(mg/kg)	阳离子交换量/[cmol(+)/kg]	有机碳/(g/kg)
长宁H24井	土壤	94.4	142.6	186.0	7.67	7.17
	岩屑	74.8	45.4	729.0	2.35	2.01
	处理物(混合物)	100.4	106.8	942.0	7.64	8.12
	处理物(60d)	89.5	76.4	754.8	9.87	6.42
《绿化种植土壤》(CJ/T 340—2016)		5~60	40~200	60~300	≥10	20~80

注：检测单位为重庆市园林土壤质量检测中心。

4) 页岩气水基钻井固废微生物处理的效益分析

从2口实施钻井固废生物处置的试验井综合成本分析看(表6-28和表6-29)，威207井为278.55元/m³，长宁H24井271.33元/m³，达到了课题预期控制指标。按如今常规处置成本平均费用为350元/m³预算，课题能实现的直接效益为48.79万元[(350-278.55)×2007+(350-271)×3104.5]。如按所形成的土壤完井时都能作为复耕土，并按购置新鲜土费用为50元/m³预算，其将能节约复耕成本费用25万元(5111.5m³×50元/m³)，则可实现的综合经济效益为73.79万元(48.79万元+25万元)。

表6-28 威207井水基固废微生物处理成本情况

项目名称	计量单位	数量	单价/元	金额/元	备注
动迁费					
人员费	工日	1	450	450	
设备运输	项	1	3000	3000	
设备装卸	项	1	700	700	
设备安装及前期准备					
现场技术人员	工日	3	780	2340	设备安装调试及施工前的准备3天
防雨棚	m²	150	160	24000	清洁生产区雨棚搭建150m²
降解池构建	m²	460	150	69000	
生产运行处理费					
人员费					
技术人员费	工日	30	780	23400	2个月，1人，含人员工资、附加、差旅及规费
民工费	工日	60	120	7200	2个月，2人
材料费				0	
处理材料费(菌种)	t	10	22500	225000	
生物添加剂	t	80	800	64000	
新鲜土购置费	m³	1000	100	100000	含转运及挖机临时租赁

续表

项目名称	计量单位	数量	单价/元	金额/元	备注
生产运行处理费					
安全措施费	项	1	3000	3000	含劳保、目视化管理等
检测费	次	4	4000	16000	
机械、设备费					
挖机使用费	项	1	19000	19000	含操作人员1人，12h工作
成本总计				557090	2007
综合成本/(元/m³)				278.55	生物处理每立方米固废

表6-29 长宁H24井水基固废微生物处理成本情况

项目名称	计量单位	数量	单价/元	金额/元	备注
动迁费					
人员费	工日	1	450	450	
设备运输	项	1	3000	3000	
设备装卸	项	1	700	700	
设备安装及前期准备					
现场技术人员	工日	3	780	2340	设备安装调试及施工前的准备3天
防雨棚	m³	150	160	24000	清洁生产区雨棚搭建150m²
降解池构建	m³	500	150	75000	
生产运行处理费					
人员费					
技术人员费	工日	90	780	70200	3个月，1人，含人员工资、附加、差旅及规费
民工费	工日	90	120	10800	3个月，2人
材料费				0	
处理材料费(菌种)	t	15	22500	337500	
生物添加剂	t	120	800	96000	
新鲜土购置费	m³	1500	80	120000	含转运及挖机临时租赁
安全措施费	项	1	3000	3000	含劳保、目视化管理等
检测费	次	4	4000	16000	
机械、设备费					
挖机使用费	项	1	26000	26000	含操作人员1人，12h工作
叉车使用费	项	1	29000	29000	含操作人员2人，24h工作
成本总计				813990	3104.5
综合成本/(元/m³)				271.33	生物处理每立方米固废

2. 页岩气油基钻井岩屑微生物处理无害化工程示范

页岩气油基钻井固废微生物处理无害化工程示范分别在威207井和长宁H24井实施。威207井位于威远县新场镇，该井于2019年9月期间采用油基钻井液进行钻井，到完钻时共处置利用了油基钻井废弃物602t。长宁H24平台井位于四川省宜宾市兴文县毓秀乡，到完钻时共处置利用了油基钻井废弃物427.2t。

1）现场处理施工具体情况

油基钻井固废微生物处理无害化技术工艺：收集油基钻井液体系钻井固废于混合搅拌罐，添加0.5%~0.8%油基岩屑高效降解生物菌种和3%营养剂搅拌均匀，添加固废量0.1~0.5倍新鲜土搅拌均匀，转至堆放场堆放降解。

按前述所述现场施工工艺，分别对威207井和长宁H24钻井产生的油基钻井固废进行微生物处理，微生物处理无害化现场施工情况分别如下：

（1）威207井油基钻井废弃物微生物处理无害化施工情况如图6-59所示。

(a) 处理前固废情况

(b) 添加处理菌剂

(c) 添加新鲜土混合搅拌

(d) 混合均匀后平铺

图6-59 威207井油基钻井废弃物微生物处理现场施工照片

（2）长宁H24井油基钻井废弃物微生物生物处理土地资源化利用施工情况如图6-60所示。

第六章　页岩气和煤层气开采环境保护技术及装置应用效果

(a)待处理油基钻井废弃物

(b)混合处理剂

(c)混合新鲜土

(d)转运至处理池

图6-60　长宁H24井油基钻井废弃物微生物处理现场照片

2）样品采集与指标分析

施工过程中，采集油基钻井废弃物和自然土本作为本底样，同时采集处理混合物0d样；处理6个月后，对处理混合物进行追踪采样监测分析。利用土样采样器或铲挖，采用多点混合采样法进行样品采集。样品采集深度为表层土以下30~80cm，采集的样品混匀后采用4分法进行收集样品，收集的样品装入塑料自封袋，低温保存外送有资质的第三方检查机构进行分析。固体分析指标：总石油烃、铬、镉、砷、汞、铅、镍、锌、铜，浸出液分析指标：COD、石油类、铬、镉、砷、汞、铅、镍、锌、铜。

3）现场试验应用效果及分析

(1) 生物处理资源化土壤利用的表观效果。

① 威207井的生物处理资源化土壤利用的表观效果如图6-61所示。

② 长宁H24井的生物处理资源化土壤利用的表观效果如图6-62所示。

(2) 现场处理试验应用结果及分析。

① 土壤浸出液中非金属指标的分析。

处理物浸出液主要非重金属类指标见表6-30。从表6-30结果可看出：威207井处理前的油基钻井固废浸出液中pH值、COD和石油类值均较高，分别达到9.5、77mg/L和

(a) 处理 90d　　　　　　　　　　　　(b) 处理 180d

图 6-61　威 207 井生物处理资源化土壤利用表观效果

(a) 处理 90d　　　　　　　　　　　　(b) 处理 180d

图 6-62　长宁 H24 井生物处理资源化土壤利用表观效果

2.31mg/L，25 种挥发性和半挥发性有机物含量均低于检出限；长宁 H24 井油基钻井固废浸出液主要污染指标的 COD 和石油类值也均较高，分别达到 84mg/L 和 2.65mg/L，pH 值正常，25 种挥发性和半挥发性有机物含量均低于检出限。2 口井的油基钻井固废浸出液 COD 和石油类指标均高于 GB 3838—2002《地表水环境质量标准》Ⅴ类的限定值（适用工业用水区）。采用生物法处理油基钻井固废，经 6 个月左右的降解处理，威 207 井油基岩屑处理物的 pH 值、COD 和石油类等三种指标分别为 7.18、40mg/L 和 0.15mg/L，均低于《地表水环境质量标准》第Ⅴ类的限定值；长宁 H24 井生物处理 6 个月后，COD 和石油类指标分别为 37mg/L 和 0.21mg/L，均低于 GB 3838—2002《地表水环境质量标准》Ⅴ类的限定值（适用工业用水区）。由此可见，微生物处理技术可以有效地处理页岩气油基钻井岩屑的水溶性有机污染物，实现油基钻井岩屑的无害化处理。

表 6-30　处理物浸出液主要非重金属类指标

检测项目	威 207 井				长宁 H24 井				标准限定值
	本底	自然土	处理 0d	处理 180d	本底	自然土	处理 0d	处理 180d	
pH 值	9.5	8.6	9.8	7.18	8.6	7.7	8.2	7.22	6~9
COD_{Cr}/(mg/L)	77	14	50	40	84	13	65	37	40

续表

检测项目	威207井				长宁H24井				标准限定值
	本底	自然土	处理0d	处理180d	本底	自然土	处理0d	处理180d	
石油类/(mg/L)	2.31	0.59	1.1	0.15	2.65	0.34	1.74	0.21	1
苯/(mg/L)	ND	—	—	ND	ND	—	—	ND	0.01
甲苯/(mg/L)	ND	—	—	ND	ND	—	—	ND	0.7
乙苯/(mg/L)	ND	—	—	ND	ND	—	—	ND	0.3
二甲苯/(mg/L)	ND	—	—	ND	ND	—	—	ND	0.5
氯苯/(mg/L)	ND	—	—	ND	ND	—	—	ND	0.3
硝基苯/(μg/L)	ND	—	—	ND	ND	—	—	ND	0.017
二硝基苯/(μg/L)	ND	—	—	ND	ND	—	—	ND	0.5
对硝基氯苯/(μg/L)	ND	—	—	ND	ND	—	—	ND	—
2,4-二硝基氯苯/(μg/L)	ND	—	—	ND	ND	—	—	ND	0.5
五氯酚/(μg/L)	ND	—	—	ND	ND	—	—	ND	0.009
苯酚/(μg/L)	ND	—	—	ND	ND	—	—	ND	—
2,4-二氯酚/(μg/L)	ND	—	—	ND	ND	—	—	ND	0.093
2,4,6-三氯酚/(μg/L)	ND	—	—	ND	ND	—	—	ND	0.2
苯并[a]芘/(μg/L)	ND	—	—	ND	ND	—	—	ND	2.8×10^{-6}
邻苯二甲酸二丁酯/(μg/L)	ND	—	—	ND	ND	—	—	ND	0.003
邻苯二甲酸二辛酯/(μg/L)	ND	—	—	ND	ND	—	—	ND	0.0001
多氯联苯/(μg/L)	ND	—	—	ND	ND	—	—	ND	2.0×10^{-5}
1,2-二氯苯/(μg/L)	ND	—	—	ND	ND	—	—	ND	1
1,4-二氯苯/(μg/L)	ND	—	—	ND	ND	—	—	ND	0.3
丙烯腈/(μg/L)	ND	—	—	ND	ND	—	—	ND	0.1
三氯甲烷/(μg/L)	ND	—	—	ND	ND	—	—	ND	0.06
四氯化碳/(μg/L)	ND	—	—	ND	ND	—	—	ND	0.002
三氯乙烯/(μg/L)	ND	—	—	ND	ND	—	—	ND	0.07
四氯乙烯/(μg/L)	ND	—	—	ND	ND	—	—	ND	0.04
甲基汞/(μg/L)	ND	—	—	ND	ND	—	—	ND	1.0×10^{-6}
乙基汞/(μg/L)	ND	—	—	ND	ND	—	—	ND	—

注:标准限定值为GB 3838—2002《地表水环境质量标准》V类的限定值;ND表示低于检出限;"—"表示未测定。

② 土壤浸出液中金属指标的分析。

处理物浸出液主要重金属类指标见表6-31。从表6-31结果中可看出:油基钻井岩屑本底样浸出液的Cu、Pb、Cd、Hg、As、Si、Hg、Be和Ba等有害重金属指标未检出,检出的Cr^{6+}、Zn、Ni和Cr均显著低于GB 3838—2002《地表水环境质量标准》V类的限定值(适用工业用水区)。由此可见,油基钻井岩屑浸出液中有害重金属含量低,不存在环境污染风险。

表 6-31 处理物浸出液主要重金属类指标

检测项目	威207井				长宁H24井				标准限定值
	本底	自然土	处理0d	处理180d	本底	自然土	处理0d	处理180d	
Cr^{6+}	0.025	—	—	0.016	0.022	—	—	0.012	
Cu	ND	—	—	ND	ND	—	—	ND	1
Zn	1.3	—	—	0.6	1.5	—	—	0.7	2
Pb	ND	—	—	ND	ND	—	—	ND	0.1
Cd	ND	—	—	ND	ND	—	—	ND	0.01
Ni	0.21	—	—	0.18	0.16	—	—	0.08	—
Hg/(μg/L)	ND	—	—	ND	ND	—	—	ND	1
As/(μg/L)	ND	—	—	ND	ND	—	—	ND	100
Si/(μg/L)	ND	—	—	ND	ND	—	—	ND	
Cr	0.08	—	—	0.038	0.08	—	—	0.031	0.1
Be/(μg/L)	ND	—	—	ND	ND	—	—	ND	
Ba/(μg/L)	ND	—	—	ND	ND	—	—	ND	

注：标准限定值为 GB 3838—2002《地表水环境质量标准》Ⅴ类的限定值；ND 表示低于检出限；"—"表示未测定。

③ 土壤中主要有害重金属及石油烃指标的分析。

处理物主要重金属及石油烃指标见表 6-32，从表 6-32 结果可看出：处理前的威 207 井油基钻井岩屑中主有害重金属 Pb、Cd、Cu、Zn、Ni、Cr、Hg、As 及总石油烃指标值分别为 32.5mg/kg、0.658mg/kg、55.3mg/kg、259mg/kg、70.1mg/kg、86mg/kg、0.576mg/kg、30.6mg/kg 和 43400mg/kg，其中 Cd 和 As 含量略高于 GB 15618—2018《土壤环境质量 农用地土壤污染风险管控标准》（试行）中的旱地标准，石油烃高于《土壤环境质量 建设用地土壤污染风险管控标准》第二类用地（GB 50137—2011《城市用地分类与规划建设用地标准》中规定的城市建设用地中的工业用地）筛选值（4500mg/kg），其余均低于相关标准筛选值。采用生物法处理油基钻井岩屑，经 6 个月时间的处理，威 207 井油基钻井岩屑生物处理物的所有有害重金属指标值均低于 GB 15618—2018《土壤环境质量 农用地土壤污染风险管控标准》（试行）中的旱地标准，石油烃含量减少 94.86%，为 2230mg/kg，低于 GB 15618—2018《土壤环境质量 农用地土壤污染风险管控标准》（试行）中的旱地标准（4500mg/kg）。

长宁 H24 井油基钻井岩屑固体中主有害重金属 Pb、Cd、Cu、Zn、Ni、Cr、Hg、As 及总石油烃指标值分别为 33.2mg/kg、0.672mg/kg、58.4mg/kg、225mg/kg、71.5mg/kg、79mg/kg、0.624mg/kg、31.2mg/kg 和 45200mg/kg，其中 Cd、As 略高于 GB 15618—2018《土壤环境质量 农用地土壤污染风险管控标准》（试行）中的旱地标准，石油烃高于 GB 15618—2018《土壤环境质量 农用地土壤污染风险管控标准》（试行）中的旱地标准的第一类用地筛选值（4500mg/kg），其余均低于相关标准筛选值。采用生物法处理油基钻井岩屑,经6个月左右的处理,长宁H24井油基钻井岩屑生物处理物的所有有害重金属指标值均低于GB 15618—2018《土壤环境质量 农用地土壤污染风险管控标准》(试行)中的旱地标准,石油烃含量减少97.74%,为1020mg/kg,低于GB 15618—2018《土壤环境质量 农用地土壤污染风险管控标准》(试行)中的旱地标准(826mg/kg)。由此可见,微生物处理技术可以有效地处理油基钻井岩屑的石油烃,实现油基钻井岩屑的无害化处理。

表6-32 处理物主要重金属及石油烃指标

样品		六价铬/(mg/kg)	铅/(mg/kg)	镉/(mg/kg)	铜/(mg/kg)	锌/(mg/kg)	镍/(mg/kg)	铬/(mg/kg)	总汞/(mg/kg)	总砷/(mg/kg)	石油烃(C_{10}—C_{40})/(mg/kg)
威207井	本底	ND	32.5	0.658	55.3	259	70.1	86	0.576	30.6	$4.34×10^4$
	自然土	ND	1.9	0.322	29.1	99	41.9	85	0.0991	13.4	$2.81×10^2$
	处理0d	ND	33.6	0.668	50.7	279	52.6	70	0.876	32.4	$1.82×10^4$
	处理180d	ND	24.8	0.28	34	120	32	ND	0.594	34.2	$2.23×10^3$
长宁H24井	本底	ND	33.2	0.672	58.4	225	71.5	79	0.624	31.2	$4.52×10^4$
	自然土	ND	2.5	0.277	23.5	85	42.6	22	0.085	14.2	$2.56×10^2$
	处理0d	ND	28.6	0.542	52.1	248	51.3	65	0.612	29.6	$2.82×10^4$
	处理180d	ND	14.2	0.25	35.4	134	30.5	12	0.426	15.6	$1.02×10^3$
标准限定值/(mg/kg)		5.7*	170	0.6	100	300	190	250	3.4	25	$4.5×10^3$*

注:(1)标准限定值为GB 15618—2018《土壤环境质量 农用地土壤污染风险管控标准》(试行)中的旱地标准。

(2)"*"表示参考标准为GB 36600—2018《土壤环境质量 建设用地土壤污染风险管控标准》的第二类用地。

(4)页岩气油基钻井岩屑微生物处理的效益分析

从2口实施钻井固废生物处置的试验井综合成本分析看(表6-33和表6-34),威207井为1103.31元/t,长宁H24井1050.07元/t,达到了课题预期控制指标。按如今常规处置成本平均费用为2000元/m³预算,课题能实现的直接效益为94.56万元[(2000-1103.31)×602+(2000-1050.07)×427.2]。

表6-33 威207井油基钻井岩屑微生物处理成本情况

项目名称	计量单位	数量	单价/元	金额/元	备注
动迁费					
人员费	工日	1	450	450	
设备运输	项	1	3000	3000	
设备装卸	项	1	700	700	
设备安装及前期准备					
现场技术人员	工日	3	780	2340	设备安装调试及施工前的准备3天

续表

项目名称	计量单位	数量	单价/元	金额/元	备注
生产运行处理费					
人员费					
技术人员费	工日	60	780	46800	2个月，1人，含人员工资、附加、差旅及规费
民工费	工日	30	120	7200	1个月，2人
材料费				0	
处理材料费（菌种）	t	3	22500	67500	
生物添加剂	t	24	800	19200	
新鲜土购置费	m³	300	100	30000	含转运及挖机临时租赁
安全措施费	项	1	3000	3000	含劳保、目视化管理等
检测费	次	4	15000	60000	
机械、设备费					
挖机使用费	项	1	40000	40000	含操作人员1人，12h工作
处理罐	个	24	16000	384000	
成本总计				664190	602
综合成本/(元/t)				1103.31	生物处理每1t岩屑

表 6-34 长宁H24井油基钻井岩屑微生物处理成本情况

项目名称	计量单位	数量	单价/元	金额/元	备注
动迁费					
人员费	工日	1	450	450	
设备运输	项	1	3000	3000	
设备装卸	项	1	700	700	
设备安装及前期准备					
现场技术人员	工日	3	780	2340	设备安装调试及施工前的准备3天
生产运行处理费					
人员费					
技术人员费	工日	60	780	46800	2个月，1人，含人员工资、附加、差旅及规费
民工费	工日	30	120	7200	1个月，2人
材料费				0	
处理材料费（菌种）	t	1	22500	22500	
生物添加剂	t	12	800	9600	
新鲜土购置费	m³	150	80	12000	含转运及挖机临时租赁
安全措施费	项	1	3000	3000	含劳保、目视化管理等
检测费	次	4	15000	60000	
机械、设备费					

续表

项目名称	计量单位	数量	单价/元	金额/元	备注
生产运行处理费					
挖机使用费	项	1	25000	25000	含操作人员1人，12h工作
处理罐	项	16	16000	256000	含操作人员2人，24h工作
成本总计				448590	427.2
综合成本/(元/t)				1050.07	生物处理每1t岩屑

第二节　页岩气采出水处理工程示范

一、页岩气采出水回用处理工程示范

主要针对威204-H41井平台的采出水进行处理。威204-H41平台位于四川省内江市资中县陈家镇新店子村10组，该平台共布井8口，平均深度为5500m，井场规格为115m×80m。目前该平台已建成投产，本项目拟在集气站旁修建一试验平台开展现场工程示范。威204-H41平台采出水处理试验平台由四川省田源建筑工程有限责任公司负责施工。威204-H41平台清洁生产区平面布置图如图6-63所示。

图6-63　威204-H41平台清洁生产区平面布置图

1. 准备工作

1) 基本条件

（1）道路：该平台道路交通良好，能满足设备运输的要求。

（2）水、电情况：有网电，采出水现场能满足设备预计300kW的供电要求。

（3）场地情况：场面要求平整，水泥硬化厚度15cm，能够满足设备承重要求，采出水处理设备场地需求面积约200m²，并做防渗处理。设备上方搭建有雨棚，用作防雨。

2) 设备及工艺流程图

现场试验使用到的设备为采出水处理设备、控制设备和水罐，装机功率50kW；处理能力15~20m³/h。具体使用数量及型号见表6-35。

表6-35 采出水试验设备

序号	名称	型号规格/(m×m×m)	单位	数量
1	采出水处理设备	7.2×2.6×2.4	个	1
2	控制设备	7.2×2.6×2.4	个	1
3	水罐	7.2×2.6×2.4	个	1

采出水处理的主要工艺流程图如图6-64所示。

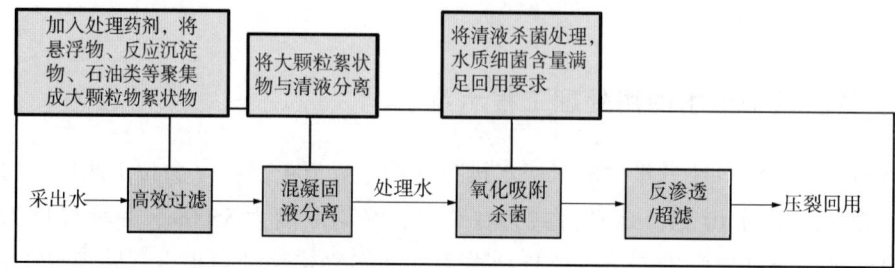

图6-64 采出水现场工艺示意图

3) 预期目标

现场处理采出水2000m³，处理后回用返排液配制的压裂液降阻率由原50%提高到大于60%，深度处理后水质pH值、色度、浊度、溶解性总固体、铁和锰达到《城市杂用水水质标准》(GB/T 18920—2020)指标要求。页岩气采出水处理成本从目前运输处理550元/m³降低到回用直接处理成本小于160元/m³。

表6-36 《城市杂用水水质标准》(GB/T 18920—2020)部分指标

序号	项目	冲厕	道路清扫、消防	城市绿化	车辆冲洗	建筑施工
1	pH值	6~9				
2	色度/度	30				
3	浊度/NTU	5	10	10	5	20
4	溶解性总固体/(mg/L)	1500	1500	1000	1000	—
5	铁/(mg/L)	0.3	—	—	0.3	—
6	锰/(mg/L)	0.1	—	—	0.1	—

4) 检测方法及标准

采出水处理以pH值、色度、浊度、溶解性总固体、铁和锰为考核指标，对处理前后的钻井废水进行检测，检测方法如下：

（1）pH值：玻璃电极法(GB 6920—1986)。

(2) 色度：铂钴比色法(GB 11903—1989)。

(3) 浊度：分光光度法(GB 13200—1991)。

(4) 溶解性总固体：称量法(GB/T 5750.4—2006)。

(5) 铁：原子吸收分光光度法(GB/T 11911—1989)。

(6) 锰：原子吸收分光光度法(GB/T 11911—1989)。

2. 试验进度安排

(1) 2020年1月：采出水设备进场、安装和调试。

(2) 2020年2—8月：完成采出水处理现场试验。

3. 示范工程完成情况及处理效果

1) 采出水处理现场修建方案

采出水处理现场主要是对现场进行基础和场地硬化处理、雨棚安装等。

2) 采出水处理前水质分析及特点

威204-H41平台为直井改水平井，位于威远中奥顶构造东南翼，完钻层位在龙马溪组，施工井段位于龙马溪组，储层岩性以灰黑色页岩为主。根据施工现场情况及项目需要，项目组全程跟踪了威204-H41的施工，注入了滑溜水29129m³，压裂返排率在30%左右，威远区块采出水pH值总体趋于中性，密度稍大于水。在现场对采出水进行采样并送检做水质分析，水样如图6-65所示，采出水颜色呈淡黄色，水质分析结果见表6-37和表6-38。

表6-37 威远区块页岩气采出水(处理前)基本情况

井号	累计返排时间/d	采出水量/m³	返排率/%	密度/(g/cm³)	外观
威204-H41	28	8529	29.28	1.020	浅黄

 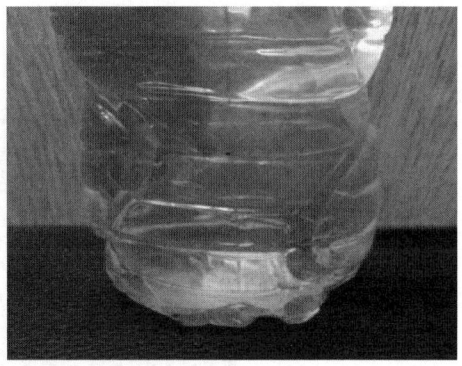

图6-65 威204-H41平台采出水外观

表6-38 四川威远204-H41采出水(处理前)水质分析结果

pH值	浊度/NTU	可溶解性总固体/(mg/L)	色度/度	铁/(mg/L)	锰/(mg/L)
7.26	73	2.70×10⁴	64	6.71	2.01

威204-H41井页岩气采出水（处理前）主要有以下特点：

（1）采出水pH值趋于中性，密度稍大于水。

（2）采出水中含有砂石、黏土等固体悬浮物，悬浮物含量比较高，还有微量的凝析油类，较为浑浊，颜色为淡黄色。

（3）采出水中铁离子、锰离子的含量高。

（4）可溶性总固体高，主要是在页岩开发过程中，钻完井过程中引入的化学添加剂和地层水一同混入返出的高浓度盐类、少量石油烃类等物质。

3）处理效果

2020年4月16日~2020年10月18日，项目组在威204-H41平台共计处理采出水7695m^3。处理后采出水水质如图6-66所示，采出水处理装置实物图及现场照片如图6-67所示。

图6-66 处理后采出水水质

（a）采出水处理回用设备

（b）配药箱

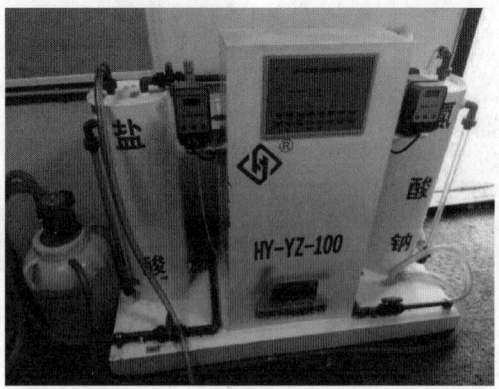

（c）二氧化氯发生器

图6-67 采出水处理装置实物图及现场照片

第六章 页岩气和煤层气开采环境保护技术及装置应用效果

对各工艺流程的采出水进行了阶段处理效果监测，监测结果见表6-39，处理后的采出水pH值、浊度和色度达到《城市污水再生利用城市杂用水水质》（GB/T 18920—2020）标准，可溶解性总固体、铁和锰含量均达到了《城市污水再生利用城市杂用水水质》（GB/T 18920—2020）标准中冲厕、道路清扫和消防等用水要求，满足考核要求。威201-H41平台采出水检测结果见表6-40。

表6-39 检测项目信息表

检测类别	点位编号	点位名称	检测项目	样品状态
废水	W1	原水口	pH值、色度、浊度、溶解性总固体、铁（Fe）、锰（Mn）	微黑、刺激性气味、少量浮油、浑浊
废水	W2	进混凝池前		微黑、微臭、少量浮油、浑浊
废水	W3	进絮凝池前		无色、无味、无浮油、清澈透明
废水	W4	进氧化池前		无色、无味、无浮油、清澈透明
废水	W5	出氧化池后		无色、无味、无浮油、清澈透明
废水	W6	出水口		无色、无味、无浮油、清澈透明

表6-40 威204-H41平台采出水检测结果

序号	检测项目	检测点及检测结果					
		W1	W2	W3	W4	W5	W6
1	色度/稀释倍数	86	80	10	3	3	3
2	浊度/NTU	125	35	73	<3	<3	<3
3	pH值	6.83	6.63	8.12	7.47	7.25	7.02
4	溶解性总固体/(mg/L)	1.60×10^4	1.6×10^4	0.80×10^4	0.3×10^4	2210	1400
5	铁/(mg/L)	22.4	22.4	0.93	0.86	0.33	0.29
6	锰/(mg/L)	0.80	0.80	0.32	0.22	0.09	0.08

现场采样50L，与降阻剂按1∶1000的比例配制滑溜水，送至四川科特检测技术有限公司进行降阻性能检测。根据检测结果，处理后的采出水配制的滑溜水的降阻率为61.75%，满足考核指标要求。

4. 处理综合成本核算

1）电力成本

电力设备共50kW，电费为1.5元/(kW·h)，处理速度为10~20m³/h，每天按8h计，每天处理采出水约120m³，则运行电耗为：50×8×1.5÷120＝5元/m³。

2）药剂成本

药剂费用为90.00元/m³采出水。

3）人工成本

设备配置管理操作人员2人，每月工资、附加费用及其他费用6000元/人计，则人工费用为：2×6000÷30÷120＝3.33元/m³废水。

4）设备折旧费、设备维护费

处理设备折旧：1200000元/套×（1－3%）÷6年÷240天/年（有效施工天数）＝808.33元/天；则每立方米折旧：808.33元/天÷120m³/天＝6.74元/m³。

设备维护费主要是管件、渗透膜等的维护，其约为200000元/3月，则每立方米维护费：200000元/3月÷30天÷1200m³/天＝18.52元/m³。

5）运输及吊装费

（1）吊装费。

装置吊装至处理场，需租用25t吊车。25t吊车租用费为250元/h，吊车行驶路程单程按照200km计，吊车行驶过程中每25km计1h；吊装三个橇共需4h，则一次吊运费用为：250元/h×（200×2÷25＋4）h＝5000元。目前威204-H41平台已处理采出水约20000m³，则处理每立方米废水的吊车费用＝5000元÷20000＝0.25元/m³。

（2）运输费。

此装置共有3个橇装，需3辆车转运，分别为一辆15t车、两辆10t车。一次运距按平均转运距200km计算，则运输费用为：200km×（15＋10＋10）t×1.1元/t·km＋200km×（15＋10＋10）t×0.25元/t·km（返空）＝7700＋1750＝9450元/次，则处理每立方米的采出水运输费为：9450÷20000＝0.47元/m³。

综上，运输及吊装的成本为：0.25＋0.47＝0.72元/m³。

6）处理综合成本

处理综合成本费用＝5＋90＋3.33＋6.74＋18.52＋0.72＝156.98元/m³。

经测算，采出水回用处理装置处理综合成本为156.98元/m³，满足考核指标中小于158元/m³的要求。

二、页岩气产出水回用处理工程示范

针对"十三五"对页岩气开发$300×10^8 m^3$的规划，为减少页岩气开发对环境的影响，降低开采对水资源的消耗，开展了页岩气采出水回用处理技术研究与模块化装备开发。通过近五年的研究，将磁分离加重技术运用于页岩气压裂返排液处理，并形成了高效快速低成本的处理装置，形成了一套页岩气采出水回用处理关键装备并开展工程示范。装置具有占地面积小、模块化、低功耗和快速高效等特点。

在威208井建立了工程示范，实际运行中该套装置处理能力达到每天300~700m³，完成现场采出水处理5200m³。处理后回用返排液配制的压裂液降阻率达到70%；深度处理后处理后的采出水pH值、色度、浊度、溶解性总固体、铁和锰达到《城市污水再生利用城市杂用水水质》（GB/T 18920—2020）指标要求，处理后回用返排液配制的压裂液降阻率达到70%。

现场验收测试数据显示,该套装置能够运行平稳,出水稳定;PAC 用量 1~2mg/L;PAM 用量 10~20mg/L;磁粉溶液用量 20mg/L;消毒剂 10mg/L;磁粉回收率 90%以上。经处理后的采出水 pH 值、色度、浊度、溶解性总固体、铁和锰达到《城市污水再生利用 城市杂用水水质》(GB/T 18920—2020)指标要求。

三、压裂返排液处理工程示范(井下)

通过对压裂返排液回用处理技术的研究,形成化学絮凝—磁种混凝—磁分离—磁粉回收—中空纤维膜过滤—电解盐杀菌等处理技术;并完成了技术集成与装备开发,为页岩气压裂返排液回用处理工程示范做出了重要保障;为检验装置的功能、性能、效果和可靠性,需对装置的处理能力、悬浮颗粒物含量、浊度和细菌的去除效果等进行现场逐项试验。装置验收合格后,将在现场进行规模处理返排液并进行回用,快速、高效地处理返排液中的微小颗粒、絮状漂浮物、部分大分子有机物和细菌;解决返排液中悬浮颗粒、有机物和细菌等导致的浊度高、放置后水体发黑发臭等问题,达到工程示范的目的,减少页岩气压裂对水资源的消耗和返排液对环境的影响。

根据《川庆钻探工程有限公司科技项目现场试验管理细则》的要求,对科技项目研究形成的新工艺、新材料、新工具和新设备,在实际工作工况条件下,进行功能、性能、效果和可靠性等现场验证的过程前,要编制试验目的及技术概况、试验准备工作、试验方案设计、试验经费计划、试验进度安排、试验质量保证措施、试验安全环保保证措施和试验组织保障措施等内容,并通过专家论证后进行。具体包括:

(1)对研发形成的压裂返排液回用处理装置进行现场试验中可能存在的风险进行识别和评估,确定风险等级,对试验现场的安全风险管理提出建议,为项目组在威远页岩气平台试验工作中的风险控制提供参考意见,从而提高现场试验的安全性,实现安全生产的总体目标。

(2)对现场试验方案进行评审,通过专家评审后,最后形成专家意见。

1. 设备转场方案

(1)由于威204-H42 平台继续进行下半支的钻进,为按时完成项目进度,经与川庆生产单位协调,将返排液处理装置由现在的威204-H42 平台,转移至威204-H41 平台运行。现有软管改为硬管,并配置雨棚、管道踏步等安全设施,考虑防渗措施,将其固定化使用。

(2)设备保养维护方案:因设备转场过程需要长时间,预计需要一个月以上,需要做停机维护,具体步骤如下:

① 磁分离装置:

a. 排空配药箱和加药箱,磁种投加系统放空并冲洗干净。

b. 开启所有计量泵,用清水将计量泵及加药管道内清洗干净。

c. 放空絮凝水箱、pH 调节水箱和主机。并将磁盘上未刮去的残留污泥和磁粉冲洗干净。

d. 将螺旋输送机及污泥回收系统冲洗干净。

e. 检查设备螺栓是否松动，防止运送过程中设备掉落。

f. 断电。

② 超滤装置：

a. 放空膜组件、袋式过滤器、产水箱、原水箱、管道加热器及相关管道。

b. 使用清水配制 250~300mg/L 次氯酸钠溶液冲洗膜组件杀菌。清洗方式：在产水箱内配制药液，打开化学清洗进水阀、化学清洗回水阀(手动阀、常闭)。打开化清泵循环冲洗(此过程中，因产水箱较小，需要再次配制次氯酸钠溶液)。冲洗时间需要持续 20~30min，冲洗完成后放空药液并关闭化学清洗进水阀、化学清洗回水阀。

c. 使用清水配制 10% 的丙二醇和 1% 的亚硫酸氢钠混合溶液，作为保护液投加。投加方式：配制好溶液后打开上排阀、反洗阀(气动阀)，然后打开在线药洗泵，持续投加保护液(此过程中，因产水箱较小，需要再次配制保护液)。投加完成后关闭所有气动阀与在线药洗泵。

d. 拆除袋式过滤器滤袋，并清洗干净，晾干。防止因停机时间过长而长菌。

e. 检查设备螺栓是否松动，防止运送过程中设备掉落。

f. 断电。

③ 杀菌装置：

a. 放空超滤原水箱、超滤产水箱、过滤原水箱、地表水过滤系统及相关管道。

b. 放空电解槽，并用软水冲洗 5min。冲洗后放空电解槽、溶盐罐、软水罐和储药罐内溶液。若溶盐罐内未溶解盐较少并杂质较多，需将溶盐罐清洗干净。

c. 拆卸次氯酸钠发生器系统内法兰、活接，并做好固定(拆卸的管道和设备)。放空清水箱。

d. 检查设备其他螺栓是否松动，防止运送过程中设备掉落。

e. 断电。

(3) 转场后的现场工程示范如图 6-68 至图 6-70 所示。

图 6-68 现场工程示范装置摆放图

（a）整改前　　　　　　　　　　　　　（b）整改后

图 6-69　搬迁整改前后对比

图 6-70　返排液工程示范处理效果

2. 工程示范现场风险告示

按照现场施工作业管理要求，需要在现场告知作业内容、场地规划、存在的风险和防护的要求等内容，并按要求完成现场告知牌的内容。页岩气压裂返排液处理现场的告知牌如图 6-71 至图 6-74 所示。

图 6-71 安全风险告知牌

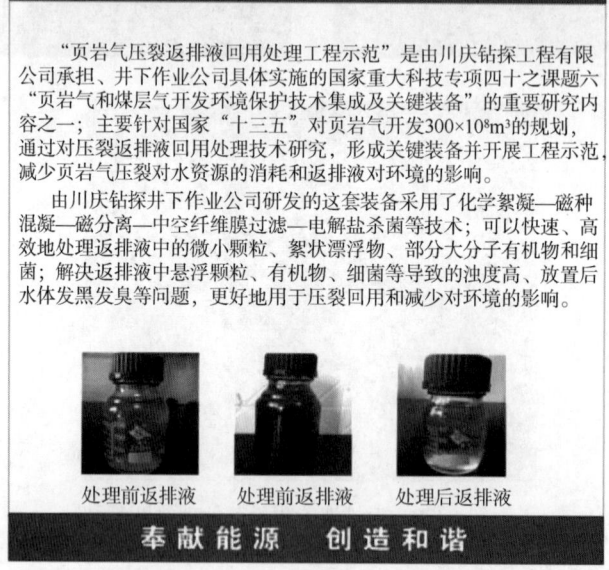

图 6-72 "页岩气压裂返排液回用处理工程示范"项目简介

第六章 页岩气和煤层气开采环境保护技术及装置应用效果

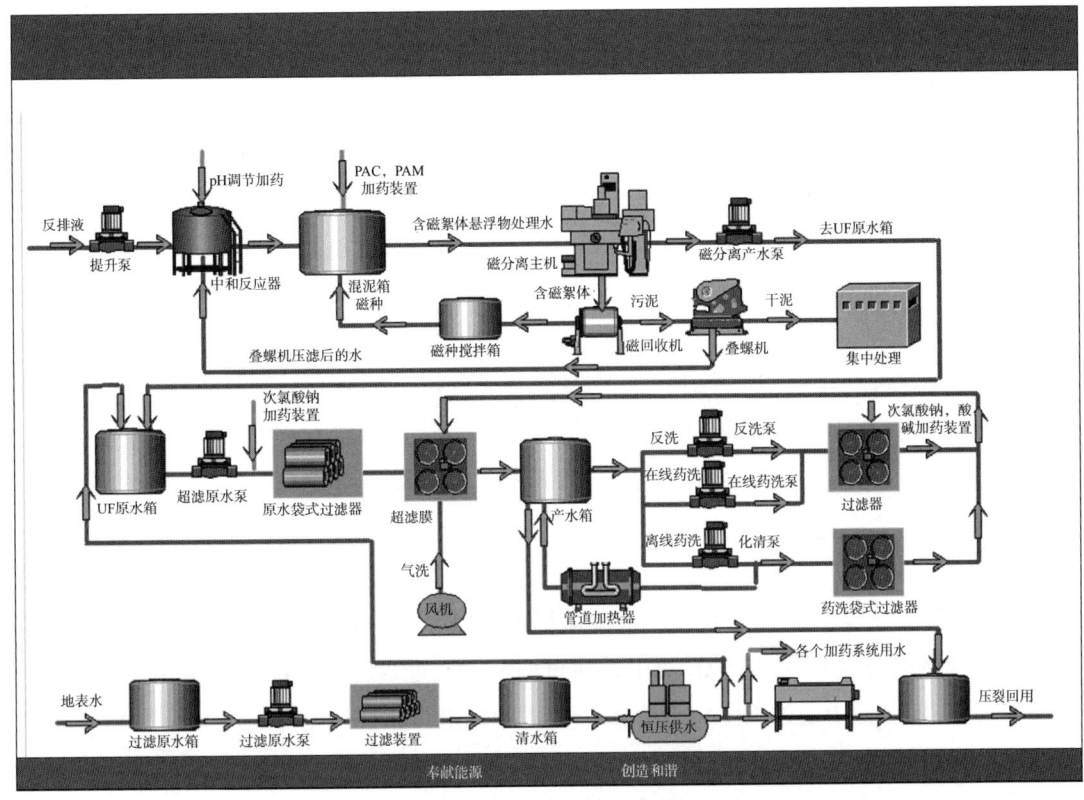

图 6-73 页岩气压裂返排液处理工艺流程图

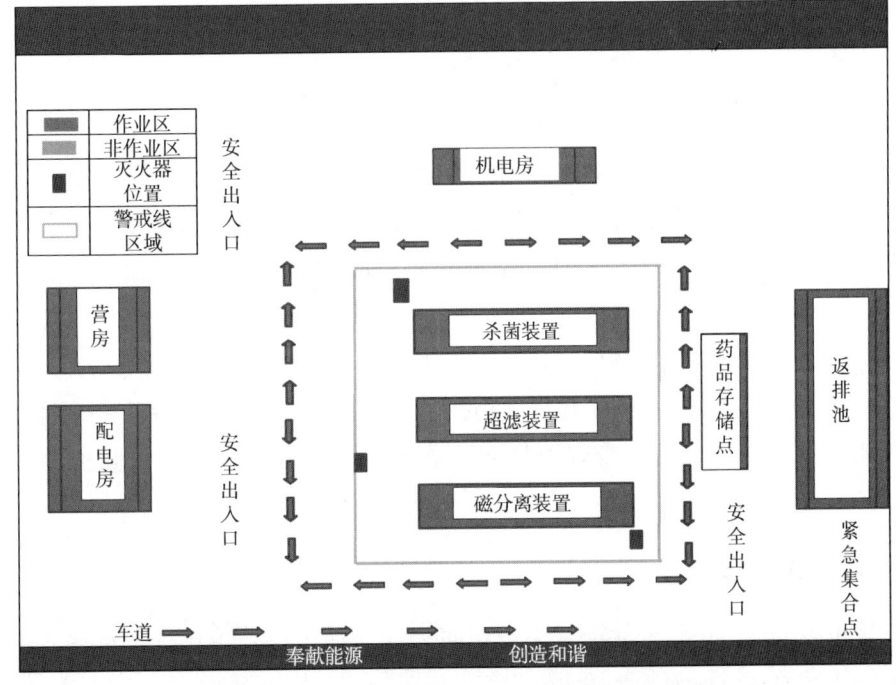

图 6-74 页岩气压裂返排液处理装置平面布置图

第三节　煤层气采出水达标排放处理技术工程示范

煤层气采出水达标排放处理工程示范建设于2019年8月，在中国石油煤层气有限公司韩城分公司韩二站完成并开展调试运行工作。设计处理工艺为"曝气生物滤池（AF/BAF）处理+絮凝沉淀+活性炭过滤"，设计处理能力50m³/h。截至目前已完成18×10⁴m³煤层气采出水的处理。通过现场工程示范验证：处理后煤层气采出水COD低于40mg/L、氨氮在检出限0.4mg/L以下，指标达到《地表水环境质量标准》（GB 3838—2002）Ⅴ类标准（COD≤40mg/L，NH_3-N≤2.0mg/L）。煤层气采出水达标排放处理平均运行成本控制在3.00元/m³以下，处理成本（药剂、人工、设备维护和电费）达到0.87元/m³。

一、工艺原理及特点

煤层气采出水经过管道收集、罐车拉运到调节池，在调节池中经过水质和水量的调节，经提升泵均匀提升至G-BAF池中，通过调节各池进水管上的控制阀门，使每池布水均匀。在G-BAF池中通过微生物对废水中的污染物进行生化降解去除，出水合格直接进入集水池2号排放；如出水不达标，则进入集水池1号，集水池1号池内的回流泵将废水提升至絮凝沉淀池，通过絮凝沉淀池絮凝沉淀，去除废水中剩余的污染物，絮凝沉淀池出水通过自吸泵提升至生物活性炭吸附罐中，继续进行处理，直至废水处理达标后进入集水池2号，再由排水泵外排。絮凝沉淀池、G-BAF池等产生的污泥定期由排泥泵排至污泥池。

BAF技术以大孔网状功能化悬浮载体固定微生物，优化和简化了运行控制的复杂程度；同时将高效微生物和固定化技术相结合，创造有利于脱氮菌群的厌氧—兼氧—好氧集成微环境，选择性地筛选脱氮优势菌并将之固定化于比表面积大、生物相容性好、亲水性强和力学性能优良的高分子载体，使高活性脱氮菌成为优势菌群，解决生物脱氮的技术难题。

固定化微生物技术：利用物理或化学方法将游离微生物活性限定于一定的空间区域，并使其保持活性、反复利用。固定化微生物技术的主要特点是微生物密度高、微生物对不同种类废水具有专一性、降低毒性物质对生物的影响、产物分离简单和抗冲击负荷能力强。

二、构筑物功能设计

（1）采出水调节：拉运至处理站的采出水在调节池中进行水质、水量调节，降低水质、水量的变化对后续处理单元的影响。

(2) 生化处理：经过水质调节后的采出水通过污水提升泵打入 G-BAF 池单元，利用池内培养的有针对性的微生物进行高效生化处理。G-BAF 池单元内装填生物载体，便于微生物的富集；池底安装管式曝气器用于曝气，为微生物好氧生物降解污染物提供必要的氧气；生化反应产生的污泥通过底部设置的排泥管定期排入污泥池。满足 G-BAF 池单元进水水质、水量要求的采出水，经 G-BAF 池单元生物降解后达到排放要求，进入调节池 2 号，然后根据水质情况直接进入出水槽达标排放，或经过活性炭过滤后再进入出水槽达标排放。

(3) 絮凝沉降处理：当采出水水质、水量超出 G-BAF 池单元进水要求，经过生化处理后的水若不达标，则使用污水提升泵直接打入集水池 1 号，通过加药系统添加絮凝剂进行絮凝沉淀后进入集水池 2 号。然后根据水质情况直接进入出水槽达标排放，或经过活性炭过滤后再进入出水槽达标排放。

(4) 活性炭吸附处理：超标采出水经生化处理后进入集水池 2 号，再经絮凝沉降处理后进入的采出水若仍不达标，则通过生物活性炭池吸附处理后达标排放。

建成的煤层气采出水达标排放处理工程示范如图 6-75 和图 6-76 所示。

图 6-75 煤层气采出水达标排放处理工程示范厂房

图 6-76 曝气生物滤池

三、煤层气采出水处理工程示范运行效果

2019 年 9 月 3 日按比例投加白糖、尿素和微生物菌等营养盐，开启曝气装置进行曝气，连续监测 COD 的变化。装置调试运行 30 天后，曝气生物滤池装置运行趋于平稳，工程示范于 2019 年 10 月 8 日至 2020 年 1 月 31 日期间的煤层气采出水处理前后的出水水质指标的变化如图 6-77 所示。

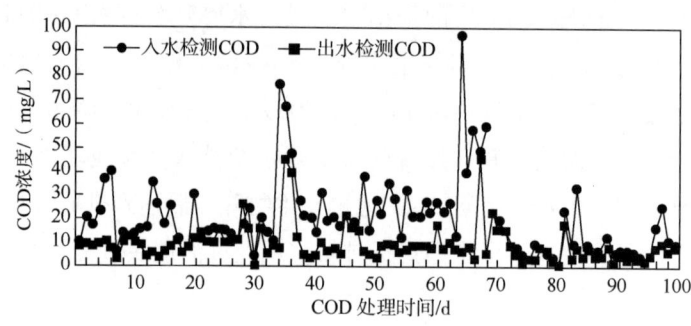

图 6-77 2019 年 10 月 8 日~2020 年 1 月 31 日期间煤层气采出水处理前后指标

采出水 COD、氨氮检测值见表 6-41，由图 6-77 及表 6-41 可知，水温范围 5.9~20.8℃，煤层气采出水处理前 COD 平均为 20.21mg/L，处理后 COD 平均为 9.23mg/L。COD 去除率为 54.3%，溶解氧平均达到 12.6mg/L（溶解氧从没要求到≥2mg/L），指标达到设计要求。现场不具备氨氮实时监测的条件，因此对处理后的采出水 COD、氨氮检测是通过取样送到第三方检测机构进行抽查检测。

表 6-41 采出水 COD、氨氮检测值

指标	进水 1	进水 2	进水 3	出水 1	出水 2	出水 3	出水 4	出水 5
COD/(mg/L)	20	20	49	12	12	33	23	21
BOD/(mg/L)	5.8	5.9	12.7	1.4	1.9	8.3	5.7	5.2
氨氮/(mg/L)	1.41	0.66	0.068	0.039	0.009	0.057	0.046	0.052

曝气生物滤池工艺装置处理后煤层气采出水的出水水质 COD 从 29.6mg/L 降低到 20.2mg/L，降低 31.7%；NH_3-N 从 0.71mg/L 降低到≤0.041mg/L，降低 94%，五日生化需氧量从 8.13mg/L 降低到 4.5mg/L，降低 44.6%。

四、煤层气采出水处理工程示范运行遇到的问题及解决方案

1. 问题描述

（1）问题一：2020 年 5 月 1 日，50m^3/h 煤层气采出水达标排放处理装置已经平稳运行 9 月余的时间。此段时间内，向调节池中拉运的液体或管道疏松的液体均为煤层气采出水，韩二站对现场来车泄液均有监测，当天（2020 年 5 月 1 日）发现卸车液体 COD 指标值接近 1000mg/L，确定本批卸车液非煤层气采出水而是压裂返排液，因此，立即停止曝气生物滤池装置进水。现场采用哈希 COD 快速检测试剂，从开始检测到出结果的最短时间为 2h。在此过程中，装置已进入了约 100m^3 的压裂返排液采出水混合液，经检测曝气生物滤池装置的 1~6 级中液体的 COD 平均值约为 500mg/L，远远超出该装置的设计处理能力（生物处理系统设计处理指标：进水 COD 为 150~20mg/L），立即关闭进水阀门。

（2）问题二：2020 年 5 月 5 日，现场 6 组曝气生物滤池装置的第四级、第五级好氧池

池体内出现曝氧不足，溶解氧含量下降至低于 2mg/L 的情况。正常运行工况 1~3 级厌氧滤池池体内溶解氧平均浓度为 1.4mg/L，4~6 级好氧曝气滤池池体内溶解氧平均浓度为 12.3mg/L。

2. 解决方案

(1) 问题一：因管理疏忽等原因导致进水指标超标，根据现场实际情况，立即停止进水，启动装置内循环流程。并在装置曝气生物滤池第一级、第二级和第三级厌氧池中投入生物菌剂(FZ35M)250g，持续监测水中 COD 变化。水质 COD 变化见表 6-42，由表 6-42 可知压裂返排液高浓度的污染物 COD 对曝气生物滤池中载体上的生物膜具有一定影响，临时添加 FZ35M 增加水中微生物浓度，随时间推移，水中 COD 得到有效降解。基于此问题，需加强后期管理，对来车液体，先检测并等待检测结果后，再开启曝气生物滤池装置进水阀门。

(2) 问题二：针对曝气生物滤池中第四级、第五级好氧池中溶解氧含量持续降低的情况，排除了池底曝气装置堵塞等原因。将隔板打开后发现载体由于水压等因素，载体由原来的自由松散漂浮状态变为粘连为一体的状态，如图 6-78 所示。

表 6-42 水质 COD 变化

时 间	COD/(mg/L)	时 间	COD/(mg/L)
2020 年 5 月 10 日	420	2020 年 5 月 14 日	43.4
2020 年 5 月 12 日	124	2020 年 5 月 15 日	38.3
2020 年 5 月 13 日	85.3		

经过分析，可能是由于水压及载体自身浮力作用，载体紧密漂浮于池体上方，并在生物菌剂的作用下粘连在一起。采取将第四级、第五级池水排空的方法，并停止进水，利用载体自身重力使载体下降，反复 3 次观察水中的溶解氧浓度，经检测发现，效果并不理想。因此进一步打开载体格栅，利用高压水枪冲洗冲散(图 6-79)，检测溶解氧浓度有所上升，考虑增加载体隔板。

图 6-78 载体状态

图 6-79 高压水冲洗

五、煤层气采出水处理工程示范运行成本分析

1. 煤层气采出水处理工程示范成本构成

50m³/h 煤层气采出水处理工程示范于 2019 年 9 月建设完成，并开始调试运行，累计处理 18×10^4m³ 煤层气采出水，工程运行成本计算如下：

（1）动力费 E_1：设备总装机容量为 29.39kW，实际运行功率 20.82kW，电费按 0.85 元/(kW·h) 计，$E_1=0.35$ 元/m³。运行动力费见表 6-43。

表 6-43 运行动力成本

名称	单台(套)运行功率/kW	运行台/套	动力费/(元/m³水)
潜水泵	2.2	1	0.0374
离心泵	3	1	0.051
自吸泵	7.5	1	0.1257
加药计量泵	0.37	1	0.00629
罗茨鼓风机	7.5	1	0.1257
通风机	0.25	1	0.0045
小计	20.28		0.35059

（2）药剂费 E_2：微生物补加费用：0.1g/m³ 水×1.3 元/g=0.13 元/m³ 水，$E_2=0.13$ 元/m³ 水。

（3）耗材费 E_3：活性炭 2 年更换，费用 0.19 元/m³；载体 5% 消耗/年，费用 0.13 元/m³，耗材费 $E_3=0.32$ 元/m³。

（4）设备维护费 E_4：按设备费用的 2% 计算，$E_4=0.24$ 元/m³。

（5）人工费 E_5：定员 4 人，每人月薪按 3000 元计，$E_5=4\times3000/(30\times1200)=0.33$ 元/m³；

（6）设备折旧费 E_6：设备总价 371.22 万，残值 5%，$E_6=0.85$ 元/m³。

综上所述，工程运行成本：$E_1+E_2+E_3+E_4+E_5+E_6=2.22$ 元/m³。

2. 煤层气采出水处理工程示范与前期工程处理效果对比

本工程示范建设之前，韩二站已有 1 项 20m³/h 一期煤层气采出水处理工程，2 项工程处理情况对比见表 6-44。

表 6-44 韩二站一期工程与本工程示范对比

项目名称	处理量/(m³/h)	占地面积/m³	处理效果	处理成本/(元/m³)	备注
一期工程	20	220	出水不稳定	18.3	成本仅包括电耗、絮凝药剂
工程示范	50	373	出水稳定	2.22	

按照韩城分公司韩二站平均每天处理 900m³ 采出水来计算，本工程运行 1 年预计可节省煤层气采出水处理成本为 518 万元。

参 考 文 献

[1] 李大荣. 美国页岩气资源及勘探历史[J]. 石油知识, 2004(1): 61-61.

[2] 王忠民, Alan Krupnick. 美国页岩气开发回顾：什么引发了"页岩气热潮"[J]. 经济资料译丛, 2015 (1): 4-16.

[3] 赵文智, 贾爱林, 位云生, 等. 中国页岩气勘探开发进展及发展展望[J]. 中国石油勘探, 2020, 25 (1): 31-44.

[4] 张金川. 中国页岩气地质[M]. 上海：华东理工大学出版社, 2017.

[5] 白桦. 全球非常规天然气开发利用及经验借鉴[J]. 中国石油企业, 2019(12): 64-68.

[6] 童刚强. 川东北地区钻井固废的处置研究[D]. 成都：西南交通大学, 2014.

[7] 郭全恩, 王益权, 南丽丽, 等. 不同溶质及矿化度对土壤溶液盐离子的影响[J]. 农业工程学报, 2019, 35(11): 105-111.

[8] 黄翠华, 薛娴, 彭飞, 等. 不同矿化度地下水灌溉对民勤土壤环境的影响[J]. 中国沙漠, 2013, 33 (2): 590-596.

[9] 顾继光, 周启星, 王新. 土壤重金属污染的治理途径及其研究进展[J]. 应用基础与工程科学学报, 2003(2): 31-39.

[10] 杨秋菊, 李云松, 叶少媚, 等. 土壤重金属形态分析研究进展[J]. 云南化工, 2016, 43(04): 43-49.

[11] 周建军, 周桔, 冯仁国. 我国土壤重金属污染现状及治理战略[J]. 中国科学院院刊, 2014, 29 (3): 315-320, 350.

[12] 程英, 王俭, 刘明霞, 等. 农田土壤重金属汞、镉污染的治理措施[J]. 北方环境, 2002(2): 71-72.

[13] 徐良将, 张明礼, 杨浩. 土壤重金属镉污染的生物修复技术研究进展[J]. 南京师大学报（自然科学版）, 2011, 34(1): 102-106.

[14] 周振民. 土壤重金属铅污染条件下作物生态吸收效应研究[J]. 中国农村水利水电, 2012(1): 60-63.

[15] 李肇铸, 章生卫, 魏鸿辉, 等. 某污染场地土壤重金属砷修复效果评价[J]. 广东化工, 2017(12): 213-215.

[16] 王洪春. 土壤中石油类污染物分析方法研究[D]. 西安：西安石油大学, 2010.

[17] 刘凌云, 冯小明. 干化+焚烧工艺用于石化固体废物处理[J]. 乙烯工业, 2007, 19(3): 57-60.

[18] Mint., RC, 高京文. 钻井废物的环空回注[J]. 国外钻井技术, 1995, 10(2): 40-42, 30.

[19] 孙景民, 高翔, 于俊吉, 等. 油田采出水回注地层的可行性研究[J]. 钻采工艺, 2002, 25(4): 42-46.

[20] 魏云峰, 于涛, 陈晨, 等. 塔里木油田钻井废物处理技术研究[J]. 油气田环境保护, 2012, 22 (2): 39-44.

[21] 潘宝风, 李尚贵, 杨兵, 等. 川中地区废钻井泥浆固化剂及其固化机理研究[J]. 江汉石油科技, 2009, 19(3): 70-72.

[22] 沈青云. 泥浆转化为水泥浆技术综述[J]. 西部探矿工程, 2011, 23(4): 73-75.

[23] 张庆福，王少英，应保庆，等. 矿渣MTC技术用于临盘油田固井[J]. 钻井液与完井液，1997（4）：49.

[24] 路宁. 超低密度高炉矿渣MTC固井液试验研究[J]. 石油钻采工艺，1999，21(4)：34-37.

[25] 吉敏，孟梁. Remediation of PAHs-contaminated Soil by Watercress[J]. 环境科技，2014，（5）：12-15.

[26] 孙钦媛. 生物堆置法异位修复高浓度石油污染土壤的工程参数研究[D]. 济南：山东师范大学，2014.

[27] 王世杰，王翔，卢桂兰，等. 低温微生物修复石油烃类污染土壤研究进展[J]. 应用生态学报，2011（4）：1082-1088.

[28] 张磊，张栋，展漫军，等. 模拟生物堆法处理硝基苯等有机污染土壤的研究[J]. 环境科技，2015，28(6)：53-55.

[29] 李超敏，王加宁，邱维忠，等. 高效降解石油细菌的分离鉴定及降解能力的研究[J]. 生物技术，2007，17(4)：80-82.

[30] 杨丞磊. 筛选优势菌种降解钻井废泥浆的研究[D]. 上海：华东理工大学，2010.

[31] 范俊欣，包木太，黄贤斌，等. 微生物法处理海上钻井废钻井液[J]. 油气田环境保护，2012(4)：40-42，50，94.

[32] 黄敏，李辉，李盛林，等. 废弃钻井液微生物降解菌室内筛选研究[J]. 油气田环境保护，2011，21(6)：35-36.

[33] 肖灵铃，霍丹群，秦力，等. 微生物法处理钻井废水中的石油污染物[J]. 工业水处理，2006，26(4)：59-61，65.

[34] 杨知勋. 海洋钻井平台废弃水基泥浆生物降解技术研究[D]. 上海：华东理工大学，2012.

[35] 安冬莉. 海上油田钻井平台水基泥浆生物降解技术研究[D]. 上海：华东理工大学，2008.

[36] 赵东风，路帅. 含油污泥焦化处理反应条件的优化[J]. 石油大学学报（自然科学版），2002(4)：90-91，2.

[37] 刘文士，廖仕孟，何启贵，等. 美国页岩气压裂返排液处理技术现状及启示[J]. 天然气工业，2013，33(12)：158-162.

[38] Lutz B D, Lewis A N, Doyle M W. Generation, transport, and disposal of wastewater associated with Marcellus Shale gas development[J]. Water Resources Research, 2013, 49(2)：647-656.

[39] 魏云锦，王世彬，马倩，等. 四川盆地长宁-威远页岩气开发示范区生产废水管理[J]. 石油与天然气化工，2018，47(4)：113-119.

[40] 彭娟华. 钻井废水可生化性研究及处理技术探索[D]. 成都：中国科学院研究生院（成都生物研究所），2007.

[41] 高鹏，郭东华，张伟. 临南油田污泥浆回注处理研究[J]. 油气田环境保护，2005(1)：24-25.

[42] 苏秀纯，李洪俊，刘河. 国内废弃钻井液处理技术发展状况分析[C]//中国石油和石化工程研究会. 环保钻井液技术及废弃钻井液处理技术研讨会论文集. [出版者不详]，2014：45-49.

[43] 陈俊琛，沙月华，王东晖. 美国页岩气返排废水处理技术探讨及启示[J]. 水处理技术，2018，44(12)：6.

[44] 陈秋林，贾振福，黄兴华，等. 页岩储层采出水污染及处理方式研究[J]. 广州化工，2018，46(2)：9-11，15.

[45] 叶春松, 郭京骁, 周为, 等. 页岩气压裂返排液处理技术的研究进展[J]. 化工环保, 2015, 35(1): 6.

[46] 宋磊, 张晓飞, 王毅琳, 等. 美国页岩气压裂返排液处理技术进展及前景展望[J]. 环境工程学报, 2014(11): 5.

[47] 段鲁娟. 鸟粪石沉淀法与MBR结合工艺处理发酵沼液的研究[D]. 天津: 天津科技大学, 2015.

[48] 何琳. 化工厂区雨排水回用循环水补水及时研究[D]. 天津: 天津大学, 2009.

[49] 慕峰. 几种有机难降解污染物的光催化氧化技术研究[D]. 上海: 东华大学, 2004.

[50] 胡洋. 水溶液中2-氯酚和4-氯酚的催化氧化降解研究[D]. 大连: 辽宁师范大学, 2010.

[51] 张铁锴, 吴红军, 王宝辉, 等. Fenton试剂氧化降解聚丙烯酰胺的机理研究[J]. 化学工程师, 2004(9): 6-8.

[52] 金磊, 刘爽, 韩雅琼, 等. 应急净水设备处理有机污染原水效能与分析[J]. 净水技术, 2018, 37(6): 54-60.

[53] 马云, 何顺安, 侯亚龙. 油田废压裂液的危害及其处理技术研究进展[J]. 石油化工应用, 2009, 28(8): 1-3, 14.

[54] 张红岩, 吕荣湖, 郭绍辉. 混凝-臭氧氧化法处理三磺泥浆体系钻井废水[J]. 过程工程学报, 2007(4): 718-722.

[55] 图影, 徐颖. 油田含油污水处理技术及发展趋势[J]. 能源与环境, 2009(2): 97-99.

[56] 舒帮云. 多金属负载型粒子电极制备及其对聚丙烯酰胺模拟废水处理研究[D]. 成都: 西南石油大学, 2017.

[57] 赵晶莹. 三次采油中含聚丙烯酰胺废水处理进展[J]. 化工科技市场, 2008(3): 22-25.

[58] 王慧云, 全先高, 石茂建, 等. PAFSI-PAM+-CTAB复合体系在胜利油田钻井废水处理中的应用[J]. 中国石油大学学报(自然科学版), 2011, 35(3): 163-167.

[59] 郭继香, 崔永杰, 曾倩倩, 等. 复合絮凝剂PAC-CPAM的制备及其处理钻井废水研究[J]. 应用化工, 2011, 40(5): 775-778, 781.

[60] 印树明. 大港油田钻井废水深度处理技术研究[D]. 青岛: 中国石油大学(华东), 2010.

[61] 肖遥, 王蓉莎, 李凡修, 等. 钻井污水絮凝处理实验研究[J]. 石油与天然气化工, 2000(6): 323-326, 272.

[62] 王海军. 长庆油田采油废水处理技术研究[D]. 西安: 西安石油大学, 2011.

[63] 朱权云, 熊春平. 钻井废水处理技术探讨[J]. 油气田环境保护, 1999, 9(2): 2.

[64] 李瑜, 夏素兰, 张剑鸣, 等. 钻井废水处理工艺技术和设备现状[J]. 过滤与分离, 2003, 13(4): 24-27.

[65] 靳辛. 粉煤灰处理采油废水研究及工程应用[D]. 青岛: 中国海洋大学, 2009.

[66] 蒋学彬. 川渝地区油气田钻井废水处理研究[D]. 成都: 西南交通大学, 2008.

[67] 张军, 汪建军, 袁海, 等. 川西油气田钻井污水及废泥浆固化处理技术[J]. 天然气工业, 2005(11): 3.

[68] 屈撑囤, 王新强, 陈杰瑢. 含油污泥固化处理技术研究[J]. 石油炼制与化工, 2006, 37(2): 4.

[69] 许剑, 李文权. 页岩气压裂返排液处理工艺试验研究[J]. 石油机械, 2013, 41(11): 5.

[70] 韩卓, 郭威, 张太亮, 等. 非常规压裂返排液回注处理实验研究[J]. 石油与天然气化工, 2014, 43(1): 5.

[71] 周浩. 含油钻屑的热解特性[D]. 重庆: 重庆大学, 2017.

[72] 徐又一, 徐志康. 高分子膜材料[M]. 北京: 化学工业出版社, 2005.

[73] 郑领英, 袁权. 展望21世纪的膜分离技术[J]. 水处理技术, 1995, 21(4): 125-131.

[74] 刘茉娥. 膜分离技术[M]. 北京: 化学工业出版社, 1998.

[75] 张新丽, 胡小玲, 岳红, 等. 膜分离技术在抗生素提取中的研究进展[J]. 化工进展, 2003, 22(11): 7.

[76] 高林娜, 钟桂云, 吁苏云, 等. 聚偏氟乙烯应用研究进展[J]. 浙江化工, 2003, 54(3): 6-10.

[77] Khayet M, Matsuura T. Preparation and characterization of polyvinylidene fluoride membranes for membrane distillation[J]. Industrial& Engineering Chemistry Research, 2001, 40(24): 5710-5718.

[78] Parrado J, Ayala A, Machado A. [J]. Biochem. Biotechnol., 1995, 53: 285-292.

[79] Lee D H, Prince A M. Method for purifying nucleic acids: AU19980079781[P]. 1999-02-16.

[80] Young T H, Cheng L P, Lin D J, et al. Mechanisms of PVDF membrane formation by immersion-precipitation in soft(1-octanol) and harsh(water) nonsolvents[J]. Polymer, 1999, 40: 5315-5323

[81] Munarl S, Bottino A, Capannelh G. Casting and performance of polyvinylidene fluoride based membranes[J]. Journal of Membrane Science, 1983, 16: 183-193.

[82] Jian K, Pintauro P N. Integral asymmetric poly(vinylidene fluoride)(PVDF) pervaporation membranes[J]. Journal of Membrane Science, 1993, 85(3): 301-309.

[83] Tomaszewska M. Preparation and properties of flat-sheet membranes from poly(vinylidene fluoride)for membrane distillation[J]. Desalination, 1996, 106: 1-11.

[84] Wang D, Li K, Teo W K. Preparation and characterization of polyvinylidene fluoride(PVDF)hollow fiber membranes[J]. Journal of Membrane Science, 1999, 163(2): 211-220.

[85] 唐娜, 刘家祺, 马敬环. 用于膜蒸馏的膜材料现状[J]. 化工进展, 2003, 22(8): 808-812.

[86] 陆茵, 陈欢林, 李伯耿. 添加剂对PVDF相转化过程及膜孔结构的影响[J]. 高分子学报, 2002, 5(5): 656-656.

[87] Ying L, Zhai G, Winata A Y, et al. pH effect of coagulation bath on the characteristics of poly(acrylic acid)-grafted and poly(4-vinylpyridine)-grafted poly(vinylidene fluoride) microfiltration membranes[J]. Journal of Colloid & Interface Science, 2003, 265(2): 396-403.

[88] 虞骥, 甘宏宇, 何奕等. 聚偏氟乙烯中空纤维亲和膜分离γ-球蛋白的研究(Ⅰ)——聚偏氟乙烯中空纤维亲和膜的制备及其吸附性能[J]. 高等学校化学学报, 2003(5): 935-939.

[89] Rana D, Matsuura T. Surface modifications for antifouling membranes[J]. Chemical Reviews(Washington, DC), 2010, 110(4): 2448-2471.

[90] 郭双祯, 王力, 史真真. 污水处理膜材料的亲水改性及其研究进展[J]. 膜科学与技术, 2015, 35(1): 131-135.

[91] Cui Z, Drioli E, Lee Y M. Recent progress in fluoropolymers for membranes[J]. Progress in Polymer Science, 2014, 9(1): 164-198.

[92] Kang G D, Cao Y M. Application and modification of poly(vinylidene fluoride)(PVDF) membranes-a review[J]. Journal of Membrane Science, 2014, 63(1): 145-165.

[93] Ji J, Liu F, Hashim N A, et al. Poly(vinylidene fluoride)(PVDF) membranes for fluid paration[J]. Reactive & Functional Olymers, 2015, 86(Jan): 134-153.